Biologische Verhaltensforschung am Menschen

2., bearbeitete und erweiterte Auflage

MIT BEITRÄGEN VON H. Behrens, G. Dörner, H. Gebelt, V. Johst, R. Löther, K. Meissner, J. Oehler, H.-D. Schmidt, G. Tembrock, R. Tönjes, K. Weise und G. Wolf

HERAUSGEGEBEN VON Volker Johst

Mit 26 Abbildungen

AKADEMIE-VERLAG · BERLIN
1982

Erschienen im Akademie-Verlag, DDR-1086 Berlin, Leipziger Straße 3—4
Lektor: Christiane Grunow

Lizenznummer: 202 · 100/498/82
Umschlaggestaltung: Karl Salzbrunn
Gesamtherstellung: VEB Druckhaus „Maxim Gorki", 7400 Altenburg
Bestellnummer: 762 724 9 (6351) · LSV 1375
Printed in GDR
DDR 22,— M

Vorwort zur 1. Auflage

Thomas MANN hat einmal bemerkt, GOETHE habe über die meisten Dinge der Welt auf anmutigste Weise das Richtige gesagt. Man wird in dieser Einsicht bestärkt, wenn man den folgenden Satz in GOETHES „Entwurf einer vergleichenden Anatomie" aus dem Jahre 1796 liest:

„Die Einsicht ... wie der Mensch ... gebaut sei ... kann nur dann am deutlichsten und schönsten eingesehen werden, wenn wir, nicht wie bisher leider nur zu oft geschehen, unsere Betrachtungen von oben herab anstellen und den Menschen im Tiere suchen, sondern wenn wir von unten herauf anfangen und das einfachere Tier im zusammengesetzten Menschen endlich wieder entdecken".

Diese Feststellung mutet erstaunlich weitsichtig und modern an — antizipiert sie doch nicht nur den Gedanken der Abstammung des Menschen von tierischen Vorfahren, sondern umschreibt sie bereits die Dialektik der Aufhebung des „einfachen" tierischen Erbes im „zusammengesetzten" Wesen Mensch. Das aber sind die grundlegenden Maximen der biologischen Verhaltensforschung am Menschen — und es fällt tatsächlich schwer, eine Formulierung zu finden, die ihr Anliegen, das Wesen und die Wirkung der in die höher organisierten sozialen Verhaltenssysteme des Menschen integrierten „einfachen" biologischen Elemente zu analysieren, zutreffender umschriebe. Allerdings haben einige namhafte Verhaltensforscher in ihren Arbeiten über das menschliche Verhalten den Gesichtspunkt der dialektischen Integration biologischer Faktoren in die übergreifenden sozialen Zusammenhänge oftmals vernachlässigt und gelegentlich sogar versucht, besondere gesellschaftliche Phänomene des Menschen allein biologisch zu erklären. Das ist aber nicht nur wissenschaftlich unzulässig, sondern zugleich auch politisch gefährlich, denn biologistische Interpretationen hemmen die Analyse der sozialen Ursachen komplexer Verhaltensstrukturen des Menschen und begünstigen auf diese Weise die Erhaltung eines gesellschaftlichen Status quo. Es ist deshalb verständlich, daß man sich in der fach- und populärwissenschaftlichen Literatur der DDR bisher vornehmlich damit beschäftigte, die Grenzen der biologischen Verhaltensforschung am Menschen aufzuzeigen und biologistische Vereinfachungen zurückzuweisen. Dagegen blieb oftmals unbekannt, welche vielfältigen Möglichkeiten es für eine materialistisch-dialektisch orientierte Verhaltensforschung am Menschen gibt und welche große Bedeutung sie für die Praxis hat. Mit der vorliegenden Publikation soll deshalb der Versuch unternommen werden, möglichst umfassend über den Gegenstand und die Anwendungsmöglichkeiten dieser neuen Wissenschaftsdisziplin zu informieren — und zwar unter strikter Beachtung der biosozialen Dialektik, die GOETHE in dem angeführten Zitat so zutreffend umschrieben hat.

Die Aufsätze dieses Bandes sind bis auf die Arbeit von K. WEISE, die neu hinzukam, aus Vorträgen hervorgegangen, die im Oktober 1974 auf einer wissenschaftlichen Tagung in Cottbus gehalten wurden. Die Autoren haben ihre Beiträge für die Drucklegung noch einmal gründlich überarbeitet und in den meisten Fällen um neue Fakten und Gesichtspunkte erweitert. Während G. Tembrock die evolutionsbiologischen Voraussetzungen und die Grundlinien der bis zum Menschen führenden Höherentwicklung des Verhaltens skizziert, überprüft R. Löther an der Darstellung des sozial-biologischen Problems aus marxistischer Sicht, inwieweit es möglich ist, biologische Verhaltensforschung am Menschen zu betreiben und welche Grenzen ihr gesetzt sind. Auf diesen Darlegungen aufbauend, versucht der Herausgeber in seinem eigenen Beitrag, den Gegenstand der biologischen Verhaltensforschung am Menschen zu bestimmen und einen Überblick über ihre Forschungsmethoden und einige wichtige Ergebnisse zu geben. Diese Übersicht wird durch die Arbeit von J. Oehler ergänzt, die einem verhaltensbiologischen Spezialthema gewidmet ist und vergleichbare Erscheinungsformen und Funktionsprinzipien der tierischen und der menschlichen Kommunikation untersucht. Die nachfolgenden Beiträge von K. Weise, H.-D. Schmidt und H. Behrens und W. Padberg beschäftigen sich mit dem Anwendungsaspekt und stellen am Beispiel der Psychiatrie, der Kinderpsychologie und der Urgeschichtsforschung dar, welche Bedeutung die Ergebnisse der Verhaltensforschung für andere Humanwissenschaften haben.

Die Autoren und der Herausgeber sind sich natürlich mancher Mängel und Vorläufigkeit ihres Unternehmens bewußt. Diese leitet sich zwangsweise schon aus der Tatsache ab, daß die verhaltensbiologische Erforschung des Menschen in der DDR noch keine institutionelle Heimstatt hat. Manche der hier vorgetragenen Meinungen und Vorstellungen sind demzufolge noch recht hypothetisch und erst nach weiteren Erhebungen und experimentellen Überprüfungen verifizierbar. Wenn es aber trotzdem gelänge, die Einsicht in das Wesen und die Bedeutung der Verhaltensforschung am Menschen zu wecken und Kenntnisse darüber zu verbreiten, „wie der Mensch gebaut sei", wenn diese Broschüre ferner die Wirkung hätte, auf wünschenswerte wissenschaftliche Entwicklungen und Wechselwirkungen mit weiteren Fächern und Praxisbereichen aufmerksam zu machen, die Diskussion anzuregen und zum Widerspruch herauszufordern, dann wäre ihr Zweck erfüllt.

Berlin, im Juli 1975 — Volker Johst

Vorwort zur 2. Auflage

Die erste Auflage dieser Sammlung hat ein überraschend positives Echo gefunden und war schnell vergriffen. Der Verlag und der Herausgeber haben sich deshalb entschlossen, eine überarbeitete und erweiterte Neuauflage zu publizieren. Alle Autoren, die bereits an der ersten Auflage beteiligt waren, haben ihre Beiträge neu verfaßt und an den gegenwärtigen Stand der Forschung anzupassen versucht. Um das Bild von den Voraussetzungen, den Methoden und den Anwendungsmöglichkeiten der biologischen Verhaltensforschung am Menschen zu vervollständigen, sind vier Arbeiten neu aufgenommen worden: G. WOLF, R. TÖNJES und G. DÖRNER beschreiben die neurobiologischen und die hormonalen Grundlagen menschlichen Verhaltens, K. MEISSNER erläutert den Erkenntniswert und die Strategie des verhaltensbiologischen Tier-Mensch-Vergleichs, und H. GEBELT schildert, welchen Nutzen die Kinderneuropsychiatrie aus den Erkenntnissen der Verhaltensforschung zieht. — Möge die vorliegende zweite Auflage eine ebenso freundliche Aufnahme finden wie die erste; möge sie vor allem dazu beitragen, die Diskussion um Wesen und Wert der biologischen Verhaltensforschung am Menschen fortzuführen und die Einsicht zu wecken, daß wir ihrer auch in der DDR dringend bedürfen.

Berlin, im Juni 1980 Volker JOHST

Inhaltsverzeichnis

Biologische Verhaltensforschung am Menschen: Grundlagen, Methoden, Anwendungen

Volker JOHST

1. Über das Zusammenwirken von erblichen und Umweltinformationen im Verhalten des Menschen

Die Frage nach den Anteilen von Erbe und Umwelt im Verhalten des Menschen war seit jeher der Gegenstand leidenschaftlicher Erörterungen und kontroverser Stellungnahmen, die zwar oft etwas über die weltanschauliche Position ihrer Verfechter verrieten, zur sachlichen Klärung des Problems aber nur wenig beitrugen. Die Tatsache, daß der Mensch das Lernwesen par excellence ist und sein Verhaltens-Output in so ungewöhnlich hohem Maße durch den umweltlichen Informations-Input bestimmt wird, hat dabei oftmals den Blick für die genetisch programmierten Verhaltensanteile verstellt und die Vorstellung gefördert, daß der Mensch beliebig programmierbar sei. Diese Überzeugung drückt sich besonders sinnfällig im sog. „tabula rasa"-Konzept aus, das auf J. LOCKE (1632—1704) zurückgeht. Dieser hatte bekanntlich angenommen, daß der menschliche Geist anfangs einem leeren Blatt gleiche, das erst allmählich durch die sinnlich vermittelten Erfahrungen beschrieben werde. Der enthusiastische und vom Geiste der Aufklärung getragene Glaube an die Allmacht der Erziehung und die unbegrenzte Bildsamkeit des Menschen fand einen besonderen Fürsprecher in C. A. HELVETIUS (1715—1771), der die Meinung vertrat, es liege allein an den Lebensumständen der Menschen, wenn diese nur so selten Genialität entwickelten. Diese Anschauung wurde später vor allem von der amerikanischen Schule des psychologischen Behaviorismus wieder aufgegriffen und nun mit dem Anspruch der Wissenschaftlichkeit vertreten. J. B. WATSON (1878 bis 1958), der Begründer des Behaviorismus, erweist sich als ein geistiger Nachfahre von HELVETIUS, wenn er die Überzeugung ausspricht, es sei ihm möglich, durch geeignete erzieherische Einwirkung aus beliebigen gesunden Kindern Ärzte, Künstler, Anwälte oder Diebe und Bettler machen zu können (zit. nach DOBZHANSKY 1965, S. 123). Im Neobehaviorismus des amerikanischen Psychologen J. B. SKINNER und seiner Anhänger wurde dieser Anspruch eher noch dogmatisiert. Nach CORELL (1971, S. 14) spiegelt der Charakter eines Menschen die Geschichte seiner Verhaltensverstärkung wider; der Erziehung seien zwar „gewisse organische Grenzen" gesetzt, doch innerhalb dieser könne man so gut wie alle Verhaltensformen zustande bringen. Als orthodoxe Milieu-Theorie herrscht diese Lehrmeinung heute speziell an den amerikanischen Universitäten so sehr vor, daß jene Forscher, welche die Rolle der Vererbung im menschlichen Verhalten betonen, sich nur schwer durchsetzen können[1]). Nicht selten haben aber auch marxistisch orientierte Wissenschaftler unter Berufung auf die bekannte Definition von K. MARX „... das menschliche Wesen ist kein dem einzelnen Individuum innewohnendes Ab-

[1]) Im Jahre 1972 publizierten deshalb 50 anerkannte amerikanische und englische Psychologen, Biologen und Genetiker (darunter H. C. CRICK, H. J. EYSENCK, H. F. HARLOW, R. T. THORNDIKE) in der Zeitschrift „American psychologist" eine Entschließung, in der sie mit Nachdruck auf die Notwendigkeit hinweisen, Forschungen über die biologische Basis menschlichen Verhaltens anzustellen.

straktum. In seiner Wirklichkeit ist es das Ensemble gesellschaftlicher Verhältnisse" die Meinung vertreten, das Verhalten des Menschen werde allein durch die soziale Umwelt determiniert. KOROLJOW (1969) hat überzeugend dargetan, daß die Klassiker des Marxismus-Leninismus diese Auffassung niemals geteilt haben. Man kann ihr aber selbst in neueren Publikationen noch immer begegnen. So ist nach E. SCHMIDT-KOLMER (1978, S. 310) der Mensch zwar auch genetisch determiniert, „aber alles, was ihn zum Subjekt, zur Persönlichkeit macht, d. h. die menschlichen Wesenkräfte, findet er in seiner Umwelt außer sich vor".

Es ist sehr merkwürdig, daß die Verfechter der Milieu-Theorie offenbar nie folgendes bedacht haben. Wäre der Mensch tatsächlich in so hohem Maße ein Produkt seiner Umwelt, dann müßten sich die Menschen verschiedener gesellschaftlicher Epochen und Kulturen in ihren „Wesenskräften" ganz erheblich voneinander unterscheiden. Daß das keineswegs der Fall ist, beweist schon ein flüchtiger Blick auf bestimmte menschliche Grunderfahrungen und Verhaltensweisen, die uns in den Kunstwerken vergangener Zeitalter geschildert werden. Es sind wohl kaum verschiedenere Umwelten denkbar als die, in denen HOMERS „Ilias", das „Nibelungenlied", SHAKESPEARES „Othello" und GOETHES „Egmont" entstanden. Dennoch können wir die Trauer des Achill um seinen erschlagenen Freund Patroklos, den Haß der Kriemhild auf den Mörder Siegfrieds, die Eifersucht des Othello und die Eitelkeit des Egmont, der sich Klärchen, um sie zu beeindrucken, im Goldenen Vlies zeigt, ohne weiteres verstehen und innerlich nachvollziehen — reagieren wir doch, obwohl wir in einer ganz anderen Umwelt leben, in ähnlichen Situationen durchaus ähnlich. Wir empfinden Schmerz und Trauer, wenn wir einen geliebten Menschen verlieren; wir bringen dem, der unser Glück zerstörte, Abneigung und Haß entgegen; wir werden eifersüchtig, wenn sich ein vertrauter Partner von uns ab- und einem anderen Menschen zuwendet; wir versuchen, einem Menschen, den wir für uns gewinnen wollen, zu gefallen und zu imponieren. Es handelt sich hierbei ganz offenkundig um elementare menschliche Wesenszüge, die Teil unserer Natur und höchstens in ihrer Manifestationsstärke umweltabhängig sind. Ihre relative Invarianz gegenüber umweltlichen Einflüssen ist im übrigen eine „conditio sine qua non" für die Rezeption der Kunstwerke vergangener Epochen.

Die hier nur summarisch referierten Auffassungen über die sozialumweltliche Bestimmtheit menschlichen Verhaltens werden gewöhnlich durch mehrere Mißverständnisse begünstigt[2]). Dazu gehört der dichotome Gebrauch der Begriffe „ererbt" (= angeboren) und „erlernt" (= erworben). So ist die Annahme weit verbreitet, daß die erbliche und die umweltliche Programmierung des Verhaltens einander ausschließen; etwas, das als ererbt gilt, kann hiernach nicht Lerneinflüssen und das Erlernte nicht auch genetischen Wirkungen unterworfen sein. Diese Vorstellung von einem „Entweder/Oder" drückt sich in Formulierungen aus wie: „Soziales Verhalten ist keine biologische Gegebenheit, die heranreift. Es entwickelt sich nicht im Selbstlauf, sondern muß erlernt werden" (ZWIENER 1977, S. 246). Auf den Gedanken, es könne *beides* sein, auf genetischen Dispositionenen beruhen *und* durch Lernvorgänge ergänzt werden, scheint nicht nur dieser Autor noch niemals verfallen zu sein.

Möglicherweise wird diese der Realität nicht angemessene disjunktive Denkweise durch eine Art „intellektuelles Kontrastbedürfnis" gefördert, das als ein unserer Erkenntnistätigkeit vorgeschaltetes relatives „a priori" wirkt und uns scharfe Grenzen wahrnehmen läßt, wo doch in Wirklichkeit vielfältig abgestufte, fließende Übergänge vorhanden sind. Ähnliches gilt ja auch für Begriffspaare wie „gesund und krank", „lebendig und tot", „gut und böse" u. a. (vgl. dazu HASSENSTEIN 1972b).

---

[2]) Der entgegengesetzte Standpunkt, das menschliche Verhalten sei überwiegend erbabhängig, wird hier nicht näher besprochen, weil kein ernstzunehmender Biologe ihn heute noch vertritt. Er war aber namentlich in der 2. Hälfte des 19. Jahrhunderts recht verbreitet (vgl. dazu DOBZHANSKY 1965, S. 73 f.).

Es ist deshalb notwendig, sich immer wieder vor Augen zu führen, daß Umweltinformationen niemals isoliert und gleichsam ins Leere wirken, sondern stets auf genetisch vorprogrammierte Strukturen treffen. Obwohl noch unbekannt ist, wie sich das Erlernte in die erblich „vorgefertigten" Gehirnstrukturen einfügt, besteht doch kein Zweifel mehr daran, daß beide Programmierungsformen einander bedingen und ergänzen (Jacob 1972, Dubinin 1974, Bresch 1979). Die „Informierbarkeit" neuronaler Strukturen setzt ja voraus, daß die Erbinformationen das vorsehen; die Möglichkeit der exogenen Musterbildung in bestimmten Gehirnarealen ist eine Folge besonders komplizierter Musterbildungen im genetischen Programm.

So wird sehr gern die Sprache als ein Beispiel für ein ausschließlich erlerntes Verhalten angeführt. Das ist insofern richtig, als es allein von der Umwelt abhängt, welche Sprache wir erlernen. Über diese Feststellung wird aber leicht vergessen, daß unser Sprachvermögen auf zahlreichen genetischen Vorgaben beruht. Diese betreffen u. a. die anatomischen Strukturen, die Sprachbildung und -verständnis ermöglichen, und eine spezifische Lerndisposition (die sich z. B. in der bekannten Neigung von Kleinkindern äußert, Laute Erwachsener nachzuahmen). Umgekehrt wirken aber auch die sog. „umweltstabilen" Erbinformationen augenscheinlich nur selten als starre Verhaltensvorschrift, sondern lassen einen gewissen Spielraum für umweltliche Einwirkungen. Unsere Mimik ist zweifellos weitgehend erbprogrammiert; ihre Motorik und ihr Verständnis entwickeln sich im Säuglings- und Kleinkindalter streng zeitabhängig und qualitativ gleichartig. Später wirken aber kulturelle Einflüsse quantitativ differenzierend. Das zeigt sich z. B. am bekannten Gegensatz zwischen den sparsamen mimischen Äußerungen von Skandinaviern und der reich ausgebildeten Mimik von Südeuropäern (vgl. Keiter 1969).

Die von Dobzhansky (1965, S. 123) geprägte Metapher eines „Kondominiums von Erbe und Umwelt" beschreibt sehr zutreffend die dargestellten kontinuierlichen Zusammenhänge zwischen dem „Angeborenen" und dem „Erworbenen". Die angeführten Beispiele verdeutlichen aber auch, daß die *relativen Anteile* der in das *Erscheinungsbild* spezifischer Verhaltensweisen des Menschen einfließenden Erb- und Umweltinformationen erheblich variieren. Manche Teile unseres genetischen Programms sind relativ geschlossen; die sich entwickelnden Verhaltensmuster enthalten vor allem genetische Informationen und sind deshalb ziemlich umweltunabhängig. Dieser Entwicklungsmodus wird gewöhnlich als „Reifung" bezeichnet. Reifende Verhaltensmuster des Menschen sind u. a. die bekannten Schutz- und Genitalreflexe, elementare Wahrnehmungs- und Erkenntnisstrukturen, zahlreiche Handlungsbereitschaften (Antriebe), die mit diesen verwobenen Emotionen und viele averbale Verständigungsformen (Mimik, Gestik). Andere Programmteile sind dagegen weitgehend „umweltoffen" und bestimmen nur Verhaltensmöglichkeiten und -begrenzungen; so entstehende Verhaltensweisen enthalten vor allem Umweltinformationen und sind deshalb phänotypisch äußerst variabel. Diese für den Menschen so außerordentlich kennzeichnende und auf den ersten Blick auch vorherrschende Programmierungsform seines Verhaltens wird als „fakultatives Lernen" bezeichnet (Tembrock 1964, S. 124). Auf diese Weise werden u. a. die spezifischen ökologischen Techniken (Werkzeugverhalten, Ernährungsweisen, Bautätigkeiten), die Sprache und die meisten kulturellen Sitten und Gebräuche erworben. Zwischen diesen beiden Extremen vermitteln Programmteile, die gleichsam nur punktuell, d. h. nur gegenüber bestimmten Umweltinformationen offen sind. Diese aktivieren die erblich nur vorcodierten Verhaltensmuster, ergänzen sie und passen sie an die jeweilige Umwelt des heranwachsenden Organismus an. Das genetische Programm wirkt hierbei als eine Art „Lernakzeptor", da es den exogenen Informationszufluß „vorsieht" und oftmals während zeitlich begrenzter Entwicklungsphasen „erwartet". Erb- und Umweltinformationen fließen in den betreffenden Verhaltensmustern zusammen und haben hier näherungsweise das gleiche Gewicht. Dieser Entwicklungsmodus wird auch als „obligatorisches Lernen“ bezeichnet (Tembrock 1964, S. 122ff.). Ihm folgen u. a. das Kontakt- und Bindungsverhalten des Säuglings und das Spiel- und Neugierverhalten des Kleinkinds. Möglicherweise beruhen die meisten unserer mikrosozialen Verhaltensweisen (face-to-face-relations) auf vergleichbaren „angeborenen Lerndispositionen“ (Eibl-Eibesfeldt 1972). Abbildung 1 stellt die drei grundlegenden, aber natürlichen durch Übergänge verbundenen Programmierungsformen menschlichen Verhaltens im Rahmen des Kontinuums von Erb- und Umweltinformationen zusammenfassend dar.

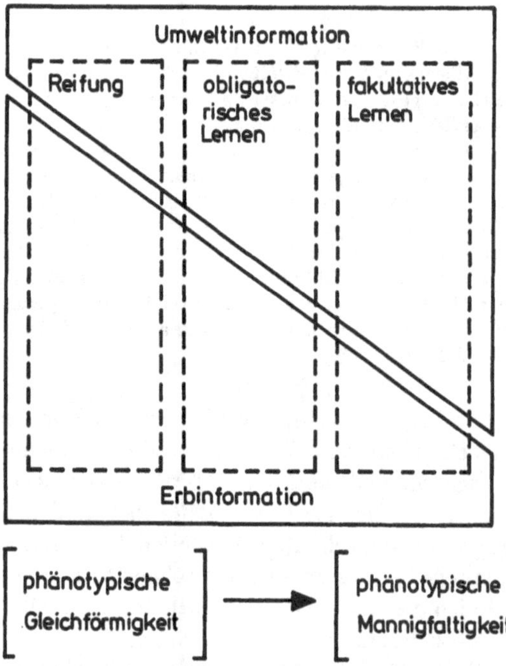

Abb. 1. Schematische Darstellung der drei grundlegenden Programmierungsformen menschlichen Verhaltens im Rahmen des Kontinuums von Erb- und Umweltinformationen. Die Ordinate der Abbildung wäre als Prozentskala zu verstehen, die Abszisse ist dimensionslos. Reifende Verhaltensmuster enthalten vor allem Erbinformationen und sind deshalb phänotypisch ziemlich invariant; fakultativ erlernte Verhaltensmuster enthalten vor allem Umweltinformationen und sind deshalb phänotypisch sehr variabel. Dazwischen stehen vermittelnd die obligatorisch erlernten Verhaltensmuster (nähere Erläuterung im Text).

Die Abbildung soll lediglich das *relative Gewicht* der in das *Erscheinungsbild* reifender bzw. obligatorisch oder fakultativ erlernter Verhaltensmuster einfließender Erb- und Umweltinformationen veranschaulichen; ihre Ordinate wäre mithin als Prozentskala zu verstehen. Dagegen sagt das Schema nichts aus über die Menge der Erbinformationen, die benötigt wird, um die drei Programmierungsformen funktionell zu ermöglichen. Diese nimmt mit der Zunahme der Lernfähigkeit nicht ab, sondern zu! Für die Realisierung eines reifenden Verhaltensmusters werden ganz augenscheinlich *weniger* genetische Vorgaben (ausgedrückt in „bits“) benötigt als für die Ausführung erlernter Programme. So ist z. B. das Lächeln des Säuglings ein reifendes Verhalten; es wird über einen Satz von genetischen „Anweisungen“ realisiert, die bestimmte feste „Verschaltungen“ zwischen Sinnesorganen, inneren Bereitschaftsinstanzen und den Effektoren (Muskeln) vorsehen. Das „Winke-winke-Machen“ ist dagegen ein erlerntes Verhalten; es wird vom Kleinkind nachahmend erworben. Es enthält zwar nur Umweltinformationen, doch für seine Realisierung sind weit mehr genetische

„Anweisungen“ als für die des Lächelns erforderlich. Diese betreffen u. a. die Bereitschaft (Motivation) zum Nachahmen und die Möglichkeit, ein zweidimensionales Netzhautbild in dreidimensional geordnete Muskelreaktionen umwandeln zu können. Die dazu erforderlichen zentralnervösen „Verschaltungen“ sind in ihrer Komplexität überhaupt noch nicht zu übersehen. „Ein offenes Programm mit seiner Fähigkeit zum Dazulernen braucht also nicht weniger, sondern mehr genetische Informationen als ein funktionell vergleichbares, aber rein angeborenes Verhalten“ (LORENZ 1978, S. 210). — Die Abszisse der Abbildung ist im übrigen dimensionslos; über das Verhältnis der drei Programmierungsformen zueinander wird hier nichts ausgesagt.

An den dargestellten irreführenden disjunktiven Gebrauch der Begriffe „angeboren“ und „erworben“ knüpft sich meist ein weiteres Mißverständnis. Es betrifft die verbreitete und populäre Vorstellung von einem „Instinkt-Verlust“ beim Menschen. Da man gewöhnlich das „Angeborene“ mit dem „Instinktiven“ gleichsetzt, dieses als formstarr und durch Lernen nicht oder nur wenig veränderlich ansieht, wird es gewissermaßen zu einer „petitio principii“, anzunehmen, die erstaunliche Lernfähigkeit des Menschen habe sich nur auf der Grundlage einer weitgehenden Instinkt-Reduktion entfalten können. Sogar LORENZ (1950) hat diese Formulierung zeitweilig verwendet, jedoch nie in so einseitigem Sinne wie z. B. HIEBSCH und VORWERG (1975), HOLLITSCHER (1972) und RATTNER (1972), deren Aussagen zufolge die Instinktmechanismen beim Menschen maximal atrophierten. Während RATTNER (1972, S. 30) behauptet, die Natur gäbe dem Neugeborenen keine Instinktausrüstung mit, woraus folge, daß dieses „biologische Manko“ durch soziales Training auszugleichen sei, will HOLLITSCHER (1972, S. 152) in Anlehnung an eine in der wissenschaftlichen Literatur immer wieder kolportierte Formulierung von WATSON immerhin die Furcht vor dem Herunterfallen und das akustisch ausgelöste Schreckverhalten als residuale „instinktartige Reaktionen“ gelten lassen. Nun hat der Mensch tatsächlich, wie SCHMIDBAUER (1971) völlig richtig feststellte, keine Instinkte im Sinne der klassischen Definition TINBERGENS (1952), die bekanntlich am Fortpflanzungsverhalten der Grabwespe (*Ammophila*) und des Stichlings (*Gasterosteus*) gewonnen worden war. Diese Definition ist aber, was von Kritikern wie SCHMIDBAUER (1971) übersehen wird, seither mehrfach revidiert und erweitert worden (vgl. LEYHAUSEN 1965) und wird gegenwärtig in der Verhaltensforschung kaum noch verwendet. TEMBROCK (1977, S. 259) nennt den Begriff „Instinkt“ irrelevant und entbehrlich; Human- und Tiefenpsychologie haben ihn längst preisgegeben (vgl. BRENNER 1972, HOFSTÄTTER 1957). Das bedeutet aber nicht, daß der Mensch keine genetisch kontrollierten Verhaltensstrukturen besitzt bzw. diese „wegselektiert“ werden mußten, um seine Lern- und Kulturfähigkeit zu ermöglichen. Das Lernen und die besondere Informationsstruktur des Bewußtseins entwickelten sich vielmehr in dem Maße, in dem sich das genetische Programm öffnete und die Erbinformationen, die ihrerseits an Menge und Komplexität zunahmen, die exogen „informierbaren“ neuronalen Strukturen vermehrten. Anatomisch drückt sich dieser Entwicklungstrend ja sehr anschaulich in der absoluten Größenzunahme der neokortikalen Gehirnareale aus, die auf die Verarbeitung und Speicherung von Umweltinformationen spezialisiert sind. Die Multiplizierung der Verhaltensmöglichkeiten durch die vielen Spielarten umweltlicher Programmierung läßt mithin den Anteil der stärker erblich beeinflußten und vor allem im Stammhirn zu lokalisierenden Programme nur *relativ* zurücktreten. Für die geradezu abenteuerlich anmutende Vorstellung, die Funktionen der niederen Hirnbereiche seien zurückgebildet (KOSSAKOWSKI 1971, S. 28), gibt es auch anatomisch und neurophysiologisch keine Anhaltspunkte. Nach PILLERI (1971) haben diese archaischen Strukturen (limbisches System, Hypothalamus) trotz der gewaltigen Ausdehnung des Neokortex nichts an Masse und Funktion eingebüßt; ihre Architektur stimmt sogar mit der bei primitiven Säugetieren überein (vgl.

hierzu auch den Beitrag von G. Wolf). Im übrigen ergaben elektrische Reizungen dieser Areale beim Menschen mittels implantierter Elektroden Befunde, die ebenfalls mit den an Säugetieren gewonnenen übereinstimmen (vgl. Moyer 1969, Ehrhardt 1975).

Läßt sich also mit Sicherheit aussagen, daß der Mensch — rein quantitativ gesehen — nicht weniger genetisch programmierte Verhaltensmechanismen besitzt als seine Säugetierahnen (vgl. hierzu auch Hassenstein 1972b), so muß doch abschließend auf eine eigentümliche qualitative Veränderung hingewiesen werden, die sich im Zusammenhang mit der erwähnten fortschreitenden Öffnung des genetischen Programms vollzog. Durch die an Umfang gewaltig vergrößerten zentralen Schalt- und Bearbeitungsmöglichkeiten, die sich zwischen die Input- und die Outputseite des Verhaltens lagerten, wurden die ursprünglich mehr oder weniger fest verkoppelten Teilsysteme genetisch programmierter Verhaltensabläufe gleichsam „auseinandergesprengt" (Keiter 1969); die sensorischen, motivationellen, emotionalen und motorischen Komponenten dissoziierten weitgehend zu einer Vielzahl einzelner „Verhaltensbausteine", die ihrerseits zentraler Kontrolle durch Lern- und Bewußtseinsvorgänge unterstellt sind und nur noch selten zu geschlossenen Verhaltensprogrammen zusammenwirken. Mit anderen Worten: unsere biologischen Verhaltensmechanismen haben normalerweise den Charakter von Verhaltens*tendenzen*, die uns bestimmte Verhaltensweisen nur nahelegen; wir können ihnen folgen, müssen es aber nicht. Wir können uns vielmehr nach dem bewußten Abwägen verschiedener Handlungsmöglichkeiten und in Übereinstimmung mit bestimmten gesellschaftlichen „Verhaltensvorschriften" auch *gegen* unsere natürlichen Antriebe entscheiden und z. B. unseren Hunger, unsere Angst, unsere Aggressivität und unsere Sexualität, aber auch unsere Neugier, unser Mitleid, unsere Tötungshemmung und die zärtliche Fürsorge für unsere Kinder zu unterdrücken versuchen.

Diese Beispiele zeigen, daß es ein Irrtum wäre, zu glauben, wahrhaft menschlich verhielte sich nur der, dem es gelänge, seine biologischen Verhaltenstendenzen vollständig zu beherrschen und stets allein vernunftgeleitet zu handeln. Während sich manche unserer natürlichen Antriebe, wenn sie kortikaler Kontrolle entgleiten, sozial negativ auswirken können, sind andere eine wichtige Grundlage sozial positiver Handlungsweisen. Hier käme es oftmals sogar darauf an, daß wir unsere Verstandeskräfte nutzen, um diese Anlagen in uns zu fördern und ganz bewußt auszuleben. Das populäre „Schichtenmodell", wonach die „höheren menschlichen Wesenkräfte" einem „niederen tierischen Erbe" in uns aufgelagert sind, ist mithin unzutreffend. Falsch ist es ferner auch, das Angeborene bzw. die „niederen Schichten" mit dem „Unbewußten" und das Erlernte bzw. die „höheren Schichten" mit dem „Bewußten" gleichzusetzen. Die tatsächlichen Beziehungen zwischen den Kategorien bewußt bzw. unbewußt und erlent bzw. angeboren sind weit komplizierter. Wir können einerseits etwas Erlerntes (etwa eine bestimmte Bewegungsfolge) völlig unbewußt abhandeln; nicht „wir" mit unserem Bewußtsein steuern uns dann, sondern unser autonom arbeitendes Nervensystem steuert uns. Andererseits können wir angeborene Verhaltensweisen (z. B. das Lächeln) auch ganz bewußt vollziehen.

Die Fähigkeit zum überlegten, freien Handeln und zur bewußten Kontrolle der biologischen Verhaltenstendenzen ist fraglos eine echte qualitative Neuerwerbung des Menschen (vgl. Hassenstein 1972b). Je stärker allerdings unsere natürlichen Antriebe sind, desto mehr engen sie unsere Entscheidungsfreiheit bzw. die „kognitiven Funktionen der Verhaltenssteuerung" ein (Ehrhardt 1975). In besonderen Situationen (z. B. bei extremer Angst, starkem sexuellen Verlangen, überwältigendem Mitleid) können sich die erbcodierten Stammhirnmechanismen auch völlig gegen die kortikal repräsentierten, erlernten Programme durchsetzen und die Führungsfunktion im Verhalten übernehmen. Wer den Menschen verstehen und Einsicht in die Mechanismen gewinnen will, die sein Verhalten steuern, muß deshalb versuchen, dieses dynamische Wechselspiel zwischen Angeborenem und Erworbenem, zwischen Erb- und Umweltinformationen so genau wie möglich zu analysieren.

2. Der Gegenstand der biologischen Verhaltensforschung am Menschen

Aus den oben angeführten Überlegungen leitet sich zwanglos der Gegenstand der vielfach auch als Humanethologie bezeichneten biologischen Verhaltensforschung am Menschen ab: Sie untersucht, welchen Anteil die genetischen, d. h. phylogenetisch erworbenen Informationen an der Ausformung und Steuerung menschlichen Verhaltens haben. Sie interessiert sich dabei natürlich besonders für die überwiegend erbprogrammierten, reifenden Verhaltensmuster.

Mit diesen im engeren Sinne „angeborenen" Verhaltensweisen haben sich bereits Forscher wie C. Darwin (1809–1882), W. James (1842–1910) und S. Freud (1865–1939) befaßt, die uns deshalb als Wegbereiter der Humanethologie gelten können. So hat Darwin in seinem bekannten Buch „The expression of emotions in animals and man" (1872) zahlreiche arttypische Ausdrucksbewegungen des Menschen beschrieben. Nur wenig später hat James (1890) versucht, die ererbten Basismuster menschlichen Verhaltens (er nannte sie noch „Instinkte") vollständig zu erfassen und zu klassifizieren. Auch Freud (1938) ging in seiner psychoanalytischen „Schichtenlehre" von der Annahme aus, daß die elementaren, das „Es" repräsentierenden Antriebsstrukturen Teil der angeborenen Ausstattung des Menschen sind. Dennoch blieben diese Ansätze teilweise recht spekulativ; es sei nur an die Vorstellung Freuds erinnert, es gäbe so etwas wie einen „Todes"- bzw. „Destruktionstrieb". Die wissenschaftliche Erforschung der biologischen Grundlagen menschlichen Verhaltens setzte erst ein, nachdem die in den 30iger Jahren von Lorenz und Tinbergen begründete vergleichende Verhaltensforschung (Ethologie) hierfür eine Reihe von methodischen und theoretischen Voraussetzungen geschaffen hatte (vgl. Oehler 1974). Da die überwiegend erbcodierten, invarianten Verhaltensmuster im Gesamtspektrum der vielfältig variierenden menschlichen Verhaltensweisen relativ leicht zu entdecken sind, ist es verständlich, daß sich die ersten humanethologischen Arbeiten vornehmlich damit beschäftigten, sie zu registrieren (vgl. Eibl-Eibesfeldt und Hass 1967, Freedman 1968).

Die biologische Verhaltensforschung am Menschen untersucht ferner in zunehmenden Maße auch jene Verhaltensweisen, die zwar genetisch vorprogrammiert sind, aber erst nach einem ergänzenden umweltlichen Informations-Zufluß, d. h. nach obligatorischen Lernprozessen funktionstüchtig werden. Die Erforschung dieser „angeborenen Lerndispositionen" (vgl. S. 3), die bisher noch nicht systematisch genug betrieben worden ist, dürfte zu einem der Schwerpunkte künftiger humanethologischer Untersuchungen werden (vgl. Franck 1979, S. 102).

Die ungenügende Erforschung der obligatorischen Lernprozesse des Menschen (namentlich des prägungsähnlichen Lernens; vgl. hierzu Hassenstein 1973, S. 341; Hess 1973, S. 339ff.) ist aber nicht nur auf die damit verknüpften methodischen Schwierigkeiten zurückzuführen, sondern zugleich auch eine Folge der oben erwähnten Erbe/Umwelt-Kontroverse und des dichotomen Gebrauchs der Begriffe „angeboren" und „erworben". Wer in diesen alternativen Kategorien dachte, konnte schwerlich vermuten, daß es etwas Drittes, nämlich Verhaltensweisen geben könne, die gleicherweise erb- und umweltabhängig sind.

Schließlich befaßt sich die humane Verhaltensbiologie auch mit fakultativ erworbenen und mithin überwiegend umweltlich determinierten Verhaltensweisen, sofern diesen allgemeine und auch bei tierischen Organismen nachweisbare *Funktionsprinzipien* zugrunde liegen. Diese determinieren zwar nicht das spezifische Erscheinungsbild kulturabhängiger Verhaltensmerkmale, beeinflussen aber deren Ausprägungsrichtung. Schmidt (1972, S. 239) hat die Bedeutung dieser „analogen Funktionsschemata" für die Analyse der stammesgeschichtlichen Voraussetzungen menschlichen Verhaltens ausführlich erörtert und dargestellt, daß es sich hierbei um ähnliche Formen der Anpassung handelt, die durch gleiche Umweltpressionen erzwungen bzw. auf gleiche funktionelle Erfordernisse zurückzuführen sind.

So sind Teile unseres Werbe- und Grußverhaltens und viele gruppenbindende Riten überwiegend lernabhängig und variieren phänomenologisch demzufolge in den verschiedenen Kulturen sehr stark. Dennoch lassen sich in dieser Vielfalt bestimmte funktionelle Invarianten erkennen, die auch für tierische Kommunikationsprozesse kennzeichnend sind: etwa die Tendenz zur rhythmischen Wiederholung und zur gleichzeitigen Benutzung mehrerer Informationskanäle (Prinzip der Redundanz) oder die Tendenz zur Ausbildung prägnanter, unverwechselbarer Ausdrucksformen und zur antithetischen Ausgestaltung von Signalen mit gegensätzlicher Bedeutung (Prinzip der Kontrastverstärkung). Diese Übereinstimmung ist auf das gleiche funktionelle Erfordernis zurückzuführen: Die Informationsübertragung muß gegen Störungen abgesichert werden. Weitere Beispiele für derartige „Funktionsschemata" sind u. a. die 24-Stunden-Rhythmik (Circadianperiodik), der sog. Magneteffekt (v. Holst 1936), die Verhaltensauslösung durch Reizkontrast bzw. durch Stimmungsübertragung, das Prinzip der doppelten Quantifizierung des Verhaltens (Lorenz 1939) und die verschiedenen Lernformen (ausführliche Erörterung bei Schmidt 1972, S. 231ff.; Johst 1978c, S. 447f.).

Zusammenfassend läßt sich also die Zielsetzung der Verhaltensforschung am Menschen wie folgt bestimmen: *Analyse der biologischen Systembedingungen menschlichen Verhaltens auf der gesamten Skala möglicher Zusammenhänge zwischen den genetischen und den erlernten Programmen.* In eine so aufgefaßte Verhaltensbiologie müssen zwangsläufig so gegensätzliche Denk- und Arbeitsrichtungen wie die klassische Ethologie, der Behaviorismus (Lerntheorie), die Pawlowsche Reflexologie und die Tiefenpsychologie einfließen, wobei der Pluralismus der Begriffssysteme und der theoretischen Konzepte in dem Maße schwinden wird, in dem es gelingt, Funktionszusammenhänge abstrakt darzustellen und in kompatible, formalisierte Definitionen zu überführen. In diesem Sinne haben namentlich Hassenstein (1972a, 1973) und Ehrhardt (1975) versucht, eine Verständigung zwischen den genannten Schulen herbeizuführen und Ansätze zu einer allgemeinen und „synthetischen" Verhaltensbiologie zu entwickeln, die ihrerseits ein wichtiges Teilgebiet im Rahmen einer umfassenden, die Humanpsychologie einschließenden Verhaltenswissenschaft bzw. Allgemeinen Psychologie ist (Klix 1973).

Der oben gegebenen Gegenstandsbestimmung kann im übrigen auch entnommen werden, daß die Analyse der übergreifenden sozialen Systembedingungen menschlichen Verhaltens *nicht* in die Zuständigkeit der biologischen Verhaltensforschung fällt. „Die Verhaltensbiologie befaßt sich bei den Tieren mit allem Verhalten, beim Menschen nur mit einem Teil seiner Verhaltenstendenzen, dem biologisch bedingten Teil" (Hassenstein 1973, S. 15).

Dennoch hält sich das hartnäckige Vorurteil, Humanethologen versuchten, den Menschen allein biologisch zu betrachten und das Menschenbild zu „biologisieren". So behauptet z. B. Schmidbauer (1971, S. 469), Ethologen wie Eibl-Eibesfeldt leugneten, daß es noch andere Dimensionen des Menschen gäbe als die biologische. Pickenhain und Sperling (1977) unterstellen Lorenz und anderen Verhaltensforschern die Auffassung, der Mensch sei in erster Linie ein „Trieb- und Instinktwesen" und erst in zweiter Linie ein soziales Wesen. Bei E. Schmidt-Kolmer (1978, S. 316) heißt es schließlich sogar: „Der Versuch einer Erklärung des Wesen des Menschen aus genetisch vorprogrammierten Determinanten ... kann leicht zu biologistischen Schlußfolgerungen im Sinne eines ‚Zurück zur Natur' oder ‚Zurück zum Tier' führen." Hier werden affektive Widerstände gegen die Verhaltensbiologie sichtbar, die jenen verwandt sind, mit denen sich auch die Tiefenpsychologie in ihren Anfängen auseinandersetzen mußte (vgl. Freud 1925). Demgegenüber bleibt festzustellen, was führende Verhaltensbiologen immer wieder betont haben: Der Mensch ist *wesensverschieden* vom Tier und nicht allein biologisch zu erklären (vgl. Lorenz 1971, Hassenstein 1972b). Die biologische Verhaltensforschung würdigt im übrigen weder den Menschen herab, noch „vertierlicht" sie ihn; sie trägt vielmehr zur Vervollkommnung des wissenschaftlichen Menschenbildes bei (vgl. S. 15 und den Beitrag von R. Löther).

Es ist aber nicht zu übersehen, daß einige bürgerliche Wissenschaftspopularisatoren unter Berufung auf ethologische Forschungsergebnisse versuchen, komplexe soziale Phänomene des Menschen allein biologisch zu deuten. Zu den bekanntesten Vertretern dieser biologistisch gefärbten Denkweise zählen R. ARDREY und D. MORRIS (vgl. die ausgezeichnete Darstellung und Kritik dieser Autoren durch den amerikanischen Anthropologen ALLAND 1974). Man muß diesen und anderen „Benutzern“ der Verhaltensbiologie deshalb immer wieder entgegenhalten, daß der Mensch nicht nur ein biologisches, sondern zugleich auch ein gesellschaftliches Wesen, eine biosoziale Einheit ist, innerhalb derer die gesellschaftliche Seite eine übergreifende, determinierende Wirkung ausübt, wenngleich sie sich nur im Rahmen des biologisch Möglichen entfalten kann und seiner als Voraussetzung bedarf (vgl. den Beitrag von R. LÖTHER). Mit anderen Worten: eine wissenschaftliche Analyse der biologischen Grundlagen menschlichen Verhaltens muß die komplizierten Wechselwirkungen zwischen der gesellschaftlichen und der biologischen Bestimmung des Menschen, zwischen seiner Kultur- und seiner Naturseite, angemessen berücksichtigen. Die biologischen Verhaltensmechanismen wirken niemals isoliert, sondern sind immer in das sozio-kulturelle Geschehen eingebettet und werden durch dieses gefördert oder gehemmt. Dennoch kann kein Zweifel daran bestehen, daß eine Ignorierung der stammesgeschichtlichen Voraussetzungen menschlichen Verhaltens auf einen erheblichen Wissensverzicht hinauslaufen würde. Die wissenschaftliche Erforschung des Menschen muß deshalb künftig gleichzeitig von der biologischen und der gesellschaftswissenschaftlichen Seite her fortgeführt und auf die Analyse biosozialer Wechselwirkungen gerichtet werden, die noch in ihren Anfängen steht[3]).

3. Methoden der biologischen Verhaltensforschung am Menschen

Die biologischen Verhaltensanteile des Menschen treten nur selten rein hervor; sie sind vielmehr meist in umfassendere Gesamtverhaltensmuster integriert und werden durch die übergreifenden sozialen Faktoren häufig stark abgewandelt. Das erschwert ihre Erforschung und erlaubt es nicht, aus Beobachtungen bzw. Befunden an einzelnen Individuen allgemeine Gesetzmäßigkeiten abzuleiten.

Dennoch mußte I. SCHWIDETZKY noch 1969 (S. 223) feststellen, daß in vielen humanethologischen Studien „schlichte Alltagskasuistik an Stelle quantifizierender Untersuchungsergebnisse tritt“. Auch Psychologen wie RATTNER (1972), SCHMIDBAUER (1971) und SCHMIDT (1970) haben die methodische Leichtfertigkeit kritisiert, mit der manche Ethologen menschliches Verhalten zu interpretieren versuchten. Gegenwärtig herrschen aber auch in der Humanethologie die systematischen und quantifizierenden Untersuchungen vor; die Phase der kasuistischen Verfahren und der nicht überprüften Analogieschlüsse und Hypothesen scheint weitgehend überwunden zu sein. So hatte z. B. LORENZ (1950) vermutet, daß wir einen angeborenen Auslösemechanismus (AAM) für Brutpflegereaktionen besitzen, der auf die folgenden Merkmale anspricht: relativ großer Kopf, Überwiegen des Hirnschädels, Pausbackigkeit, rundliche Körperformen und tolpatschige Bewegungen. Diese von LORENZ als „Kindchenschema“ bezeichneten Attribute rufen in uns normalerweise — und zwar unabhängig davon, ob wir sie an Kindern, Tieren oder Spielzeug wahrnehmen — die unverwechselbare Empfindung des „Niedlichen“ bzw. „Herzigen“ hervor und veranlassen uns meist zu typischen Pflegehandlungen (Streicheln, Aufnehmen, Umarmen). LORENZ hat diese zweifellos richtige Hypothese niemals selbst experimentell bzw. epidemiologisch überprüft, weshalb sie auch gelegentlich angezweifelt worden ist (vgl. SCHMIDT 1978). Umfangreiche und mit

---

[3]) Zu dieser Schlußfolgerung gelangten auch einige bedeutende sowjetische Biologen, Psychologen und Philosophen, die 1972 an einem von der Zeitschrift „Voprosi filosofii“ veranstalteten Rundtischgespräch über „Soziale und biologische Faktoren der Entwicklung des Menschen“ teilnahmen (vgl. den Konferenzbericht in der Zeitschrift „Sowjetwissenschaft. Gesellschaftswissenschaftliche Beiträge“ 12, 1972, 9, S. 1309—1321).

verschiedenen methodischen Ansätzen durchgeführte Attrappen- und Spontanwahlversuche haben inzwischen ergeben, daß es sich hierbei tatsächlich um einen genetisch vorprogrammierten Erkennungsmechanismus handelt, der natürlich auch Lerneinflüssen unterworfen ist (FULLARD u. A. M. REILING 1976, STERNGLANZ et al. 1977).

Es ist deshalb nicht verwunderlich, daß Neugeborene, Säuglinge und Klein- bzw. Vorschulkinder bevorzugte Untersuchungsobjekte der biologischen Verhaltensforschung sind. In ihrem Verhalten heben sich die erblich beeinflußten Elemente in der Regel ziemlich deutlich ab, weil sie noch nicht oder nur wenig durch Erlerntes überdeckt bzw. abgewandelt sind und weil sich die voluntative Kontrolle des Verhaltens erst allmählich entwickelt. Den zusammenfassenden Darstellungen von HASSENSTEIN (1973, 1979), JOHST (1978b), LOZOFF et al. (1977) und SCHMIDT (1978) kann entnommen werden, wie genau die biologischen Grundlagen kindlichen Verhaltens schon erforscht sind[4]). Daneben werden aber in zunehmenden Maße auch Untersuchungen an Jugendlichen und Erwachsenen durchgeführt (vgl. EIBL-EIBESFELDT 1971, 1972; SAVIN-WILLIAMS 1977, STERNGLANZ et al. 1977 u. a.).

Die grundlegenden Forschungsmethoden der humanen Verhaltensbiologie sind die jeder Naturwissenschaft: Beobachtung, Experiment und Beschreibung (vgl. den Beitrag von K. MEISSNER). Während aber in der Humanpsychologie meist kontrollierbare Versuchsbedingungen (standardisierte Tests, Laborexperimente) bevorzugt werden, bedient man sich in der Humanethologie in stärkerem Maße der sog. naturalistischen Verfahren und stellt Beobachtungen und Experimente auch in der natürlichen Umgebung bzw. unter Alltagsbedingungen an (vgl. CHARLESWORTH 1977). Im Labor lassen sich zwar Kausalbeziehungen zwischen bestimmten Variablen leichter herausfinden und reproduzieren, doch schaltet die rigorose Kontrolle aller übrigen Einflußfaktoren häufig wichtige Randbedingungen aus, die ebenfalls an der Verhaltenssteuerung beteiligt sind. Das beobachtete Verhalten entspricht deshalb nicht immer dem unter normalen Bedingungen gezeigten, was Rückschlüsse auf seine adaptiven Funktionen erschwert. Beobachtungen und Versuche unter natürlichen Bedingungen haben dagegen zwar den Nachteil, daß sie aufwendiger und die Rückschlüsse auf Kausalbeziehungen weniger eindeutig sind, doch erlauben sie es weit besser, die normalen Organismus-Umwelt-Beziehungen und den Anpassungswert des Verhaltens zu bestimmen. Beide Verfahren müssen einander natürlich ergänzen.

So hat z. B. CASTELL (1971) in einer standardisierten Versuchssituation das Ausmaß der visuellen Interaktion zwischen normalen bzw. autistischen Kindern und einem Erwachsenen sorgfältig registriert und quantitativ genau bestimmt. Er fand, daß die Autisten den Erwachsenen signifikant seltener und kürzer ins Gesicht blickten als die normalen Kinder. Dieses Ergebnis bestätigte zwar, daß der Sozialkontakt autistischer Kinder gestört ist, doch blieb offen, worauf die auffällige Tendenz zur Blickvermeidung zurückzuführen ist und welchen Anpassungswert sie hat. Erst die umfangreichen Beobachtungen und Versuche, die E. A. und N. TINBERGEN (1972) in der natürlichen Umwelt von normalen und autistischen Kindern durchführten, ergaben, daß die Blickflucht ein typisches Ausweichverhalten ist. Milieureaktiv autistische Kinder sind — wohl als Folge mangelnder bzw. inadäquater elterlicher Zuwendung — innerlich stark verängstigt und unsicher; sie interpretieren deshalb das Angeblicktwerden, das seiner Natur nach ein ambivalentes Signal ist, nicht als Ausdruck freundlicher Kontaktaufnahme, sondern als Drohsignal, dem sie, da es angstverstärkend wirkt, auszuweichen versuchen (vgl. den Beitrag von H. GEBELT).

---

[4]) Hierzu haben aber nicht nur Verhaltensbiologen, sondern vor allem auch Kinderärzte, Psychiater und Entwicklungspsychologen beigetragen. Die biologische Verhaltensforschung am Menschen ist mithin kein Prärogativ von Humanethologen, sondern wird auch von anderen Humanwissenschaftlern betrieben, die sich der Evolutionstheorie verpflichtet fühlen.

Eines der wichtigsten verhaltensbiologischen Forschungsziele ist natürlich der Nachweis, daß bestimmte Verhaltensmuster des Menschen genetisch programmiert bzw. vorprogrammiert sind. Hierzu bedient man sich hauptsächlich der folgenden Methoden:

1. Auswertung spontaner natürlicher Experimente mit selektivem Erfahrungsentzug
2. Nachweis von lernunabhängigen Entwicklungsreihen
3. Zwillingsuntersuchungen
4. Kulturenvergleich
5. Untersuchungen pathologischer Verhaltensstörungen
6. Introspektion von Empfindungen und Emotionen.

Zu 1. Ob ein Verhalten erfahrungsunabhängig reift bzw. ob es auf einer angeborenen Lerndisposition beruht, läßt sich an Tieren mittels des von O. HEINROTH (1871—1945) entwickelten Experimentes mit Erfahrungsentzug überprüfen, das auch als Kaspar-Hauser-Versuch bzw. als Isolations- oder Deprivationsexperiment bezeichnet wird. Man behindert dabei den Informationswechsel heranwachsender Organismen mit ihrer Umwelt, indem man ihnen die Umweltinformationen vorenthält, deren Einflußnahme auf die Entwicklung bestimmter Verhaltensfunktionen man vermutet bzw. ausschließen möchte. Entwickeln sich diese trotz spezifischem Erfahrungsentzug völlig normgerecht, so sind sie überwiegend genetisch programmiert. Entwickeln sie sich dagegen nur unvollständig oder mehr oder weniger unangepaßt, so deutet das darauf hin, daß sie zwar erblich vorprogrammiert sind, aber der Ergänzung durch die abgeschirmten Informationen bedürfen (ausführliche Erörterung bei JOHST 1978a, S. 21ff.). Deprivationsexperimente sind natürlich aus ethischen Gründen am Menschen nicht durchführbar. Es gibt aber in jeder Population eine bestimmte Anzahl von Kindern, die unter verschiedenartigen Bedingungen selektiven Erfahrungsentzugs aufwachsen müssen. Hierzu rechnen vor allem die Blind- und die Taubblindgeborenen, denen durch den Ausfall des visuellen bzw. des visuellen und des akustischen Sinneskanals wichtige Lernmöglichkeiten vorenthalten sind. Die Analyse der Verhaltensentwicklung dieser natürlichen „Kaspar Hauser" ist deshalb recht aufschlußreich.

Bereits DARWIN (1872; dt. Aus. 1964, S. 231) argumentiert, daß ein lächelndes oder weinendes blindes Kind diese Ausdrucksbewegungen nicht erlernt haben könne. In jüngerer Zeit hat sich vor allem EIBL-EIBESFELDT (1972) damit befaßt, das Verhalten blinder bzw. taubblinder Kinder zu untersuchen. Er fand u. a., daß diese so wie normale Kinder lächeln, lachen, weinen, bei Ärger die Stirn senkrecht in Falten ziehen, drohend mit dem Fuß aufstampfen und abwehrende Handbewegungen machen. Sie zeigen ferner wie normale Kleinkinder Furcht vor fremden Personen. Alle diese Verhaltensfunktionen reifen mithin weitgehend erfahrungslos.

Weitere spontane natürliche Experimente mit Erfahrungsentzung liegen in der Regel bei jenen Kindern vor, die familiengelöst in Heimen aufwachsen. Da Heimkinder meist nicht über längere Zeit hin einen festen, sondern wechselnden Betreuer haben, die ihre Zuwendung gewöhnlich noch auf mehrere Kinder aufteilen müssen, bleiben ihnen namentlich im Säuglings- und Kleinkindalter jene vielfältigen Anregungen und Erfahrungsmöglichkeiten vorenthalten, die normalerweise im Rahmen stabiler Eltern-Kind-Beziehungen vermittelt werden. Durch geeignete begleitende bzw. retrospektive Verhaltensanalysen und durch sorgfältige Vergleiche mit normal aufwachsenden Familienkindern ist es möglich, die Kurz- und Langzeitwirkungen dieser auch als soziale bzw. psychische Deprivation bezeichneten Behinderung zu erfassen und Aufschluß über die entwicklungsnotwendigen, obligatorischen Lernvorgänge zu erhalten.

Mit der besonderen Entwicklungsproblematik von Heimkindern hat sich erstmals ausführlich der Kinderarzt M. v. PFAUNDLER (1872—1947) zu Beginn unseres Jahrhunderts beschäftigt. Er gelangte bereits damals zu der Einsicht, daß eine Mutter und ihr Kind auch noch nach der Geburt eine natürliche Einheit bilden, innerhalb derer dem Kind wichtige entwicklungsfördernde „psychische Tonika" vermittelt würden. Diese Entwicklungsanregung fände in den Heimen nicht statt; sie fehle aber gelegentlich auch bei familärer Betreuung. Das führe zu den als „psychischer Hospitalismus" bezeichneten Ausfällen und Verhaltensstörungen (vgl. die ausführliche Würdigung v. PFAUNDLERS durch PECHSTEIN 1974, S. 47ff.). Die von v. PFAUNDLER beschriebenen Zusammenhänge sind dann im wesentlichen erst wieder nach dem 2. Weltkrieg systematisch erforscht worden. Die ersten zusammenfassenden Berichte über die schädlichen Auswirkungen frühen sozialen Erfahrungsentzugs, die BOWLBY 1951 und M. D. AINSWORTH 1962 im Auftrag der Weltgesundheitsorganisation (WHO) verfaßten, lösten in vielen Ländern weiterführende und methodisch verbesserte Untersuchungen aus (vgl. LANGMEIER und MATEJČEK 1974, PECHSTEIN 1974). Diese bestätigten, daß manche Verhaltensfunktionen des Säuglings und Kleinkinds (u. a. Teile des Kontakt-, des Erkundungs- und des Spielverhaltens) erblich nur vorprogrammiert sind und erst nach einem reichhaltigen, emotional getönten Informationswechsel mit einem festen Betreuer funktionstüchtig werden (vgl. JOHST 1978a, S. 26ff.).

Zu 2. Treten Verhaltensweisen immer wieder in der gleichen Abfolge und in vorhersagbaren Phasen der kindlichen Entwicklung auf, so sind sie mit großer Wahrscheinlichkeit genetisch fixiert. Darauf verweist auch der Umstand, daß derartige Entwicklungsreihen meist ziemlich resistent gegen umweltliche Einwirkungen sind und sich auch ohne oder sogar gegen gezielte Lern- und Erziehungseinflüsse differenzieren. Wechselnde Umweltbedingungen können zwar das Entwicklungsgeschehen beschleunigen oder verzögern, aber zumeist nicht das zugrundeliegende Muster modifizieren (vgl. dazu auch den Beitrag von H.-D. SCHMIDT).

Das trifft z. B. für die Stadien der frühkindlichen Lokomotion zu: Das Drehen vom Rücken auf den Bauch (7. Monat) geht dem Kriechen bzw. Robben voran (9. Monat), diesem folgt das Krabbeln (11.—12. Monat), das schließlich vom Laufen (ab 12. Monat) abgelöst wird. Es dürfte nur sehr wenige normale, gesunde Kinder geben, die krabbeln, bevor sie kriechen, oder die laufen, bevor sie krabbeln. Auch gezieltes Training kann diese gesetzmäßige Abfolge nicht verändern, es beschleunigt lediglich die Reifung der einzelnen Fortbewegungsarten; mangelnde Übungsmöglichkeiten verzögern dagegen ihre Ausformung. Demzufolge ist die verbreitete Vorstellung unzutreffend, Kinder „lernten" das Krabbeln bzw. das Laufen. Die Information über die spezifische *Qualität* dieser Verhaltensmuster entstammt vielmehr dem Genom. Weitere Beispiele für derartige Differenzierungsreihen, die oftmals stammesgeschichtliche Progressionen rekapitulieren, sind u. a. die von PIAGET untersuchten Stadien der kindlichen Intelligenzentwicklung (vgl. PETTER 1976), die sog. „emotionale Entwicklungstriologie" nach HARLOW (1967; vgl. S. 14:) und die Entwicklungsstufen des Erkundungsverhaltens (JOHST 1977).

Zu 3. Das Studium von Zwillingspaaren kann ebenfalls wichtige Hinweise auf angeborene Verhaltensweisen liefern. So ist es eine durch zahlreiche deskriptive Arbeiten gut belegte Erfahrungstatsache, daß monozygotische Zwillinge einander nicht nur physisch sehr ähnlich sind, sondern sich unter gleichen Umständen auch sehr ähnlich verhalten (vgl. MOHR 1979). Derartige Fallstudien sind aber wissenschaftlich meist wenig ergiebig; man strebt deshalb auch in der Humanethologie genaue Messungen und quantitative Vergleiche an.

So hat z. B. FREEDMAN (1965) die Verhaltensentwicklung mono- und dizygotischer Zwillingspaare im 1. Lebensjahr filmisch aufgezeichnet und genau analysiert. Er fand u. a., daß der Zeitpunkt des ersten Auftretens und die Intensität des Lächelns, des Blickkontaktes und der Fremdenfurcht (sog. Achtmonatsangst) bei den eineiigen Zwillingen weit mehr als bei den zweieiigen übereinstimmten. Die betreffenden Verhaltensmuster sind also weitgehend erbbedingt.

Zu 4. Ein weiteres, überaus wichtiges Hilfsmittel der Verhaltensforschung am Menschen ist der Kulturenvergleich. Erweisen sich bestimmte Verhaltensmerkmale selbst in sehr verschiedenartigen historischen und rezenten Umwelten als relativ formbeständig und kann man außerdem einen Informationsfluß zwischen den verglichenen sozialen bzw. kulturellen Systemen ausschließen, so ist die Wahrscheinlichkeit groß, daß es sich bei ihnen um vorwiegend genetisch kontrollierte Strukturen handelt. Diese Vermutung ist vor allem auch deshalb berechtigt, weil kulturabhängige Verhaltensmuster, die über fakultatives Lernen erworben wurden, ständigem Wandel unterliegen. Objektive und nach Möglichkeiten unbemerkte Verhaltensbeobachtungen und -aufzeichnungen im natürlichen Lebensraum (u. a. mittels moderner Film-, Video- und Tonbandtechnik) sind natürlich eine wichtige methodische Voraussetzung für den Kulturenvergleich (vgl. EIBL-EIBESFELDT 1972).

Wiederum hat bereits DARWIN (1872; dt. Ausg. 1964) den Kulturenvergleich betrieben und zahllose Berichte über die kulturunabhängigen, arttypischen Ausdrucksbewegungen von Menschen der verschiedensten Rassen und Nationen gesammelt und ausgewertet. Ein modernes Beispiel ist die von BLURTON-JONES und M. J. KONNER (1973) mit objektiven ethologischen Methoden durchgeführte Untersuchung geschlechtsspezifischer Unterschiede im Verhalten von Londoner Kindern und von Kindern afrikanischer Buschmänner. Sie ergab, daß sich in beiden Kulturen die Jungen signifikant aggressiver verhalten und mehr gemeinsame Kampfspiele absolvieren als die Mädchen. Da man einen Informationsfluß zwischen beiden Kulturen ausschließen kann und die Buschmänner in einer ökologischen Nische leben, in der noch die Selektionsfaktoren wirksam sind, welche die biologische Verhaltensausstattung des Menschen hervorgebracht haben, beruht dieser Unterschied höchstwahrscheinlich auf einer genetischen Disposition. Diese Vermutung wird durch den Umstand gestützt, daß selbst in den Kulturen, die ein von der europäischen Tradition stark abweichendes Geschlechtsrollen-Verständnis entwickelt haben, die Männer aggressiver und mehr als die Frauen in kämpferische Auseinandersetzungen verwickelt sind. Derartige Hinweise sind sogar in dem Material der Anthropologin M. MEAD enthalten, das gern zitiert wird, wenn belegt werden soll, daß die psychischen Geschlechtsunterschiede beim Menschen umweltlich bedingt sind. So berichtet M. MEAD von den Mundugumor auf Neuguinea, daß die Frauen hier selbstsicher und kraftvoll wie die Männer sind und fast allein für die Ernährung sorgen, wodurch sie den Männern Zeit für Verschwörungen und Kämpfe (!) schaffen (zit. nach SCHMIDT 1972, S. 283). Im übrigen sind auch bei den Primaten in der Regel die männlichen Jungtiere aggressiver als die weiblichen (H. F. u. M. K. HARLOW 1967).

Zu 5. Auch aus der Untersuchung pathologischer Verhaltensentartungen erfahren wir etwas über die biologischen Basisanteile menschlichen Verhaltens, unterliegen doch die kortikalen Hirnfunktionen (Einsicht, Gedächtnis, Bewußtsein) bei endogen-psychotischen Zuständen, bei experimentell erzeugten exogenen Psychosen und bei atrophisierenden Hirnerkrankungen einer zeitweiligen oder fortschreitenden Dissolution und treten dann vielfach auf dem Niveau des Stammhirns organisierte elementare „Verhaltensbausteine“ als unangepaßt-triebhafte Handlungsbereitschaften bzw. als motorische Stereotype in Erscheinung. Fast immer kann dabei eine Regression der Verhaltensfunktionen auf ontogenetisch frühe Stufen festgestellt werden.

So beschreibt PILLERI (1971), daß bei cerebralorganischem Abbau (Morbus ALZHEIMER u. a.) stammesgeschichtlich alte Bewegungskoordinationen wieder auftreten können, die normalerweise für die frühe Säuglingszeit kennzeichnend sind (etwa das orale Greifen und der Handgreifreflex). In der fortschreitenden, bis zu automatisierten Bewegungen führenden Dissolution werden nach PILLERI die ontogenetischen Reifungsprozesse rückläufig wiederholt. Auch bei Psychosen, die experimentell durch Halluzinogene erzeugt wurden, erscheinen elementare Erbkoordinationen. Diese sind hier allerdings stärker mit individuellen Motivstrukturen verflochten, die aus der Lebensgeschichte der betreffenden Versuchspersonen herstammen (LEUNER 1971).

Zu 6. Als eine bisweilen unterschätzte bzw. vernachlässigte Informationsquelle muß schließlich noch die Introspektion von Empfindungen und Emotionen genannt werden (JÜRGENS und PLOOG 1974). Der schon von KANT formulierte Einwand, daß durch die Selbstbeobachtung der zu beobachtende Zustand bereits verändert werde, hatte den

Behaviorismus zum programmatischen Verzicht auf die Introspektion veranlaßt. Dagegen ist geltend gemacht worden, daß die Ergebnisse der Selbstbeobachtung gewöhnlich nicht ungenauer als die der Fremdbeobachtung sind und daß es einem erheblichen Wissensverzicht gleichkommt, wenn man sich der Möglichkeit begibt, das Wirken von Verhaltensmechanismen introspektiv zu überprüfen (FREEDMAN 1968, HOFSTÄTTER 1957). Auch LORENZ (1971) hat den Erkenntniswert der Introspektion hervorgehoben und betont, daß das Auftreten qualitativ unverwechselbarer, spezifischer Emotionen stets das Vorhandensein eines genetisch kontrollierten Reaktionsmechanismus anzeige. Das geht u. a. aus dem Umstand hervor, daß Empfindungen und Emotionen als subjektive Phänomene nicht erlernt werden können; sie sind Teil unserer angeborenen Verhaltensausstattung (vgl. JÜRGENS und PLOOG 1974, S. 57).

Daß man aus der Selbstbeobachtung mittels geeigneter Methoden (z. B. spezielle Fragebögen, strukturierte Interviews) durchaus aussagekräftige Daten gewinnen kann, zeigen so verschieden angelegte Versuche wie die von B. HÜCKSTEDT (1965) über die emotionale Auslöserwirkung von optischen „Kindchen-Attrappen" und die von SIGUSCH und SCHMIDT (1970) über die durch sexuelle Reizangebote ausgelösten emotionalen Aktivierungen. Während die Versuchspersonen HÜCKSTEDTS gefragt wurden, welche der alternativ angebotenen Tier- bzw. Kinderbilder sie als „herziger, süßer, lieber oder niedlicher" empfanden, hatten die Probanden bei SIGUSCH und SCHMIDT nach dem Betrachten erotischer Bilder und Filme u. a. auf einer 9-Punkt-Skala anzugeben, wie stark sie erotisch stimuliert worden waren.

Die dargestellten Verfahren werden meist auf vielfältige Weise miteinander kombiniert, denn die Wahrscheinlichkeit der Aussage, daß ein Verhalten genetisch verursacht ist, wächst natürlich, je mehr der genannten Kriterien erfüllt sind. Ergibt sich außerdem Übereinstimmung mit Befunden, die an Tieren, speziell an Primaten, erhoben wurden, so kann der Nachweis der phylogenetischen Erwerbung als gesichert gelten. Da sich K. MEISSNER in seinem Beitrag ausführlich mit den Voraussetzungen, der Strategie und dem Erkenntniswert des Tier-Mensch-Vergleichs beschäftigt, erübrigt sich hier jedoch eine detaillierte Darstellung dieser wohl wichtigsten humanethologischen Forschungsmethode.

Am Beispiel der Fremdenfurcht des Säuglings (sog. Achtmonatsangst) sei das Ineinandergreifen der verschiedenen methodischen Ansätze erläutert. Ab dem 6. Lebensmonat und kulminierend im 8.—12. Monat verhalten sich Säuglinge gegenüber fremden Personen, die sie zuvor wie die vertrauten Betreuer durch Lächeln begrüßten, ängstlich und ablehnend. Im Kulturenvergleich ergibt sich hierbei eine große Übereinstimmung: Die Fremdenfurcht tritt nicht nur bei europäischen Kindern auf, sondern auch bei Buschmann-Babies (EIBL-EIBESFELDT 1973, S. 113), bei ugandischen Säuglingen (M. D. AINSWORTH 1963) und bei guamaltekischen und nordamerikanischen Kindern (LESTER et al. 1974). Analysiert man dieses Verhalten weiter, so findet man, daß es Teil einer Differenzierungsreihe ist, die HARLOW (1967) als „emotionale Entwicklungstriologie" bezeichnet hat: Die Fremdenfurcht folgt gewöhnlich auf eine Phase des Bindungsverhaltens und der erwachenden Zuneigung zum festen Betreuer; sie geht ihrerseits stets den erst im 2. Lebensjahr erscheinenden Wutreaktionen voraus. Ferner kann ausgeschlossen werden, daß die Fremdenfurcht über Lernvorgänge (etwa vom Typ der bedingten Aversion) erworben wird; sie erscheint ja auch, wenn die Säuglinge niemals schlechte Erfahrungen mit fremden Personen machten. Auf die genetische Fixierung dieses Verhaltens verweisen auch die oben erwähnten Zwillingsuntersuchungen (FREEDMAN 1965). Schließlich ergibt der Tier-Mensch-Vergleich, daß auch bei vielen Wirbeltierarten und namentlich bei den Primaten eine Periode der Furcht auf das anfängliche Bindungsverhalten folgt (H. F. und M. K. HARLOW 1967, MITCHELL 1973). Es handelt sich hierbei ganz offenkundig um einen genetisch programmierten Reaktionsmechanismus.

Abschließend sei erwähnt, daß sich die Humanethologie natürlich nicht damit begnügt, die stammesgeschichtlichen Grundlagen menschlichen Verhaltens nachzuweisen und zu benennen. Sie versucht vielmehr auch, Struktur und Funktionsweise der genetisch kontrollierten „Verhaltensbausteine“ des Menschen zu erforschen. Dazu bedient sie sich zahlreicher Methoden, die sich bereits in der Tierethologie bewährt haben. Mittels vielfältig variierter Attrappen-, Spontanwahl-, Dressur- und Problemlösungsversuche analysiert sie die Input-Seite des Verhaltens (Detektor- und Auslösemechanismen), die inneren Zustandsgrößen (Antriebe, Emotionen) und die kognitiven Funktionen der Verhaltenssteuerung; spezifische Registrier- und Auswertungsverfahren ermöglichen es, den Verhaltens-Output (Bewegungen, Lautäußerungen) zu konservieren und eine „Mikroskopie“ der Motorik zu betreiben (vgl. die Übersicht bei TEMBROCK 1976, S. 154ff.)

4. Vom Nutzen der biologischen Verhaltensforschung am Menschen

Der Nutzen der Humanethologie ließe sich natürlich leichter nachweisen, wenn sie in der DDR als Forschungsrichtung repräsentiert wäre und wenn ihre Ergebnisse bereits in die Praxis umgesetzt würden. Da das aber aus verschiedenen Gründen nicht der Fall ist, haben die nachfolgenden Erwägungen vorerst einen mehr programmatischen Charakter.

Aus dem bisher Gesagten dürfte bereits hervorgegangen sein, daß die Ergebnisse der biologischen Verhaltensforschung am Menschen geeignet sind, unser Wissen um uns selbst und um unsere Stellung in der Natur in außergewöhnlichem Maße zu bereichern und zu vertiefen. Wir können ja viele unserer Eindrücke, Strebungen, Gefühle und Reaktionen überhaupt nur dann richtig verstehen, wenn wir ihren stammesgeschichtlichen Hintergrund und ihren biologischen Anpassungswert kennen. Dieses Wissen ist zugleich die Voraussetzung dafür, „daß der Mensch nicht nur die umgebende Natur und seine Vergesellschaftung, sondern auch sich selbst vermittels rationaler Einsicht in die Determinanten seines Verhaltens zu beherrschen vermag“ (LÖTHER 1974, S. 9). Indem die Humanethologie diese erforscht und aufzeigt, wieviel in unserem Verhalten wir unserer Stammesgeschichte verdanken, trägt sie zugleich dazu bei, den Menschen in seiner *Totalität* als Natur- und gesellschaftliches Wesen zu erfassen und einseitige Entwürfe des Menschenbildes zu überwinden; man denke nur an die idealistische Interpretation des Menschen als „Ebenbild Gottes“, an die biologistische Auffassung, der Mensch sei nichts anderes als ein „nackter Affe“ oder an die soziologistische Deutung des Menschen als „Produkt seiner Umwelt“. Die Erkenntnis, daß wir mit den tierischen Organismen, von denen wir abstammen, nicht nur anatomische und physiologische Kennzeichen, sondern auch viele Verhalteneigentümlichkeiten teilen, kann uns ferner daran erinnern, daß wir trotz unserer neuen, umweltverändernden Wesensmerkmale ein Teil der Natur geblieben sind.

Ähnliches hatte ja wohl auch F. ENGELS im Sinn, wenn er in seiner berühmten Abhandlung „Der Anteil der Arbeit an der Menschwerdung des Affen“ (1876) schrieb: „Und so werden wir bei jedem Schritt daran erinnert, daß wir keineswegs die Natur beherrschen, wie ein Eroberer ein fremdes Volk beherrscht, wie jemand, der außer der Natur steht — sondern daß wir mit Fleisch und Blut und Hirn ihr angehören und mitten in ihr stehen, und daß unsere ganze Herrschaft über sie darin besteht, im Vorzug vor allen anderen Geschöpfen ihre Gesetze erkennen und richtig anwenden zu können“. Aus der Sicht der Verhaltensbiologie heißt das: Uns unterscheidet von unseren tierischen Ahnen nicht, daß wir im Verlaufe der Menschwerdung unsere biologische Verhaltensausstattung verloren haben, sondern daß wir im Gegensatz zu jenen dazu in der Lage sind, zu erkennen, wie diese beschaffen und entstanden ist.

Dieses Wissen hat aber nicht nur einen erheblichen Bildungswert, sondern berührt auch ethische Fragestellungen. Die „oberste Ehrfurcht“ des Menschen, die „Ehrfurcht vor sich selbst“, von der GOETHE im 2. Buch von „Wilhelm Meisters Wanderjahre“

spricht, kann wohl nur dann vollständig und als Fundament humaner Gesinnung und sittlichen Handelns tragfähig sein, wenn sie den *ganzen* Menschen sieht und die Achtung vor der biologischen Vergangenheit einschließt, die wir in uns tragen. Die Einsicht, daß wir noch in unserem Anderssein ein Teil der Natur sind, könnte uns aber auch dazu veranlassen, in ein vertieftes ethisches Verhältnis zu anderem Leben zu treten und uns mehr als bisher für seine Erhaltung verantwortlich zu fühlen.

Neben diesem ideellem Wert haben die humanethologischen Forschungsergebnisse natürlich auch einen erheblichen praktischen Nutzen. Die Verhaltensbiologie begnügt sich ja nicht damit, die Elemente der genetisch programmierten bzw. vorprogrammierten Verhaltensausstattung des Menschen zu bestimmen, sie versucht vielmehr stets auch die Frage zu beantworten, an welche Umwelt diese angepaßt sind bzw. welcher Umweltinformationen sie bedürfen, um funktionstüchtig zu werden. Damit aber ist sie in der Lage, die umweltlichen Voraussetzungen für eine — innerhalb bestimmter Variabilitätsgrenzen — normale Verhaltensentwicklung zu beschreiben bzw. darauf hinzuweisen, welche Umweltbedingungen mit Sicherheit nicht zur Realisierung der genetischen „Reaktionsnorm“ beitragen.

Unsere biologische Verhaltensausstattung ist ja nicht zufällig entstanden, sondern im Verlaufe unserer langen Stammesgeschichte über die bekannten evolutiven Prozesse (Mutation, Rekombination, Selektion) ausgelesen und an die jeweils herrschenden Umweltbedingungen angepaßt worden. Dieses Geschehen ist aber bekanntlich mit dem Auftreten des *Homo sapiens* am Ende des Pleistozäns im wesentlichen abgeschlossen gewesen; seither hat sich der Mensch genetisch offenbar nur noch geringfügig verändert und an die Stelle der biologischen trat nun die gesellschaftlich-kulturelle Entwicklung. Während diese sich immer mehr beschleunigte, blieb die biologische Verhaltensausstattung in ihrer ursprünglichen Umweltbezogenheit erhalten (vgl. TINBERGEN 1976, S. 185).

Aus der Umweltbindung unserer genetisch kontrollierten Verhaltensfunktionen leiten sich folgerichtig „biologische Rahmenvorschriften“ für die Gestaltung unserer sozialen und ökologischen Umwelt ab. Nicht alles, was hier theoretisch machbar ist, harmoniert mit unseren Anlagen; unsere Anpassungsfähigkeit ist zwar groß, aber nicht unbegrenzt (vgl. BACH 1977). Wollen wir jedem Einzelnen „volles physisches, psychisches und soziales Wohlbefinden“[5]) und eine harmonische Persönlichkeitsentwicklung in der Gemeinschaft ermöglichen, müssen wir die Formen der Daseinsgestaltung an die Erfordernisse unserer genetischen „Reaktionsnorm“ anzupassen versuchen. Weichen die umweltlichen Gegebenheiten zu sehr von dieser ab, kann das unser Wohlbefinden erheblich beeinträchtigen und verschiedene pathologische Prozesse (Entwicklungsretardationen, Verhaltensstörungen, psychosomatische Phänomene) auslösen. Es ist nun selbstverständlich nicht Aufgabe der Verhaltensbiologie, detaillierte Vorstellungen über eine optimale, mit unseren Anlagen harmonierende Umweltgestaltung zu entwickeln. Sie hat vielmehr in erster Linie *normkritische* Funktionen und kann Gesellschaftspolitiker und Umweltplaner darauf aufmerksam machen, welche Umweltbedingungen die Gesundheit und eine harmonische Verhaltensentwicklung fördern und welche mit Risiken behaftet sind. In einigen Fällen liegen hierzu schon recht genaue Erkenntnisse vor, die sich vielerorts auch bereits in der Praxis bewährt haben.

So wissen wir heute, daß sich das angeborene Kontakt- und Bindungsverhalten des Säuglings nicht auf eine beliebige soziale Umwelt bezieht, sondern stammesgeschichtlich an die Umwelt „fester Betreuer“ angepaßt ist. Diese muß dem Säugling vom ersten Lebenstag an zur Verfügung

[5]) So hat die Weltgesundheitsorganisation (WHO) den Begriff „Gesundheit“ definiert: "Health is a state of complete physical, mental and social well-being and not merely the absence of disease or infirmity" (vgl. Basic documents. 24th ed. Geneva: WHO 1974, S. 1).

stehen und ein Optimum an einfühlsamer Zuwendung und geistiger Anregung bieten, wenn seine gesamte weitere psychosoziale Entwicklung störungsfrei verlaufen soll. Im engen Kontakt zu seiner Hauptbezugsperson (normalerweise zu seiner leiblichen Mutter) und zu weiteren festen Partnern (Vater, Geschwister) vollzieht der Säugling ja wichtige obligatorische Lernprozesse (vgl. S. 3/4). Hat das Kind dagegen keine stabilen Bezugspersonen oder ist die Interaktion zwischen diesen und dem Kind unbeständig und quantitativ wie qualitativ unzureichend, verzögert sich in der Regel dessen psychosoziale Entwicklung, und es kommt zu verschiedenartigen Verhaltensstörungen. Da wir die Natur des Säuglings nicht ändern können, haben wir nur die Wahl, seine soziale Umwelt so zu gestalten, daß sie recht weitgehend mit seinen Anlagen übereinstimmt. Hierzu kann die Verhaltensbiologie die folgenden Empfehlungen geben:

1. Jeder Säugling bedarf von Geburt an eines beständigen menschlichen „Gegenspielers". Dieser hat nicht nur Ernährungs- und Pflegefunktionen zu erfüllen, sondern vor allem auch das angeborene Kontaktbedürfnis des Säuglings zu befriedigen und diesem als „Lernfigur" zu dienen.
2. Es fördert die wechselseitige Anpassung und die Kommunikation zwischen Mutter und Kind, wenn diese in den Entbindungskliniken nicht getrennt, sondern nach dem sog. „rooming-in"-Verfahren in gemeinsamen bzw. benachbarten Zimmern untergebracht werden. Die gleiche Wirkung hat das Stillen, das auch aus ernährungsphysiologischer und immunologischer Sicht die zweckmäßigste Ernährungsweise des Säuglings ist.
3. Säuglinge sollten niemals für längere Zeit von ihren Eltern getrennt werden. Ist das aber z. B. wegen einer Krankenhauseinweisung unumgänglich, so kann man deren negative Auswirkungen auf die Verhaltensentwicklung des Säuglings mildern, indem man es den Eltern gestattet, ihre Kinder täglich zu besuchen bzw. indem man einen Elternteil mit in das Krankenhaus aufnimmt.
4. In den Gemeinschaftseinrichtungen (Krippen, Heime) muß den Kindern mehr individuelle, zärtlich-stimulierende Zuwendung seitens fester Betreuer zuteil werden; der lebendigen Wechselbeziehung zwischen diesen und dem Kind ist größere Aufmerksamkeit zu widmen als bestimmten formalen Aspekten der Erziehung (etwa dem Sauberkeits- und Selbstbedienungstraining).

Alle diese verhaltenbiologisch gut begründeten „Rahmenvorschriften" für eine harmonische psychosoziale Entwicklung des Säuglings und Kleinkinds sind inzwischen von der Weltgesundheitsorganisation (WHO) aufgegriffen und im Rahmen eines 1977 publizierten Expertenberichts „Child mental health and psychosocial development" als Empfehlung für die Mitgliedsländer der WHO formuliert worden (vgl. die S. 63–64 des Berichtes).

Über andere „Umweltansprüche", die sich aus unserer biologischen Verhaltensausstattung ableiten, wissen wir dagegen noch nicht so gut Bescheid. So sind wir offenbar im Verlaufe der Evolution auf einen mittleren Grad an ständiger sensorischer Stimulation programmiert worden; dieser kontinuierliche Reizeinstrom ist u. a. für die Tonuserhaltung der Tätigkeit unseres Zentralnervensystems erforderlich. Störungen müssen deshalb entstehen, wenn es zu einem chronischen Reizmangel oder zu einer andauernden Reizüberflutung kommt. In unserer modernen zivilisatorischen Umwelt sind aber beide Bedingungen vielfach gegeben (vgl. Dubos 1975); bekannte Folgen ständiger informationeller Unter- bzw. Überforderung sind Streßsymptome, emotionale Verstimmungen und neurotische Störungen. Höchstwahrscheinlich sind auch unsere durchschnittlichen mikrosozialen Ansprüche stammesgeschichtlich programmiert: etwa das Bedürfnis nach festen Partnerbindungen, nach überschaubaren sozialen Kontakten, nach Gruppenzugehörigkeit und nach Vorbild- und Identifikationsfiguren. Chronische Mangelsituationen und Überforderungen mindern auch hier unser Wohlbefinden und begünstigen die Entstehung von Verhaltensstörungen. Ferner sind wir noch nicht ausreichend über die „biologischen Rahmenvorschriften" für ein optimales Lern- und Erziehungsgeschehen in den Familien, Gemeinschaftseinrichtungen und Schulen informiert, doch dürften unsere traditionellen pädagogischen Auffassungen, Normen und Methoden keineswegs immer unseren natürlichen Anlagen entsprechen (vgl. Grossmann 1977).

Zweifellos würde uns die weitere Erforschung dieser und anderer Aspekte unserer biologischen Verhaltensmechanismen instand setzen, zahlreiche ökologische und gesellschaftliche Strukturen und Prozesse zu verbessern und Gesundheit und Wohlbefinden jedes Einzelnen zu erhöhen. Selbstverständlich kann die Verhaltensbiologie diese Aufgabe nicht allein, sondern nur in enger Zusammenarbeit mit anderen Wissenschaften und Praxisbereichen lösen. Zu ihren wichtigsten potentiellen Partnern und Nutznießern zählen dabei die Medizin, die Psychologie, die Soziologie, die Pädagogik, aber auch die Architektur, der Städtebau und die Landschaftsgestaltung. Die Beiträge dieses Buches sollen ein erstes — natürlich noch sehr vorläufiges — Bild hiervon vermitteln und die Grundlagen, die Methoden und die Anwendungsmöglichkeiten der biologischen Verhaltensforschung am Menschen aus dem Blickwinkel verschiedener Humanwissenschaften darstellen.

Literatur

AINSWORTH, M. D.: The effects of maternal deprivation: a review of findings and controversy in the context of research strategy. In: Deprivation of maternal care. Geneva 1962, S. 97—165.

AINSWORTH, M. D.: The development of infant-mother interaction among the Ganda. In: Determinants of infant behaviour. Ed. by B. M. Foss. Vol. 2. London 1963, S. 67—112.

ALLAND, A.: Evolution und menschliches Verhalten. Frankfurt/M. 1970.

BACH, H.: Biologische Aspekte der Mensch-Umwelt-Beziehungen. Pädiatrie 16 (1977) 4, S. 195 bis 202.

BLURTON-JONES, N. G., and M. J. KONNER: Sex differences of London and bushman children. In: Comparative ecology and bahaviour of primates. Ed. by R. P. Michael. London 1973, S. 689 bis 750.

BOWLBY, J.: Mütterliche Zuwendung und geistige Gesundheit. München 1973 (engl. Erstausgabe 1951).

BRENNER, C.: Grundzüge der Psychoanalyse. Frankfurt/M. 1972.

BRESCH, C.: Zwischenstufe Leben — Evolution ohne Ziel? Frankfurt/M. 1979.

CASTELL, R.: Räumlicher Abstand und visuelle Zuwendung als Maß sozialer Interaktion zwischen Kind und Erwachsenem. In: Beiträge zur Verhaltensforschung. Basel 1971, S. 155—163.

CHARLESWORTH, W. R.: Die Entwicklung früher Kompetenz: ethologische Vorstellungen. In: Entwicklung der Lernfähigkeit in der sozialen Umwelt. Hrsg. v. K. E. GROSSMANN. München 1977 S. 14—46.

Child mental health and psychosocial development. Report of a WHO expert committee. Geneva 1977 (Technical report series. 613).

CORRELL, W.: Lernen und Verhalten. Frankfurt/M. 1972.

DARWIN, C.: Der Ausdruck der Gefühle bei Mensch und Tier. Düsseldorf 1964 (engl. Erstausgabe 1872).

DOBZHANSKY, T.: Dynamik der menschlichen Evolution: Gene und Umwelt. Frankfurt/M.: 1965.

DUBININ, N. P.: Die Genetik und die Zukunft der Menschheit, In: Forschen, Vorbeugen, Heilen. Hrsg. v. R. LÖTHER. Berlin 1974, S. 63—90.

DUBOS, R.: Progressive degradation. World health 1975, July, S. 8—15.

EHRHARDT, K. J.: Neuropsychologie ‚motivierten' Verhaltens. Stuttgart 1975.

EIBL-EIBESFELDT, I.: Vorprogrammierung im menschlichen Sozialverhalten. Mitt. Max-Planck-Ges. 1971, 5, S. 307—338.

EIBEL-EIBESFELDT, I.: Stammesgeschichtliche Anpassungen im Verhalten des Menschen. In: Neue Anthropologie. Hrsg. v. H.-G. GADAMER. Bd. 2. Stuttgart 1972, S. 3—59.

EIBL-EIBESFELDT, I.: Der vorprogrammierte Mensch. 3. Aufl. München 1973.

EIBL-EIBESFELDT, I., H. HASS: Neue Wege der Humanethologie. Homo 18 (1967), S. 13—23.

ENGELS, F.: Der Anteil der Arbeit an der Menschwerdung des Affen. In: MARX/ENGELS: Werke, Bd. 20. Berlin 1962, S. 444—455.

FRANCK, D.: Verhaltensbiologie. Stuttgart 1979.

FREEDMAN, D. R.: Hereditary control of early social behavior. In: Determinants of infant behaviour. Ed. by B. M. Foss. Vol. 3. London 1965, S. 149—156.

FREEDMAN, D. R.: The ethological study of man. In: Genetic and environmental influences on behaviour. Ed. by J. M. THODAY. Edinburgh 1968, S. 37—62.

FREUD, S.: Abriß der Psychoanalyse. Frankfurt/M. 1962 (Fragment aus dem Jahre 1938).

FREUD, S.: Die Widerstände gegen die Psychoanalyse. In: FREUD, S.: Selbstdarstellung. Frankfurt/M. 1976, S. 223—233 (Erstveröffentlichung 1925).

FULLARD, W., and A. M. REILING: An investigation of Lorenz's "Babyness". Child Devel. 47 (1976) 4, S. 1191–1193.
GROSSMANN, K. E.: Frühe Entwicklung der Lernfähigkeit in der sozialen Umwelt. In: Entwicklung der Lernfähigkeit in der sozialen Umwelt. Hrsg. v. K. E. GROSSMANN. München 1977, S. 145–179.
HARLOW, H. F., und M. K. HARLOW: Reifungsfaktoren im sozialen Verhalten. In: Einfühlen, Erinnern, Verstehen. Festschrift für R. A. SPITZ. Stuttgart 1967, S. 193–210.
HASSENSTEIN, B.: Bedingungen für Lernprozesse — teleonomisch gesehen. Nova acta Leopoldina N. F. 37 (1972a), S. 289–320.
HASSENSTEIN, B.: Das spezifisch Menschliche nach den Resultaten der Verhaltensforschung. In: Neue Anthropologie. Hrsg. v. H.-G. GADAMER. Bd. 2. Stuttgart 1972b, S. 60–97.
HASSENSTEIN, B.: Verhaltensbiologie des Kindes. München 1973.
HASSENSTEIN, B.: Verhaltensentwicklung des Kindes in der Sicht der Verhaltensbiologie und der Psychoanalyse — ein Vergleich. In: Freiburger Vorlesungen zur Biologie des Menschen. Heidelberg 1979, S. 165–183.
HESS, E. H.: Imprinting. New York 1973.
HIEBSCH, H., und M. VORWERG: Einführung in die marxistische Sozialpsychologie. 9. Aufl. Berlin 1975.
HOFSTATTER, P. R.: Psychologie. Frankfurt/M. 1957. (Das Fischer-Lexikon. 6).
HOLLITSCHER, W.: Aggression im Menschenbild. Frankfurt/M.: 1972.
HOLST, E. v.: Über den „Magneteffekt" als koordinierendes Prinzip im Rückenmark. Pflügers Arch. ges. Physiol. 237 (1936), S. 655–682.
HÜCKSTEDT, B.: Experimentelle Untersuchungen zum „Kindchen-Schema". Z. exper. u. angew. Psychol. 12 (1965), S. 421–450.
JACOB, F.: Die Logik des Lebenden. Frankfurt/M. 1972.
JAMES, W.: Principles of psychology. New York 1890.
JOHST, V.: Die Funktionsprinzipien des Erkundungsverhaltens in ihrer Bedeutung als biologische Grundlage der menschlichen Kognition. Wiss. Z. Humboldt-Univ. Berlin, math.-nat.-wiss. R. 26 (1977) 4, S. 393–397.
JOHST, V.: Evolution und Verhalten. In: Beiträge zur Genetik und Abstammungslehre. Hrsg. v. H. BÖHME u. a. 2. Aufl. Berlin 1978a, S. 429–448.
JOHST, V.: Modelle und Methoden der Verhaltensbiologie am Beispiel Erfahrungsentzug. In: Philosophische und ethische Probleme der modernen Verhaltensforschung. 6. Kühlungsborner Kolloquium. Hrsg. v. G. TEMBROCK u. a. Berlin 1978b, S. 18–33.
JOHST, V.: Zur psychischen Entwicklung des Säuglings. Wiss. u. Fortschritt 28 (1978c) 2, S. 5–56.
JÜRGENS, U., und D. PLOOG: Von der Ethologie zur Psychologie. München 1974.
KEITER, F.: Über verhaltensbiologische Wurzeln der mimisch-physiognomischen und der ästhetischen Beeindruckbarkeit des Menschen. In: Verhaltensforschung im Rahmen der Wissenschaften vom Menschen. Hrsg. v. F. Keiter. Göttingen 1969, S. 142–156.
KLIX, F.: Information und Verhalten. 2. Aufl. Berlin 1973.
KOROLJOW, F. F.: Methodologische Grundfragen im Bereich der Pädagogik. Pädagogik 24 (1969), S. 902–917.
KOSSAKOWSKI, A.: Einige persönlichkeitstheoretische Voraussetzungen. In: Psychologische Untersuchungen zur Entwicklung sozialistischer Persönlichkeiten. Berlin 1971, S. 27–51.
LANGMEIER, J., und Z. MATEJČEK: Psychická deprivace v detstvi. 3. vyd. Praha 1974.
LESTER, B. M., et al.: Separation protest in guatemalan infants: cross-cultural and cognitive findings. Devel. Psychol. 10 (1974) 1, S. 79–85.
LEUNER, H.: Verhaltensforschung und experimentelle Psychose. In: Beiträge zur Verhaltensforschung. Basel 1971, S. 164–176.
LEYHAUSEN, P.: Über die Funktion der relativen Stimmungshierarchie. Z. Tierpsychol. 22 (1965), S. 412–494.
LÖTHER, R.: Verhaltensforschung am Menschen und sozial-biologisches Problem. In: Gegenstand und Grenzen der biologischen Verhaltensforschung am Menschen. Hrsg. v. Präsidium d. URANIA. Berlin 1974, S. 8–9.
LORENZ, K.: Vergleichende Verhaltensforschung. Zool. Anz. Suppl. 12 (1939), S. 69–102.
LORENZ, K.: Ganzheit und Teil in der tierischen und menschlichen Gemeinschaft. Studium generale 3 (1950), S. 455–499.
LORENZ, K.: Der Mensch, biologisch gesehen. Studium generale 24 (1971), S. 495–515.
LORENZ, K.: Vergleichende Verhaltensforschung. Wien 1978.

LOZOFF, B., et al.: The mother-newborn relationship: limits of adaptability. J. Pediat. **91** (1977) 1, S. 1—12.
MITCHELL, G.: Comparative development of social and emotional behavior. In: Perspectives of animal behavior. Ed. by G. Bermant. Glenview (Ill.) 1973, S. 102—128.
MOHR, H.: Erbgut und Umwelt, aus der Sicht des Entwicklungsbiologen. In: Freiburger Vorlesungen zur Biologie des Menschen. Heidelberg 1979, S. 130—164.
MOYER, K. E.: Aggressivität. Bild Wiss. **6** (1969), S. 1058—1065.
OEHLER, J.: Nobelpreisträger für Medizin und Physiologie 1973. Wiss. u. Fortschritt **24** (1974), S. 101—107.
PECHSTEIN, J.: Umweltabhängigkeit der frühkindlichen zentralnervösen Entwicklung. Stuttgart 1974.
PETTER, G.: Die geistige Entwicklung des Kindes im Werk von Jean PIAGET. 2. Aufl. Bern 1976.
PICKENHAIN, L., und H. SPERLING: Thesen zur Determination des sportlich-kämpferischen Verhaltens im sportlichen Training und Wettkampf — eine ideologische Auseinandersetzung mit der mißbräuchlichen Anwendung des biologischen Aggressionsbegriffs im Sport. Med. u. Sport **17** (1977) 8, S. 268—270.
PILIERI, G.: Instinktbewegungen des Menschen in biologischer und neuropathologischer Sicht. In: Beiträge zur Verhaltensforschung. Basel 1971, S. 1—37.
RATTNER, J.: Aggression und menschliche Natur. Frankfurt/M. 1972.
SAVIN-WILLIAMS, R. C.: Dominance in a human adolescent group. Animal Behav. **25** (1977) 2, S. 400—406.
SCHMIDBAUER, W.: Methodenprobleme der Human-Ethologie. Studium generale **24** (1971), S. 462 bis 494.
SCHMIDT, H.-D.: Rezension zu: EIBL-EIBESFELDT, I.: Grundriß der vergleichenden Verhaltensforschung. Z. Psychol. **177** (1970), S. 319—312.
SCHMIDT, H.-D.: Allgemeine Entwicklungspsychologie. Berlin 1972.
SCHMIDT, H.-D.: Soziale Kompetenzen des Säuglings und Kleinstkindes. Z. ärztl. Fortbild. **71** (1977) 22, S. 1061—1066.
SCHMIDT-KOLMER, E.: Zur Dialektik des Biologischen und Sozialen in der frühen Kindheit. Pädiatrie **17** (1978) 6, S. 309—317.
SCHWIDETZKY, I.: Verhaltensforschung und Anthropo-Biologie: ein naturwissenschaftlicher Abschluß. In: Verhaltensforschung im Rahmen der Wissenschaften vom Menschen. Hrsg. v. F. KEITER. Göttingen 1969, S. 221—226.
SIGUSCH, V., und G. SCHMIDT: Psychosexuelle Stimulation durch Bilder und Filme: geschlechtsspezifische Unterschiede. In: Tendenzen der Sexualforschung. Stuttgart 1970, S. 39—53.
STERNGLANZ, S. H., et al.: Adult preferences for infantile facial features: an ethological approach. Animal Behav. **25** (1977) 1, S. 108—115.
TEMBROCK, G.: Verhaltensforschung. 2. Aufl. Jena 1964.
TEMBROCK, G.: Tierpsychologie. 2. Aufl. Wittenberg 1976.
TEMBROCK, G.: Grundlagen des Tierverhaltens. Berlin 1977.
TINBERGEN, E. A., and N. TINBERGEN: Early childhood autism — an ethological approach. Berlin (W) 1972.
TINBERGEN, N.: Instinktlehre. Berlin (W) 1952.
TINBERGEN, N.: Tiere und ihr Verhalten. Reinbeck b. Hamburg 1976.
ZWIENER, K.: Entwicklung des sozialen Verhaltens. In: Zum Einfluß von Familie und Krippe auf die Entwicklung von Kindern in der frühen Kindheit. Hrsg. v. E. SCHMIDT-KOLMER. Berlin 1977, S. 245—256.

Biologische Verhaltensforschung am Menschen und wissenschaftliches Menschenbild

Rolf Löther

1. Einleitung

Das Verhalten der Menschen unterscheidet sich vom Verhalten der Tiere dadurch, daß die Menschen ihr Leben bewußt führen. Zu dem Bewußtsein, mit dem sie ihr Leben führen, gehören ihre Weltanschauungen. Jede Weltanschauung enthält ein Menschenbild. Es beantwortet die Fragen nach dem Wesen des Menschen und seiner Stellung in der Welt, in Natur und Gesellschaft, nach seiner Herkunft und Zukunft und nach dem Sinn seines Lebens. Solche Menschenbilder sind nicht nur Abbilder, vielmehr fungieren sie auch als Leitbilder im bewußten menschlichen Verhalten. Seit alters bezieht das Bemühen der Menschen um ihre weltanschauliche Selbsterkenntnis und Wesensbestimmung die Bestimmung ihres Verhältnisses zu den Tieren ein.

Im 17. Jahrhundert mahnte Blais Pascal (1962, S. 169f.): „Es ist gefährlich, den Menschen zu oft daran zu erinnern, wie sehr er den Tieren gleich ist, ohne ihm seine Größe zu zeigen. Es ist aber auch gefährlich, ihm seine Größe zu zeigen, ohne seine Niedrigkeit sehen zu lassen. Aber noch gefährlicher ist es, ihn über beides in Unwissenheit zu lassen. Heilsam ist es, ihm beides vorzustellen." Diese Mahnung zu befolgen gebieten — unabhängig vom Kontext der Pascalschen Philosophie — Wissenschaftlichkeit und Humanismus gleichermaßen. Von dieser Philosophie wie aller früheren weltanschaulichen Auffassung vom Menschen trennt uns eine Zäsur im geschichtlichen Prozeß der Selbsterkenntnis des Menschen, vergleichbar der Kopernikanischen Wende im naturwissenschaftlichen Weltbild. Es ist die Zäsur, die sich im 19. Jahrhundert ereignete und die mit den Namen des Naturforschers Charles Darwin und der Gesellschaftswissenschaftler und Philosophen Karl Marx und Friedrich Engels verbunden ist.

Aus der Abstammungslehre Darwins folgte der Nachweis, daß der Mensch ein Geschöpf der Evolution des Lebendigen ist. Marx und Engels entdeckten die gesellschaftliche Selbsterschaffung des Menschen durch die Arbeit und die seiner gesellschaftlichen Entwicklung innewohnenden Gesetzmäßigkeiten. Sie erkannten, daß das Wesen des Menschen durch seine gesellschaftlichen Lebensverhältnisse bestimmt wird, wobei die Produktionsverhältnisse die grundlegenden gesellschaftlichen Verhältnisse sind. Auf den Darwinismus als unabdingbare naturwissenschaftliche Voraussetzung gestützt, begründeten sie die wissenschaftliche Weltanschauung und ihr Menschenbild.

Viel Wissen über den Menschen ist seitdem dazugekommen, nicht nur aus den Wissenschaften, die sich speziell mit der Erforschung des Menschen befassen, wie der Anthropologie, der Psychologie und der medizinischen Wissenschaft. Ergeben sich doch letztlich aus allen Wissenschaften Schlußfolgerungen über den Menschen, seine Herkunft und Zukunft und seine Stellung in Natur und Gesellschaft. Mit dem Fortschritt der Wissenschaften und der Entwicklung des praktischen gesellschaftlichen Lebens ist es deshalb auch notwendig, das wissenschaftliche Menschenbild auf den von Marx und Engels sowie Darwin geschaffenen Fundamenten weiter auszuarbeiten und zu präzisieren, um neue Fragen richtig und konkret beantworten und das Wissen bei der weiteren Gestaltung der entwickelten sozialistischen Gesellschaft anwenden zu können.

Dabei besteht eine wichtige Aufgabe darin, die einzelwissenschaftliche Erforschung des menschlichen Bios und der Wechselbeziehungen von Biotischem und Gesellschaftlichem im Leben der Menschen weltanschaulich-methodologisch zu fundieren und die weltanschaulich relevanten Forschungsergebnisse philosophisch zu analysieren und zu verallgemeinern. In die Wechselbeziehungen von Biotischem und Gesellschaftlichem eingeschlossen ist auch die materielle Bedingtheit und Bestimmtheit des menschlichen Verhaltens, zu deren Erkenntnis die biologische Verhaltensforschung am Menschen auf spezifische Weise beiträgt. Als jüngstes der humanwissenschaftlichen Forschungsgebiete entwickelt sie sich zu einer Grundlagendisziplin für Psychologie und Psychopathologie. Ihre Bedeutung für Wissenschaft und Praxis wird aus der Aufgabenstellung der Psychologie deutlich, wie sie F. Klix (1978, S. 7) charakterisiert hat: „Ihr wesentliches Ziel ist es letztlich, die Gesetzmäßigkeiten und die Gesetze menschlichen Verhaltens zu ergründen, ihre Ursprünge und Bedingungen aus der stammesgeschichtlich-biologischen, der gesellschaftlich-ökonomischen und der sozial-kulturellen Geschichte herzuleiten und für die gesellschaftliche Praxis nutzbar zu machen. Die Erkennung solcher Gesetzlichkeit beinhaltet Antworten auf wesentliche Fragen: Wie und wodurch geistige Leistungen entstehen, wie Sprache und Bewußtsein sich bilden, wie Lernen stattfindet und Gedächtnis sich organisiert, wodurch Triebkräfte des Handelns entstehen, die wiederum Interesse erzeugen, Werturteile ausbilden und schließlich Überzeugungen formen. Die Kenntnis dieser Vorgänge ist keineswegs nur für einen kleinen Kreis von Menschen von Interesse, vielmehr für alle, die mit Prozessen zu tun haben, die von Menschen oder für Menschen gestaltet werden oder beides zugleich."

Mit dem Verweis auf die stammesgeschichtlich-biologische Geschichte als Determinante des menschlichen Verhaltens ist der Beitrag der biologischen Verhaltensforschung am Menschen zur Herleitung des menschlichen Verhaltens unmittelbar angesprochen, ebenso der Sachverhalt, daß es sich um einen Beitrag und nicht schlechthin um die Herleitung des menschlichen Verhaltens handelt, den die biologische Verhaltensforschung am Menschen erbringen kann und muß. Dieser Beitrag schließt notwendig ein, krankhaft gestörtes Verhalten sowie asoziale Verhaltensweisen mit ins Auge zu fassen und auch aus der Sicht der biologischen Verhaltensforschung zu untersuchen. „Wir haben in Betracht zu ziehen, daß Verhaltensstörungen prinzipiell auch eine biologische Wurzel haben können, wenngleich wir bei entsprechenden Entgleisungen beim Menschen weit häufiger soziale als biologische Faktoren verantwortlich machen müssen. Asoziales Verhalten bis hin zur Kriminalität ist in allererster Linie gesellschaftlichen Ursprungs und nicht in Genen programmiert, wie das uns manche Apologeten kapitalistischer Unkultur glauben machen möchten. Um so notwendiger ist es jedoch, durch sorgfältige Untersuchungen unsererseits auch auf diesem Gebiet das Zusammenspiel biologischer und sozialer Faktoren hinsichtlich von Verhaltensweisen, geistigen Prozessen etc. einer gründlichen Analyse durch gemeinsame Forschungen von Gesellschaftswissenschaftlern, Psychologen, Biologen und Medizinern zu unterziehen", betonte W. Scheler (1977, S. 108).

Um Möglichkeiten und Grenzen der biologischen Verhaltensforschung am Menschen zu bestimmen, ist es erforderlich, von den bereits erkannten allgemeinen Gesetzmäßigkeiten im Verhältnis von Biotischem und Gesellschaftlichem beim Menschen auszugehen, während andererseits die biologische Verhaltensforschung am Menschen zu jenen Wissenschaftsgebieten gehört, auf die gestützt das wissenschaftliche Menschenbild weiter auszuarbeiten ist.

2. Wesen des Menschen und sozial-biologisches Problem

Das sozial-biologische Problem, die Frage nach dem Verhältnis von Biotischem und Gesellschaftlichem, ergibt sich aus den beiden Tatsachen, daß der Mensch ein aus der Evolution der Organismen hervorgegangenes Lebewesen ist und daß sein Wesen durch seine gesellschaftlichen Lebensverhältnisse bestimmt wird. Es betrifft die Existenz, die Rolle und die Wechselwirkung verschiedener Determinanten des menschlichen Lebens. Das Leben der Menschen läßt sich weder allein mit Hilfe der Biologie noch allein mit Hilfe der Gesellschaftswissenschaften, sondern nur im Kontext der Wechselwirkung zwischen biotischen und gesellschaftlichen Faktoren erklären.

Unter „Biotischem" ist in diesem Zusammenhang die Gesamtheit der Determinanten des menschlichen Daseins zu verstehen, die dem menschlichen Organismus innewohnen, die mit dem Ablauf des menschlichen Individualzyklus von der Befruchtung bis zum Tode, mit Gesundheit und Krankheit, Sexualität und Fortpflanzung gegeben sind und sich in Bedürfnissen und Antrieben des Verhaltens (einschließlich biotisch-sozialer Verhaltensdeterminanten) äußern. Der Individualentwicklung des menschlichen Organismus liegt sein ererbtes genetisches Programm zugrunde, sie vollzieht sich im Austausch von Stoffen, Energien und Informationen mit der Umwelt. Demgegenüber ist unter „Gesellschaftlichem" die Gesamtheit der Determinanten des menschlichen Daseins zu verstehen, die damit gegeben sind bzw. daraus resultieren, daß die Menschen durch ein System gesellschaftlicher Beziehungen verbunden sind. Dieses System beruht darauf, daß die Menschen die materiellen Güter zur Befriedigung ihrer Bedürfnisse durch kollektive Arbeit mit Hilfe von Produktionsmitteln produzieren. Die Produktionsverhältnisse (einschließlich der Verhältnisse des Austausches und der Verteilung der Produkte) sind grundlegend für das ganze System der gesellschaftlichen Beziehungen, in denen die Menschen leben und das sie durch ihr Verhalten erzeugen und reproduzieren. Das System der gesellschaftlichen Beziehungen der Menschen, d. h. die menschliche Gesellschaft, hat seine eigenen objektiven Struktur- und Entwicklungsgesetze.

Das menschliche Leben mit all seinen biotischen Determinanten ist in das übergreifende System der gesellschaftlichen Beziehungen integriert. Nur in der Gesellschaft und durch sie vermag der Mensch zu existieren und sich zu entwickeln. Seine biotische Natur und sein gesellschaftliches Wesen sind eine Einheit. Im Rahmen dieser Einheit entwickeln und entfalten sich die Wechselbeziehungen zwischen Biotischem und Gesellschaftlichem. Das Individuum entwickelt seine ererbten Anlagen und Fähigkeiten, entwickelt sich als Persönlichkeit, in der die Formierung seines menschlichen Wesens zum Ausdruck kommt, indem es aktiv die materiellen und ideellen Beziehungen eingeht und verwirklicht, die durch die Gesellschaft und seine Stellung in ihr ermöglicht werden und dabei von der Gesellschaft gebildet und erzogen wird. „Vom Affen abzustammen ist nicht schwer, Mensch muß man werden können", lautet ein geflügeltes Wort.

In den Beziehungen der Menschen untereinander und zu ihrer natürlichen Umwelt, zum geographischen Milieu der Gesellschaft, findet die Wechselwirkung und Vermittlung zwischen den biotischen und den gesellschaftlichen Determinanten des menschlichen Lebens statt. Wie immer diese Beziehungen erscheinen mögen, letztlich lassen sie sich auf den Austausch von Stoffen, Energien und Informationen zwischen dem sich entwickelnden menschlichen Organismus und seiner Umwelt zurückführen. Zwei Aspekte der Wechselbeziehungen von Biotischem und Gesellschaftlichem im Leben der Menschen sind zu beachten:

1. ist die Existenz lebender menschlicher Individuen mit ihrer morpho-physiologischen Organisation und Entwicklung und ihrem daraus resultierenden Verhältnis zur na-

türlichen Umwelt die erste Voraussetzung für die Existenz und Entwicklung der menschlichen Gesellschaft;

2. sind die natürlichen Bedingungen der gesellschaftlichen Arbeit und des gesellschaftlichen Lebens der Menschen überhaupt selbst in bestimmtem Maße gesellschaftsgeschichtliche Produkte.

Zu diesen Naturbedingungen des gesellschaftlichen Lebens gehören die Bevölkerung, ihre Struktur und Entwicklung, Rasse, Geschlecht, Alter und Lebenserwartung sowie der Gesundheitszustand, aber auch das geographische Milieu der Gesellschaft. Letzteres ist äußere Bedingung, die zuvor genannten Faktoren sind innere Naturbedingungen des gesellschaftlichen Lebens. Inwiefern sie auch gesellschaftliche Produkte sind, läßt sich an ihren Veränderungen im Verlaufe der Menschheitsentwicklung ermessen.

Die Existenz menschlicher Individuen vorausgesetzt, wirkt die gesellschaftliche Entwicklung auf die biotischen Determinanten des Menschen als Individuum und Art und auf seine natürliche Umwelt zurück. Es handelt sich um gesellschaftsgeschichtlich bedingte Veränderungen der biotischen Natur des Menschen und der Biosphäre. Sie wirken sich ihrerseits wieder auf den konkreten Verlauf gesellschaftlicher Prozesse aus. Dabei ist die biotische Seite in dem Sinne Voraussetzung, daß gesellschaftlich nur wirklich werden kann, was die Natur des Menschen als Individuum und Art ermöglicht. Die gesellschaftliche Seite ist die übergreifende und bestimmende Seite, da von ihrer eigengesetzlichen Entwicklung das konkrete Dasein des Menschen als Individuum und Art abhängt und von ihr die Realisierung von biotisch Möglichem bestimmt wird. Denn letztlich sind es immer Auswirkungen der gesellschaftlichen Arbeit, die die biotische Natur des Menschen abwandeln. Sie sind vermittelt durch die konkret-historischen Bedingungen, die mit den Gesellschaften der verschiedenen sozialökonomischen Formationen gegeben sind.

Diese Dialektik von Biotischem und Gesellschaftlichem geht zurück auf die dialektische Negation oder Aufhebung der biotischen Bewegungsform der Materie mit ihren Gesetzen durch die höhere gesellschaftliche Bewegungsform der Materie, der organismischen Lebenstätigkeit in der gesellschaftlichen Praxis der Menschen. Sie vollzog sich im einheitlichen Prozeß der Anthroposoziogenese, in dem Mensch und menschliche Gesellschaft auf dem Wege von den äffischen Ahnen zum Homo sapiens entstanden. Sie bedeutet, daß bestimmte Dinge und Prozesse der niederen Bewegungsform in die höhere eingehen, zu ihren Trägern und von ihr modifiziert werden. Auf diese Weise schließt das Leben, die biotische Bewegungsform der Materie, ihre chemische Bewegungsform in sich ein und die Praxis als Daseinsweise der Gesellschaft die biotische Bewegungsform, die Lebensprozesse des Menschen als Organismus und Art. Das Wissen um die dialektische Einheit von Biotischem und Gesellschaftlichem ist eine wichtige Seite der Selbsterkenntnis des Menschen und für seine Orientierung in der Welt. Dazu gehört unverzichtbar auch der Beitrag der biologischen Verhaltensforschung am Menschen.

3. Sozial-biologischer Monismus contra Biologismus

Die Stellungnahme zum sozial-biologischen Problem im Rahmen des wissenschaftlichen Menschenbildes fußt darauf, daß Biotisches und Gesellschaftliches eine dialektische Einheit bilden, in der die gesellschaftliche Seite die letztlich bestimmende ist. Anders gesagt, sie fußt auf dem Prinzip des sozial-biologischen Monismus, das ein spezieller Ausdruck des allgemeinen Prinzips der wissenschaftlichen Weltanschauung von der materiellen Einheit der Welt in ihrer qualitativen Mannigfaltigkeit und Entwicklung ist. Es richtet sich sowohl gegen jede metaphysische Verabsolutierung des Gesellschaftlichen im Leben der Menschen als auch gegen jede metaphysische Reduktion des Gesellschaftlichen auf Biotisches.

Ein entgegengesetztes Herangehen an die Lösung des sozialbiologischen Problems zeigen jene Ansichten, die insgesamt als Biologismus bezeichnet werden. Es handelt sich um philosophisch-anthropologische, soziologische und geschichtsphilosophische Varianten der bürgerlich-kapitalistischen Weltanschauung, die Strukturen und Prozesse der menschlichen Gesellschaft bestimmten Auffassungen über Systeme der lebenden Natur und ihre Entwicklung unterordnen und aufgrund dessen die Gesellschaft pseudowissenschaftlich interpretieren. Der Biologismus ignoriert die spezifische Gesetzlichkeit der gesellschaftlichen Entwicklung und die gesellschaftliche Wesensbestimmtheit des Menschen. Er unterstellt die zeitweilige Gesellschaftsordnung des Kapitalismus als natürliche Daseinsform der Menschheit, negiert den Klassencharakter seiner sozialen Probleme und führt zu ideologischen und praktisch-politischen Konsequenzen, die gegen die Interessen der Arbeiterklasse und aller Werktätigen sowie gegen den gesellschaftlichen Fortschritt gerichtet sind.

Biologistisches Herangehen an gesellschaftliche Erscheinungen und Probleme ist in der heutigen kapitalistischen Gesellschaft weit verbreitet, wobei man sich in starkem Maße auf die biologische Verhaltensforschung beruft und sie ideologisch mißbraucht. „... welch bessere Entschuldigung gäbe es für unsere enttäuschende Unfähigkeit, die bestehenden inneren Krisen und internationalen Probleme zu lösen, als die Idee, daß die Menschheit durch eine alte und unausrottbare Erbschaft von den Tieren her getrieben werde? Unfähig, unsere Bedingungen zu erleichtern, wenden wir uns wieder einmal biologischen Erklärungen zu, genauso wie die Generation vor uns den Status quo durch einen sozialen Darwinismus rationalisierte“, vermerkt der US-amerikanische Anthropologe J. De Vore (1974, S. 194) einsichtsvoll. Und sein Landsmann, der Zoologe E. O. Wilson (1974, S. 261) schreibt ironisch: „Die gegenwärtige Popularität von Tier-Verhaltensforschern stammt zu einem guten Teil aus dem Trost und der Beruhigung, welche ihre Entdeckungen der Menschheit bieten. Schließlich ist es tröstlich zu überlegen, daß unsere Sünden lediglich tierische Sünden sind (Erbsünden, wenn man will) und daß wir nicht mehr sind als nackte Affen, die im Augenblick durch ihre schlampig gebaute Zivilisation desorientiert werden.“

In dieser Richtung liegen besonders Auffassungen von Verhaltensforschern wie K. Lorenz und einigen seiner Schüler (I. Eibl-Eibesfeldt, P. Leyhausen, O. König) sowie D. Morris und von Publizisten wie R. Ardrey und V. Dröscher, die gesellschaftliches Leben und Kultur der Menschen aus Mutation und Selektion unterliegenden instinktiven Verhaltensgrundlagen der Individuen herzuleiten und so in das Biotische mit seinen Gesetzen hineinzunehmen bemüht sind. Auf diesem Wege werden auf die lebende Natur bezogene Begriffe, Hypothesen und Theorien der Evolutionsbiologie und Verhaltensforschung vermittels haltloser Analogien sowie grober Entstellungen der Stammesgeschichte des Menschen für die Erzeugung biologistischer Ideologie mißbraucht. Der Mensch erscheint dadurch als geselliges Tier mit Revierbesitz, Rangordnung und Aggressionstrieb, dessen Leben durch Bewußtsein, Werkzeuge und Waffen lediglich graduell komplizierter als das anderer Tiere ist, aber nicht wesentlich verschieden. „... wenn Sie Ihr Namensschild an die Tür schrauben oder ein Bild an die Wand hängen, so machen Sie nichts anderes als beispielsweise der Wolf oder der Hund, der sein Bein hebt: Sie markieren Ihr Revier mit Ihren persönlichen Zeichen“, versichert Morris (1968, S. 278).

Der Zoomorphismus dieser Betrachtungen im Hinblick auf den Menschen wird durch den Anthropomorphismus im Hinblick auf die Tierwelt ergänzt. So beruft sich Dröscher (1974, S. 231) auf die Gnu-Bullen im ostafrikanischen Ngorongo-Krater, um mitzuteilen: „Die Gesetze von Besitz und Macht, die von ultralinksorientierten Ideologen heute so heftig attackiert werden, reichen über die Menschheitsgeschichte weit hinaus bis an die animalischen Wurzeln unserer Existenz", und läßt Grundeigentum und Privateigentum überhaupt „einem Urtrieb, also einer ganz natürlichen Veranlagung" entspringen. Bürgerlich-kapitalistische Weltanschauung sieht ihre Gesellschaft in der Tierwelt und umgekehrt und hält dieses Zerrbild für das Natürliche. Daß solche simple biologistische Apologie des Kapitalismus nichts mit wissenschaftlicher Verhaltensforschung zu tun hat, bedarf an dieser Stelle keines Nachweises im Detail. Wo kritische Auseinandersetzungen mit ihr notwendig sind, richten sie sich weder gegen die biologische Verhaltensforschung an Tieren und Menschen noch gegen die wissenschaftlichen Leistungen von Forschern wie Lorenz u. a., die solche Leistungen mit biologistischen Fehldeutungen von Mensch und Gesellschaft verbinden, sondern eben gegen diese Fehldeutungen. Sie mit der biologischen Verhaltensforschung zu verwechseln, wäre verhängnisvoll. Die Gefahr einer solchen Verwechslung besteht, weil die Verhaltensforschung seit den 60er Jahren vor allem im Zusammenhang mit sich auf sie berufenden biologistischen Spekulationen und darüber geführten Diskussionen einer fachwissenschaftlich ungenügend informierten breiten Öffentlichkeit bekannt geworden ist. Selbstredend ist eine solche Verwechslung falsch und erst recht eine daraus abgeleitete Unvereinbarkeit von Verhaltensforschung und Marxismus gegenstandslos. Solche Ansichten zeugen zumindest von einem Mangel an Sachkenntnis und Urteilsfähigkeit, zumal wenn sie sich auf den Meinungsstreit und die ideologischen Auseinandersetzungen über den Charakter der biotischen Grundlagen und die theoretischen Erklärungen aggressiven Verhaltens beziehen.

Diese wurden wesentlich dadurch ausgelöst, daß Lorenz und seine Anhänger dem Menschen als Erbe seiner tierischen Ahnen einen genetisch fixierten Aggressionstrieb zuschreiben. Aus Lorenz' diese biologistische Spekulation im Namen der Verhaltensforschung verkündenden Buch „Das sogenannte Böse" erwuchs eine ganze Aggressionstrieb-Welle imperialistischer Propaganda zur von den gesellschaftlichen Ursachen ablenkenden Interpretation imperialistischer Aggressionskriege und der in der spätkapitalistischen Gesellschaft anwachsenden Brutalität und Gewaltkriminalität. Mit der Verleihung des Nobelpreises für Physiologie und Medizin an Lorenz bekam diese Propaganda nochmals Auftrieb. „1963 überraschte Konrad Lorenz in seinem Buch ‚Das sogenannte Böse' mit der Darlegung des Triebcharakters der Aggression. Unter anderem für diese Arbeit wurde er mit dem Nobelpreis ausgezeichnet. Wenn dabei im Eifer des Gefechts die Einflüsse von Erziehung und Umwelt auf die Erscheinungsformen aggressiven Verhaltens auch etwas zu kurz gekommen sind (was prompt zu Mißverständnissen führte), so bleibt doch die bewiesene Tatsache bestehen, daß aggressives Verhalten auf einem angeborenen Trieb, auf einem Instinkt aufbaut", versichert Dröscher (1974, S. 15). Solche Äußerungen zeugen von Unbelehrbarkeit durch wissenschaftliche Argumente und Fehlinformation der Öffentlichkeit — einschließlich der demagogischen Interpretation der Nobelpreisverleihung, für die Lorenz wahrlich anderes geleistet hat (vgl. Oehler 1974) —, um sie mit reaktionärer Ideologie zu beeinflussen.

Den sich zwangsläufig durchsetzenden instinktiven Aggressionstrieb postuliert Lorenz zunächst, um Kämpfe zwischen Tieren der gleichen Art zu erklären. Er schreibt ihm alle allgemeinen Merkmale des von der Ethologie erforschten Instinktverhaltens zu. Besonders betont er dabei die Spontaneität, d. h., der Trieb setze sich auf Grund innerer

Ursachen auch dann durch, wenn es an äußeren Auslösern mangelt. Sodann behauptet er, es gäbe eine „Reihe fließender Übergänge", die von zwei Hähnen, die auf dem Mist raufen, weiter aufwärts führt über Hunde, die sich beißen, Buben, die sich abwatschen, Burschen, die einander Bierkrügel auf die Köpfe hauen und weiter aufwärts zu schon ein wenig politisch getönten Wirtshausraufereien bis schließlich zu Kriegen und Atombomben" (LORENZ 1965, S. 46). Bereits die Zurückführung von Kämpfen zwischen Tieren einer Art auf einen speziellen Aggressionstrieb ist von LORENZ nie tatsächlich bewiesen worden, während sich aus der Verhaltensforschung selbst stichhaltige Gründe gegen dessen Existenz ergeben. Vor allem die Formenvielfalt innerartlichen Kampfverhaltens in ganz unterschiedlichen Funktionszusammenhängen und die Auswahl der zur Exemplifizierung des Aggressionstriebes herangezogenen Tiere und Lebensbedingungen zeigen, daß seine Behauptung nur eine spekulative Deutung von ungerechtfertigt generalisierten Beobachtungen ist. Offenkundig gibt es nicht „die Aggression" und „den innerartlichen Kampf", sondern eine Vielzahl von Formen agonistischen Verhaltens, die so verschieden sind, daß sie differenzierter konkreter Erklärung bedürfen. „Aggressionstrieb" ist dafür nur eine Leerformel, der Erklärung der einschläfernden Wirkung des Opiums durch eine „vis dormativa" vergleichbar. Daß dem Aggressionstrieb allgemeine Merkmale des Instinktverhaltens zugeschrieben werden, bemäntelt nur die Leere. Dazu konstatiert der Verhaltensforscher W. WICKLER (1974, S. 301), übrigens auch ein LORENZ-Schüler: „Der allgemeinen Aussage, Aggression sei ein echter Instinkt mit eigener endogener Erregungsproduktion und dem entsprechenden Appetenzverhalten, kann man ... nach den bisherigen Befunden nicht zustimmen."

Andererseits konnte nachgewiesen werden, daß agonistisches Verhalten mit der Situation der Tiere verbundene und von endogenen physiologischen Variablen abhängige komplexe Motivation erfordert und primär reaktiven Charakter trägt. Daß es auf ererbten biotischen Verhaltensdeterminanten beruht, wird damit selbstverständlich nicht in Frage gestellt, nur sind sie anders als bei einem Aggressionsinstinkt. „Kämpfen ist im Grunde ein Hilfsmittel, um für ein nur begrenzt vorhandenes Gut — Futter, Wasser, Nistplatz, Partner oder Lebensraum — wirksamer in Wettbewerb zu treten. Wenn dabei nichts gewonnen wird, ist Kämpfen im günstigsten Fall Zeitverschwendung. Im schlimmsten Fall kann es zur Ablenkung von anderen Gefahren, zur Verletzung oder zum Tode führen. Eine endogene Neigung, nach Kampf zu suchen, würde somit lebensgefährliche Folgen haben. Unnötige Kämpfe können dadurch eingeschränkt werden, daß aggressives Verhalten auf solche Situationen beschränkt wird, in denen Tiere sich aus anderen Gründen näher kommen müssen. Die Suche nach Kampf kann sich nachträglich durch Lernen entwickeln, wenn das Tier durch den Erfolg eines Streites belohnt wurde" (P. MARLER/ W. J. HAMILTON III 1972, S. 171f.).

Diese Sachlage entzieht der Ansicht von LORENZ und seinen Anhängern die Voraussetzung dafür, daß individuelle und gesellschaftliche Aggressivität beim Menschen auf den von seinen tierischen Ahnen ererbten Aggressionskrieg zurückgehe, auf ein „verderbliches Maß an Aggressionstrieb, das uns Menschen heute noch als böses Erbe in den Knochen sitzt" (LORENZ 1965, S. 64). Sowenig ihn die heutige Tierwelt von ihren stammesgeschichtlichen Vorfahren geerbt hat, sowenig der Mensch von seinen. Darüber hinaus lassen sich die Ursachen gesellschaftlicher Sachverhalte — wie Gesellschaftsordnungen, Krieg und Frieden oder massenhafte Kriminalität und Brutalität — grundsätzlich nicht durch das Studium des Verhaltens von Tieren und den Vergleich tierischen und menschlichen Verhaltens ermitteln, sondern nur durch die gesellschaftswissenschaftliche Analyse materieller und ideologischer gesellschaftlicher Zusammenhänge.

Die vielfältigen Besonderheiten des gesellschaftlichen Lebens bei den Menschen aller

Zeiten und Völker, die zur Art Homo sapiens gehören, bedeuten, daß sich Erscheinungen bestimmter Gesellschaftsordnungen — und Kriege beispielsweise oder Privateigentum an den Produktionsmitteln sind Erscheinungen der antagonistischen Klassengesellschaft — nicht einfach auf die biotische Natur des Menschen zurückführen lassen. Diese ist als ständige innere Naturbedingung des gesellschaftlichen Lebens überall und immer vorausgesetzt und beteiligt. Ihre Untersuchung kann daher im allgemeinen nur lehren, auf welchen verhaltensphysiologischen und genetischen Grundlagen das gesellschaftliche Leben der Menschen in der objektiven Dialektik von Biotischem und Gesellschaftlichem beruht. Das gilt auch für die Probleme individueller und gesellschaftlicher Aggressivität, wobei aggressives Verhalten von Individuen einerseits und die Probleme von Krieg und Frieden andererseits auf gänzlich verschiedenen Ebenen liegen (vgl. HOCKE/SCHELER 1977, KIESSLING 1977, WERNER 1978, S. 264—281).

Für die Untersuchung der physiologischen Grundlagen des menschlichen Verhaltens, die ihrerseits auf Erbanlagen beruhen, ist der Schluß von Tierarten auf den Menschen ein notwendiges Hilfsmittel der Erkenntnis, aber keine zuverlässige Auskunftsquelle, haben sie doch bei jeder Art ihre Besonderheiten. Weitaus stärker noch als etwa bei der Erprobung von Arzneimitteln an Versuchstieren macht sich bei der Erforschung des menschlichen Verhaltens bemerkbar, daß es sich bei der biotischen Natur des Menschen um die eines zu Arbeit, Sprache und Denken befähigten Lebewesens handelt. Geformt in der Anthroposoziogenese, ist sie auf seine gesellschaftliche Daseinsweise hinorganisiert. Zu ihr gehört ein stammesgeschichtliches Erbe an basalen Verhaltensdeterminanten wie Antrieben zur Aktivität, Erbkoordination von Bewegungen, angeborenen Auslösemechanismen für Bewegungen und angeborenen Lerndispositionen. Deren allgemeine Eigenschaften sind auch an Tieren als Modellen für den Menschen erkennbar. Aber wenn es konkret darum geht, was der Mensch davon besitzt und wie es insgesamt in die systemische Determination des Verhaltens integriert ist, vermag kein Tier den Menschen für die Forschung zu ersetzen. Deshalb kann der Mensch letztlich nur aus der Erkenntnis seiner eigenen Natur und Gesellschaft lernen, wie er sich zu anderen Menschen verhalten kann und soll. Die These eines altchinesischen Weisen, auf die sich LORENZ (1968, S. 9) beruft, daß „alles Tier im Menschen steckt“, verfehlt die menschliche Natur des Menschen.

4. Aspekte des sozial-biologischen Problems und biologische Verhaltensforschung am Menschen

Die Dialektik von Biotischem und Gesellschaftlichem in der Determination des menschlichen Verhaltens zeigt sich sowohl historisch, unter sozial-phylogenetischem Aspekt, als auch aktual, unter sozial-ontogenetischem Aspekt. Unter sozial-phylogenetischem Aspekt ergeben sich jene Wechselbeziehungen, die die Auswirkungen der gesellschaftlichen Entwicklung auf die biotische Natur des Menschen und deren Auswirkungen auf den gesellschaftlichen Produktionsprozeß und das gesamte gesellschaftliche Zusammenleben der Menschen im Verlauf der Menschheitsgeschichte betreffen. Im Rahmen dieses übergreifenden Aspekts bezieht sich der sozial-ontogenetische Aspekt auf die Wechselbeziehungen von Biotischem und Gesellschaftlichem in der Individualentwicklung der Menschen.

Die Relevanz des sozial-phylogenetischen Aspekts beginnt mit der Entstehung der menschlichen Gesellschaft aus dem Zusammenleben der äffischen Ahnen. Entscheidend für diesen Prozeß war, wie schon Engels erkannte, die Entstehung und Entwicklung der Arbeit. Mit der Entstehung des Menschen, der sich aus der Tierwelt herausarbeitete, schritt der schöpferische Entwicklungsprozeß der Materie über die biotische Form ihrer Bewegung hinaus. Zugleich entstanden dem werdenden Menschen in den Gesetzen der gesellschaftlichen Entwicklung neue wesentliche und notwendige Bestimmungen. Die zugrunde liegende Neuerung vollzog sich im Bereich des erlernten Verhaltens: der Übergang von der Benutzung vorgefundener Naturdinge als Werkzeuge, wie er sich auch sonst in der Tierwelt gelegentlich findet, zur Herstellung künstlicher Werkzeuge. Nach dem derzeitigen Wissen über die Anthroposoziogenese waren es ostafrikanische Australopithecinen, die vor etwa 3 bis 4 Millionen Jahren zu lernen begannen, aus Knochen, Holz und Steinen einfachste künstliche Werkzeuge (Produktionsinstrumente) herzustellen, um sie beim Jagen und Zerlegen von Nahrungstieren und beim Nahrungssammeln zu verwenden. Mit der „Jagd-Revolution" im Gewinn der Existenzmittel ging der werdende Mensch aus dem „Tier-Mensch-Übergangsfeld" hervor und begann sich aus der Tierheit endgültig herauszuarbeiten. Die bis zum Auftreten des Homo sapiens vor etwa 40000 Jahren währende bio-gesellschaftliche Übergangsphase begann, in der die Gesetze der Organismenevolution ihren entwicklungsbestimmenden Charakter für die Menschheit allmählich verloren. Entwicklungsbestimmend wurden die neuentstehenden Gesetze der gesellschaftlichen Entwicklung, von deren Verwirklichung auch die Bedingungen für die morpho-physiologische Evolution des Menschen abhängig wurden.

Dieser Vorgang beruht darauf, daß mit der Herstellung und dem Gebrauch der Produktionsinstrumente und auf ihrer Grundlage neuartige Beziehungen zwischen den Individuen entstanden: gesellschaftliche Verhältnisse, primäre Produktionsverhältnisse, die ihrerseits vom Charakter der gesellschaftlichen Produktivkräfte bedingt sind, sich mit ihrer Entwicklung verändern und in ihrer Einheit mit den Produktivkräften die jeweilige Produktionsweise bilden. In der Dialektik von Produktivkräften und Produktionsverhältnissen, ökonomischer Basis und ideologischem Überbau vollzieht sich der durch die Produktion der materiellen Existenzmittel in Gang gesetzte und gehaltene gesellschaftliche Geschichtprozeß der Menschheit. In ihm machen die Menschen unter den durch die vorherige gesellschaftliche Entwicklung vorgegebenen Bedingungen ihre Geschichte.

Bereits Engels (1962, S. 446) hatte festgestellt, daß es „augenscheinlich unmöglich ist, den Menschen, das geselligste aller Tiere, von einem ungeselligen, nächsten Vorfahren abzuleiten" und dies für den von ihm entdeckten „Anteil der Arbeit an der Menschwerdung des Affen" vorausgesetzt. Zugleich betonte er: „Der wesentliche Unterschied der menschlichen von der tierischen Gesellschaft ist der, daß die Tiere höchstens *sammeln*, während die Menschen *produzieren*. Dieser einzige, aber kapitale Unterschied allein macht es unmöglich, Gesetze der tierischen Gesellschaft ohne weiteres auf die menschliche Gesellschaft zu übertragen" (Engels 1966, S. 170). Nähere Ausführungen zu dieser Problematik erlaubte ihm die seinerzeitige Tierpsychologie noch nicht. Heute ermöglicht und erfordert das vorliegende Material zum tierischen Sozialverhalten ebenso wie zu den kognitiven Leistungen und zur tierischen Kommunikation eine eingehende Berücksichtigung in der Theorie der Anthroposoziogenese. Die biologische Verhaltensforschung, besonders an Tier- und Menschenaffen, ist zu einer wichtigen Quelle geworden, um die im Verhalten gelegenen biotischen Voraussetzungen der Menschwerdung und Ausgangszustände für die Entwicklung der verschiedensten in der Wechselwirkung von Biotischem und Gesellschaftlichem historisch entstandenen Seiten und Formen der Lebenstätigkeit und des Zusammenlebens der Menschen zu rekonstruieren — vom Sexualverhalten und den Formen von Ehe und Familie (vgl. Mohrig 1980) bis zur Musik (vgl. Knepler 1977).

Bürgerliche Autoren, die sich mit der Rolle des tierischen Sozialverhaltens im Entstehungsprozeß des Menschen und seiner Gesellschaft beschäftigen, meinen, es gegen die marxistische Erkenntnis vom Anteil der Arbeit an der Menschwerdung des Affen ausspielen zu können. Sie versuchen, die menschliche Gesellschaft unmittelbar aus dem tierischen Sozialverhalten herzuleiten und die Werkzeugherstellung mit ihren Konsequenzen an den Rand des Geschehens abzuschieben. Es geht jedoch nicht darum, die Entstehung irgendeiner Gesellschaft von Lebewesen zu erklären, sondern die der menschlichen Gesellschaft. Sie ist ihrem Wesen nach und im Unterschied zu jeder Tiersozietät durch die Beziehungen charakterisiert, in denen die Menschen durch die gesellschaftliche Produktion der materiellen Güter stehen. Dazu führt kein anderer Weg als die Entstehung und Entwicklung der Arbeit. Durch die aus ihr resultierende Entstehung und Entwicklung gesellschaftlicher Beziehungen wurde aus dem vormenschlichen Tierverband die menschliche Gesellschaft, zunächst die Urhorde der Sammler und Jäger, die den Übergang vom instinktfundierten geselligen Zusammenleben im tierischen Verband zur vollen Entfaltung der gesellschaftlichen Beziehungen herstellte. Ihr folgten mit dem Abschluß der bio-gesellschaftlichen Übergangsphase in der Entwicklung der Urgesellschaft die Gentilgesellschaft, dann die Dorfgemeinschaft. In der Gentilgesellschaft begann mit dem Ackerbau und mit ihm verbundener Haustierhaltung, auf denen dann die Dorfgemeinschaft beruhte, die „Agrar-Revolution". Von der Dorfgemeinschaft und dem von ihr erzeugten Mehrprodukt aus fand vor etwa 4000 bis 5000 Jahren im alten Orient der Übergang zu den ersten auf der Ausbeutung des Menschen durch den Menschen beruhenden Klassengesellschaft statt.

In diesem Geschehen finden sich weder Raum noch Zeit für die Zweckphantasien der Verfechter eines Aggressionstriebes bei Tier und Mensch — weder für den „Raubaffen" (Morris 1968) oder gar „Mörderaffen" (Ardrey 1969), die als unmittelbare Vorfahren des Menschen erdacht wurden, noch für die besondere Selektion auf Aggressivität, für die Lorenz (1965) die Jahrzehntausende der Frühsteinzeit in Anspruch nimmt. Das Leben der Menschen in der Urhorde war nicht von Kämpfen untereinander bestimmt (die zweifellos auch vorkamen), sondern von der Notwendigkeit beherrscht, gemeinsam der umgebenden Natur die Mittel zur Erhaltung ihrer Gemeinschaft und jedes ihrer Mitglieder abzugewinnen. Die Ausbildung der Arbeit aber „trug notwendig dazu bei, die Gesellschaftsglieder näher aneinanderzuschließen, indem sie die Fälle gegenseitiger Unterstützung, gemeinsamen Zusammenwirkens vermehrte und das Bewußtsein von der Nützlichkeit dieses Zusammenwirkens für jeden einzelnen klärte" (Engels 1968, S. 446).

Die Wechselbeziehungen zwischen Biotischem und Gesellschaftlichem in der Individualentwicklung des Menschen vollziehen sich jeweils auf einem bestimmten konkrethistorischen Entwicklungsstand natur- und gesellschaftsgeschichtlich gewordener und systemisch verbundener Faktoren. Erbanlagen und Umwelt, genetisches und gesellschaftliches Programm der Entwicklung greifen ineinander. Sie formen das menschliche Individuum, durch seine eigene Aktivität als Subjekt vermittelt, zur biosozialen Einheit der Persönlichkeit. Seitens der Gesellschaft wird sie durch die materielle und geistige Kultur der Gesellschaft gebildet. Die Kultur, die sich die Menschen durch Lernen aneignen und in ihrer gesellschaftlichen Praxis weiterentwickeln, wurde von den vorangegangenen Generationen durch ihre Arbeit geschaffen. „Kultur wird nicht durch Gene vererbt; sie wird durch Lernen von anderen menschlichen Wesen erworben. Die Fähigkeit zu lernen und so eine Kultur zu erwerben und ein Mitglied der Gesellschaft zu werden, ist jedoch durch die genetische Ausrüstung gegeben, die das deutliche biologische Unterscheidungsmerkmal der Menschheit ist. In einem gewissen Sinne haben die menschlichen Gene ihre erste Stelle in der menschlichen Evolution an ein neues, nichtbiologisches oder überorganisches Geschehen, die Kultur, abgegeben. Jedoch darf nicht übersehen werden, daß dieses Geschehen vollständig von dem menschlichen Genotypus abhängt; menschliche Kultur ist nicht ohne menschliche Gene möglich", betont der Genetiker Th. DOBZHANSKY (1966, S. 126).

Die biologische Verhaltensforschung hat zu wichtigen Aufschlüssen über das in der biotischen Natur des Menschen gelegene, stammesgeschichtlich gewordene, in Genen und Genkombinationen fixierte und sich im Verlaufe der Individualentwicklung heterochron ausbildende Inventar an unterschiedlichen Verhaltensdispositionen geführt, die sich in den Beziehungen zur Umwelt geltend machen (vgl. JOHST 1978a, S. 444—448). Im Beziehungsgefüge von Biotischem und Gesellschaftlichem ermöglichen sie Kultur, manifestieren sich in ihr und werden von ihr überformt. Dominierend für das menschliche Verhalten ist die genetische Vorprogrammierung zur Aufnahme, Verarbeitung und Umsetzung von Informationen aus der Umwelt, die vor allem gesellschaftlich-kulturelle Umwelt ist. Sie wird durch weitere biotische Verhaltensdispositionen ergänzt, zu denen nicht zuletzt angeborene Dispositionen zu zwischenmenschlichen Kontakten gehören, die von den geselligen Vorfahren des Menschen ererbt wurden. So finden sich bereits beim Säugling und Kleinstkind biotisch-soziale Aktions- und Reaktionsweisen, die dem Kontakt mit einem menschlichen Partner (Pflegeperson) dienen (vgl. JOHST 1978b, SCHMIDT 1977).

Aus der objektiven Existenz sozial-phylogenetischer und sozial-ontogenetischer Wechselbeziehungen zwischen Biotischem und Gesellschaftlichem in der Determination des menschlichen Verhaltens ergeben sich Konsequenzen für Forschung und Praxis. Es geht darum, die biotischen Grundlagen des menschlichen Verhaltens in der Dialektik von Biotischem und Gesellschaftlichem unter beiden Aspekten weiter zu untersuchen, in der theoretischen Erklärung der Anthroposoziogenese, der menschlichen Individualentwicklung und des menschlichen Verhaltens sowie im wissenschaftlichen Menschenbild geistig zu verarbeiten und ihnen im gesellschaftlichen Zusammenleben bewußt Rechnung zu tragen. Vor allem ist dabei an die weitere wissenschaftliche Fundierung von Bildung und Erziehung zu denken, um die Ausbildung der Fähigkeiten, Begabungen und Talente sozialistischer Persönlichkeiten bestmöglich zu fördern und Verhaltensstörungen vorzubeugen.

Literaturverzeichnis

ARDREY, R.: Adam kam aus Afrika. München 1969.

BARNETT, S. A.: Instinkt und Intelligenz. Frankfurt/M. 1971.

DE VORE, J.: Die Evolution der menschlichen Gesellschaft. In: Evolutionstheorie und Verhaltensforschung. Hrsg. v. W. SCHMIDBAUER. Hamburg 1974, S. 194—207.

DOBZHANSKY, Th.: Vererbung und Menschenbild. München 1966.

DRÖSCHER, V. B.: Sie töten und sie lieben sich. Hamburg 1974.

ENGELS, F.: Dialektik der Natur. In: K. Marx/F. Engels, Werke, Bd. 20, Berlin 1962.

ENGELS, F.: Brief an P. L. Lawrow vom 12.—17. 11. 1875. In: K. Marx/F. Engels, Werke, Bd. 34, Berlin 1966.

HASSENSTEIN, B.: Das spezifisch Menschliche nach den Resultaten der Verhaltensforschung. In: Neue Anthropologie. Hrsg. von H.-G. GADAMER u. P. VOGLER. Bd. 2 T. 2. Stuttgart 1972, S. 60—97.

HOCKE, E., und W. SCHELER: Die Einheit von Sozialismus und Frieden. Berlin 1977.

HOLLITSCHER, W.: Aggression im Menschenbild. 2. Aufl. Frankfurt/M. 1972.

HOLLITSCHER, W.: Sexualität und Revolution. Frankfurt/M. 1973.

HOLLITSCHER, W.: Für und wider die Menschlichkeit. Wien 1977.

JOHST, V.: Evolution und Verhalten. In: Beiträge zur Genetik und Abstammungslehre. 2. Aufl. Hrsg. v. H. BÖHME u. a. Berlin 1978, S. 429—450 (1978a).

Johst, V.: Zur psychischen Entwicklung des Säuglings. Wiss. Fortschr. 28 (1978), S. 51–56 (1978b).

Kiessling, G.: Krieg und Frieden in unserer Zeit. Berlin 1977.

Kirschke, S.: Weltanschauliche Probleme der vergleichenden Verhaltensforschung am Menschen (Humanethologie). In: Objektive Gesetzmäßigkeit und bewußtes Handeln in der sozialistischen Gesellschaft. Berlin 1975, S. 354–356.

Klix, F.: Einleitung. In: Psychologie in der DDR. Berlin 1978, S. 7–11.

Knepler, G.: Geschichte als Weg zum Musikverständnis. Leipzig 1977. Kritik der Psychoanalyse und biologistischer Konzeptionen. Hrsg. v. W. Friedrich. Berlin 1977.

Löther, R.: Imperialismus und Verhaltensforschung. Biol. Schule 21 (1972), S. 305–311.

Löther, R.: Konrad Lorenz als Bußprediger. Spektrum 5 (1974), S. 22–23.

Löther, R.: Biologie und Weltanschauung. 2. Aufl. Leipzig 1974.

Lorenz, K.: Das sogenannte Böse. 7.–11. Aufl. Wien 1965.

Marler, P., and W. J. Hamilton: Tierisches Verhalten. Berlin 1972.

Medizin, Menschenbild und sozialbiologisches Problem. Hrsg. v. R. Löther. Berlin 1974.

Mohrig, W.: Wie kam der Mensch zur Familie? Leipzig–Jena–Berlin 1980.

Morris, D.: Der nackte Affe. München 1968.

Oehler, J.: Nobelpreisträger für Medizin und Physiologie 1973. Wiss. Fortschr. 24 (1974), S. 101 bis 107.

Pascal, B.: Geist und Herz. Berlin 1962.

Philosophische und ethische Probleme der modernen Verhaltensforschung. Hrsg. v. G. Tembrock u. a. Berlin 1978.

Pilz, G., und H. Moesch: Der Mensch und die Graugans. Frankfurt/M. 1975.

Scheler, W.: Zu einigen gesellschaftlichen relevanten Problemen aus dem Fortschritt der Biowissenschaften. In: Der IX. Parteitag der SED und die Gesellschaftswissenschaften. Berlin 1977, S. 102–108.

Schischkin, A.: Ethologie und Ethik. In: Gesellschaftswissenschaften, Nr. 1/1976, S. 203–218.

Schmidt, H.-D.: Soziale Kompetenzen des Säuglings und Kleinstkindes. Z. ärztl. Fortbild. 71 (1977), S. 1061–1066.

Steininger, H.: Kant und Lorenz. Wiss. Zschr. Humboldt-Univ., Ges.-Sprachw. R. 24 (1975), S. 151–154.

Wernecke, A.: Biologismus und ideologischer Klassenkampf. Berlin 1976.

Werner, R.: Problemfamilien – Familienprobleme. Berlin 1978.

Wickler, W.: Ist Aggression ein spontan anwachsendes Bedürfnis? In: Evolutionstheorie und Verhaltensforschung. Hrsg. v. W. Schmidbauer. Hamburg 1974, S. 275–302.

Wilson, E. O.: Wettbewerb und Aggression im Verhalten von Tier und Mensch. In: Evolutionstheorie und Verhaltensforschung, Hrsg. v. W. Schmidtbauer. Hamburg 1974, S. 259–274.

Neurobiologische Grundlagen menschlichen Verhaltens

Gerald WOLF

1. Einleitung

Für die jahrtausende alte, teilweise bis in die Gegenwart reichende dualistische Auffassung von Leib und Seele haben die Ergebnisse der Neurobiologie und der Informationswissenschaften keinen Raum gelassen: Psychische Leistungen und das durch sie repräsentierte „innere“ und „äußere“ Verhalten sind das Ergebnis informationeller, zellulär organisierter Hirnprozesse. Sie gründen sich auf hochkomplex verschalteten Elementarstrukturen, die Nervenzellen oder Neuronen, und auf elementaren Funktionen in Form elektrischer und chemischer Vorgänge an der Neuronenmembran. Der Vergleich mit der Tätigkeit eines Computers liegt nahe, da auch dessen Fähigkeiten, die in vielerlei Hinsicht Hirnleistungen entsprechen, aus der informationellen Kopplung seiner Bauteile und deren elementaren Funktionen resultieren. Wenn aber dem Eingeweihten der Funktionsmechanismus des Computers bis hin zu den kleinsten Operationsschritten offen vor Augen liegt, so sind auf der anderen Seite Elementaranalysen psychischer Prozesse bislang in noch keinem einzigen Fall gelungen. Sie dürften auch in näherer Zukunft nicht möglich sein. Dem stehen sowohl die außerordentliche Komplexität ihrer Mechanismen als auch kaum überwindbare methodische Schwierigkeiten im Wege. Das menschliche Gehirn verfügt über etwa 100 Milliarden Neuronen, allein die Großhirnrinde enthält 10 bis 20 Milliarden. Jedes Neuron ist hundert- und tausendfältig durch jeweils qualitativ und quantitativ verschiedenwertige informationelle Kontaktstellen, die Synapsen, mit weiteren Neuronen verschaltet. Zudem zeichnen sich die einzelnen Neuronen durch individuelle Besonderheiten aus und sind von einer Vielzahl innerer und äußerer informationeller und metabolischer Einflüsse abhängig, die in ihrer Gleichzeitigkeit praktisch nicht überschaut werden können. Psychische Prozesse aber basieren auf dem Zusammenwirken sehr vieler solcher Neuronen. Gleichwohl ist dank der bisherigen morphologischen, physiologischen und biochemischen Untersuchungen von Hirnstrukturen und -prozessen sowie stammesgeschichtlich und ontogenetisch vergleichender Betrachtungen eine Fülle an Kenntnissen über das Gehirn zusammengetragen worden, wodurch auf den verschiedenen Komplexitätsstufen seiner Organisation Prinziplösungen und Modellvorstellungen möglich wurden, die ihrerseits einen festen Baugrund für eine biologische kausale Theorie tierischen und menschlichen Verhaltens versprechen. Nach STEINBUCH (1971) ist weder erwiesen noch überhaupt wahrscheinlich, daß zur Erklärung von Hirnfunktionen Voraussetzungen gemacht werden müssen, die über die Kompetenzbereiche von Kybernetik und Naturwissenschaften hinausgehen. Und wirklich, so intensiv auch Gehirne mit immer raffinierter werdenden Methoden erforscht werden, niemals zeigt sich irgend etwas „Ungewöhnliches“, das metaphysischen Vorstellungen über die Seele oder das Bewußtsein entgegenkäme.

2. Evolution des menschlichen Gehirns

Wie KIRSCHE (1972) betont, wird bei der Frage nach den entscheidenden Ereignissen in der Geschichte des Lebens merkwürdig selten des ersten Wirbeltiergehirnes gedacht, obwohl mit ihm „die Basis für einen gigantischen Evolutionsprozeß entstanden war, an dessen vorläufigem Ende die bisher komplizierteste Organisation der lebendigen Materie in Form des menschlichen Gehirnes steht". Die Evolution machte sehr oft „Erfindungen", die sich später als epochal erwiesen, ohne zum Zeitpunkt ihres jeweilig ersten Auftretens die ihnen innewohnenden Potenzen ahnen zu lassen, geschweige denn, sie in genialer Zweckbestimmung beabsichtigt zu haben. Das gilt für die Herausbildung der ersten mehrzelligen Organismen, das Auftreten eines dritten Keimblattes, den „Landgang" primär wasserlebender Tiere wie auch für die Eroberung des Luftraumes, und das gilt nicht zuletzt für die Entwicklung des menschlichen Gehirns. Alle diese Neuerungen ermöglichten Qualitätssprünge, wobei sich die Entwicklung des menschlichen Gehirns als von ganz besonderer Tragweite erwies. Wenn aber üblicherweise 50 oder 100 Millionen Jahre und mitunter noch größere Zeiträume vergehen mußten, um Blüten an den Enden der Evolutionszweige hervorzuzaubern, vollzog sich die Entwicklung der — zumindest in ihrem Ausmaß — spezifisch menschlichen Hirnleistungen, wie Intelligenz, Bewußtsein und Sprache, innerhalb weniger Jahrmillionen, in verhältnismäßig kurzer Zeit also.

Evolutionsprozesse von einigermaßen fundamentaler Bedeutung gehen mit der Herausbildung neuartiger Zell-, Gewebs- und Organtypen einher — die Ausnahme liefert auch hier wieder die Entwicklung des menschlichen Gehirnes. Jedenfalls verlief die Suche nach solcherart qualitativen Veränderungen praktisch erfolglos. Selbst in jenen Bereichen der Großhirnrinde, die für höchste psychische Leistungen zuständig sind, konnten bislang keine Unterschiede in der neuronalen Organisation zwischen dem Menschen und seinen näheren tierischen Verwandten nachgewiesen werden. Vielmehr steht das quantitative Moment, die Zunahme der Hirnmasse, im Vordergrund. So verfügten die noch vor einer Million Jahren lebenden Australopithecinen, unsere Stammeseltern, über ein Hirnvolumen von etwa 500 cm^3, das durchschnittliche Hirnvolumen des heutigen Menschen beträgt hingegen fast das Dreifache. Allerdings ist eine Zuordnung von Hirnmasse und psychischen Fähigkeiten problematisch. Einerseits ist der Trend zur Hirnmassenzunahme während der Anthropogenese eindeutig, und ebenso eindeutig widerspiegelt er die zunehmende geistige Leistungsfähigkeit. Andererseits aber gibt es bei vergleichbaren geistigen Qualitäten beträchtliche Unterschiede hinsichtlich der Hirngröße.

So soll das Gehirn von Anatole FRANCE nur etwa 1000 g gewogen haben, das von Jonathan SWIFT und I. S. TURGENJEW mehr als 2000 g. Das schwerste menschliche Gehirn, das je untersucht wurde, wog 2800 g und stammte zudem von einem 21jährigen Debilen. Aber auch mikrozephale Debile mit hochgradigen Intelligenzmängeln und einem Hirnvolumen von nur 600 cm^3 verfügen über typisch menschliche Verhaltensmuster einschließlich der Befähigung, sprachliche Symbole zu erlernen und anzuwenden. Sie unterscheiden sich damit noch immer vom Gorilla, dessen Hirnvolumen in extremen Fällen 600 cm^3 übersteigt (TOBIAS, 1971).

Der lediglich mittelbaren Korrelation von Hirnmasse und Hirnleistung muß wahrscheinlich auch die Tatsache zugeschrieben werden, daß der Evolutions„druck" in Richtung Hirnmassenzunahme während der Anthropogenese offenbar längst nicht so stark war, wie gemeinhin angenommen wird. Nach STEBBINS (1968) entsprach in der intensivsten Evolutionsphase des menschlichen Gehirns die durchschnittliche Zunahme der Gehirnschädelkapazität pro Generation lediglich 0,057 cm^3. Dieser Betrag (etwa

0,006% des gesamten Hirnvolumens) erscheint völlig unbedeutend gegenüber der Standardabweichung, die (gegenwärtig) in einer normalen menschlichen Population 16% vom durchschnittlichen Hirnvolumen beträgt (Abb. 1).

Beim Vergleich von Gehirnen verschiedener Primaten ist das absolute Hirnvolumen ein nur bedingt geeigneter Gradmesser für das Evolutionsgeschehen, da die Hirnmasse positiv mit der Körpermasse, insbesondere der Muskelmasse, korreliert. Aber auch die

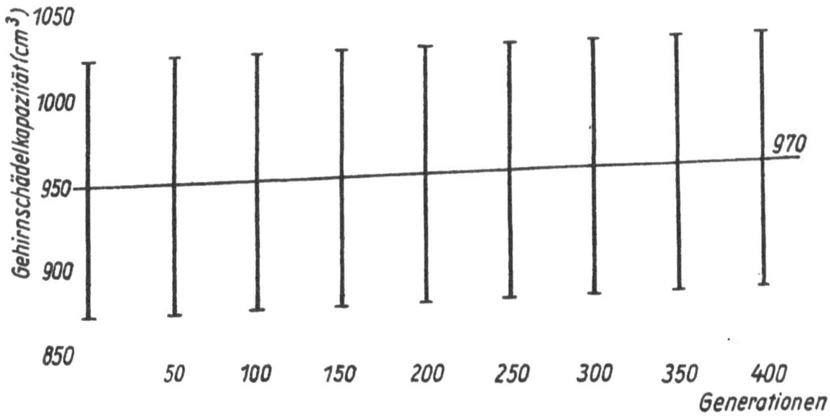

Abb. 1. Volumenzunahme des vormenschlichen Gehirns während seiner intensivsten Evolutionsphase. Die senkrechten Balken demonstrieren die Standardabweichungen einer normalen menschlichen Population der Gegenwart (nach STEBBINS, 1968).

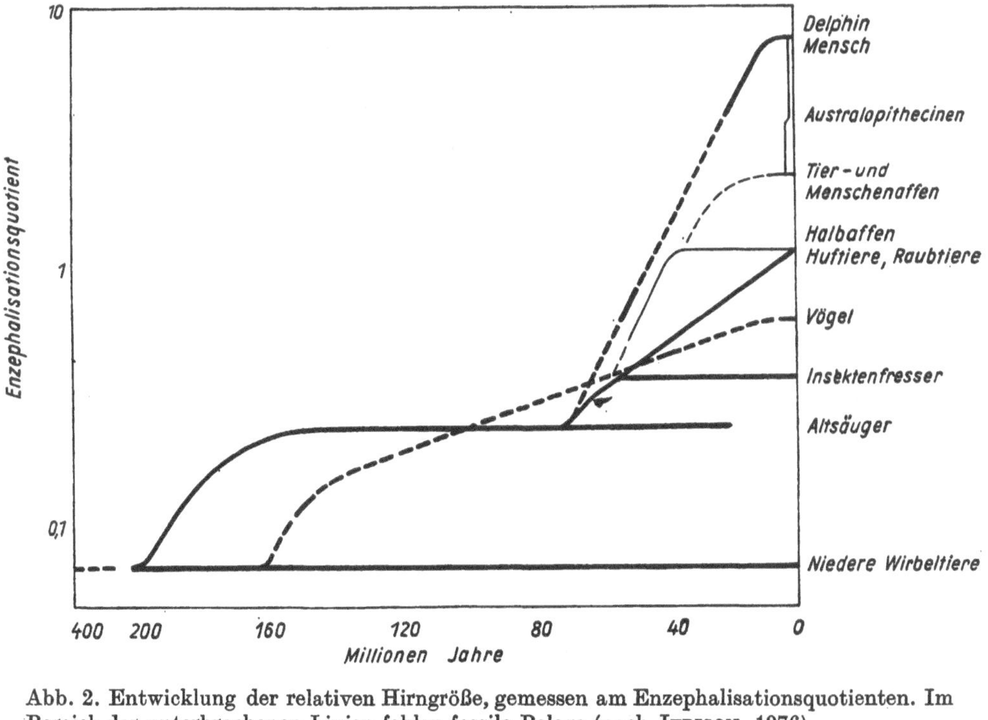

Abb. 2. Entwicklung der relativen Hirngröße, gemessen am Enzephalisationsquotienten. Im Bereich der unterbrochenen Linien fehlen fossile Belege (nach JERISON, 1976).

relativen Hirngewichte, die sich aus dem Verhältnis von Hirn- und Körpergewicht ergeben, haben nur einen begrenzten Aussagewert, da bei vergleichbarer Entwicklungshöhe kleinwüchsige Arten höhere Verhältniszahlen als ihre größeren Verwandten erzielen (Tab. 1). Zuverlässiger ist die Anwendung des Entephalisationsquotienten (EQ), der sich aus der tatsächlichen und einer formelmäßig „zu erwartenden" Hirngröße ergibt (Jerison, 1976) (Abb. 2). Ansteigende EQ lassen sich vorrangig auf eine Zunahme der neocorticalen Anteile zurückführen. Der Neocortex, die „Neurinde", stellt bei allen

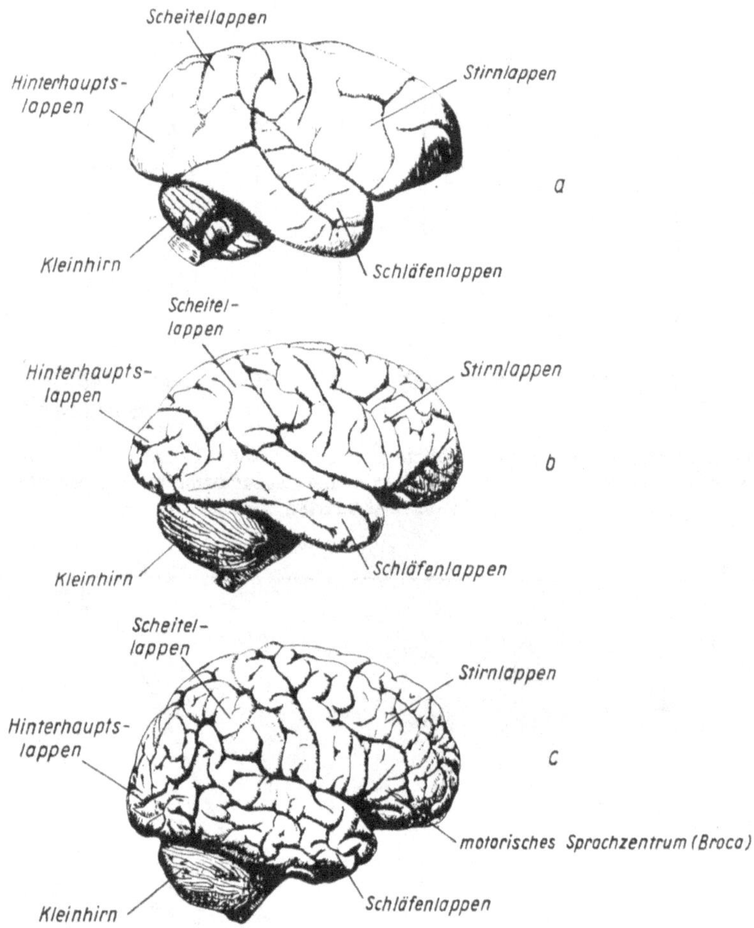

Abb. 3. Gehirn des Kapzuineräffchens (a), des Schimpansen (b) und des Menschen (c) in einheitlicher Größe (nach Holloway, 1974).

höheren Säugetieren den weitaus überwiegenden Anteil der Großhirnrinde und hat als die am höchsten entwickelte Hirnstruktur zu gelten. Sein evolutives Wachstum führte neben einer Hirnmassenzunahme auch zu einer vermehrten Furchung der Großhirnrinde (Abb. 3).

Vergleicht man das Gehirn des Menschen mit dem seines nächsten rezenten Verwandten, dem Schimpansen, fällt auf, daß der neocorticale Zuwachs regional unterschiedlich erfolgte. Zugenommen haben der Stirn-, Schläfen- und Scheitellappen, der Hinterhaupts-

Tab. 1. Verhältnis von Hirn- und Körpergewicht bei verschiedenen Säugetieren und Reptilien (nach TOBIAS, 1971).

Totenkopfäffchen		1 : 12
Löwenäffchen		1 : 19
Schweinswal		1 : 38
Hausmaus		1 : 40
Mensch		1 : 45
Zwergspitzmaus		1 : 50
Rhesusaffe		1 : 170
Gorilla		1 : 200
Elefant		1 : 600
Pottwal		1 : 10000
Krokodile	etwa	1 : 5000
Brontosaurus		1 : 100000

lappen hingegen wurde reduziert. Damit veränderte sich auch die Gestalt des Großhirns, insbesondere sein Furchungsmuster. Zugleich bildete sich das motorische Sprachzentrum (Broca) im Gyrus frontalis inferior heraus (Abb. 4). Interessanterweise verfügte das Gehirn der Australopethecinen schon über die typisch hominiden Züge, wie Untersuchungen am inneren Relief ihrer Schädelhöhe ergaben (HOLLOWAY, 1974). Parallel hierzu trug das Verhalten der Australopithecinen bereits hominiden Charakter, ausgewiesen durch Herstellen von Werkzeugen, Formen sozialer Kooperation; wohl auch wendeten sie bereits die Lautsprache an (HOLLOWAY, 1975). Mit dem Auftreten des Homo sapiens vor 50000 bis 40000 Jahren dürften sich die Struktur und Funktionsweise des menschlichen Gehirns bis zur Gegenwart nicht mehr wesentlich verändert haben. Der damit erreichte biologische Entwicklungsstand lieferte die Basis für die weitere kulturelle Entfaltung der Menschheit. Sie vollzog und vollzieht sich auf sozialer Ebene, ohne auf eine evolutive Weiterentwicklung des biologischen Substrates angewiesen zu sein.

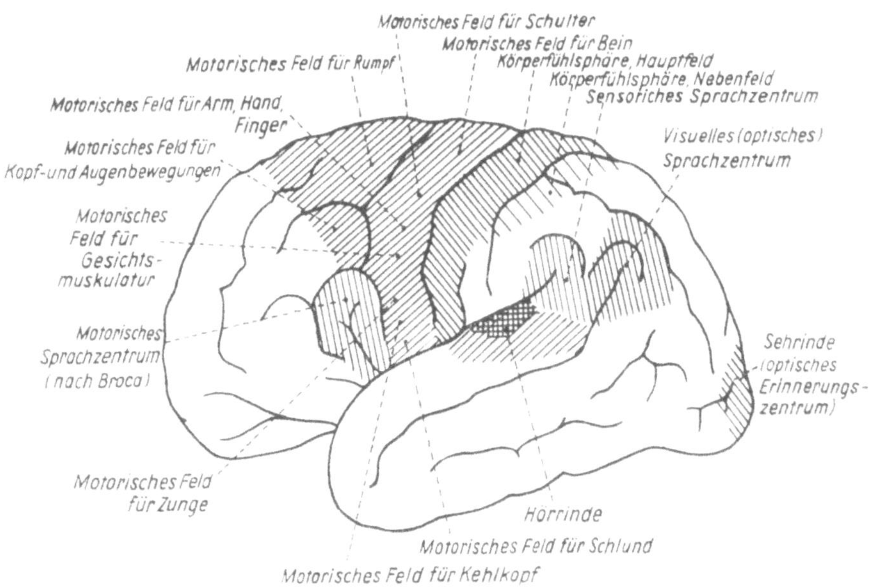

Abb. 4. Lokalisation der Großhirnrindenfunktionen beim Menschen.

3. Verhaltenswirksame Funktionsstrukturen des menschlichen Gehirns

Die Aufgaben des menschlichen Gehirns sind vielfältig: Es analysiert und integriert die Meldungen von Sinnesstrukturen über die innere und äußere Situation des Organismus, wertet sie, filtert die wesentlichen Informationen heraus, speichert diese, vergleicht mit bereits gespeicherten Informationen, erzeugt Motivationen und Emotionen, richtet darauf Aufmerksamkeit und Verhalten aus, entwirft Handlungsstrategien, faßt Muskeln zu Funktionsgruppen zusammen, zwingt ihnen Aktionsmuster auf und erzeugt das äußere Verhalten, kontrolliert fortlaufend Effekt und Ziel der Handlung, erkennt Fehlstrategien, lernt daraus, ermöglicht Einsichten in Zusammenhänge, das Vorausschauen notwendiger oder möglicher Ereignisfolgen und das Lösen von Problemen, bewerkstelligt soziale Kommunikation und Kooperation, steuert und regelt das periphere Endokrinum und reagiert seinerseits auf endokrine Informationen, steuert und regelt die Aktivität des Gehirns selbst und schafft schließlich ein Abbild eigener Aktionen, das Bewußtsein. Die einzelnen Aufgaben werden durch paritätisches oder hierarchisch geordnetes Zusammenwirken von Neuronenensembles verschiedener, mitunter weit entfernt liegender Hirnregionen ausgeführt, zum Teil auch von begrenzten Arealen, sog. Zentren. Aber letztlich ist „ein Zentrum kein Zentrum", es ist so vielfältig von der Zuarbeit anderer Hirnregionen abhängig, daß es sinnvoller erscheint, generell von funktionsspezifischen Systemen (v. Holst) zu sprechen. Dabei kann ein und dieselbe Hirnregion Teilhaber an verschiedenartigen funktionsspezifischen Systemen sein.

Die funktionelle Architektur des Gehirns ist aus den genannten Gründen kompliziert und bislang noch nicht hinreichend bekannt. Ein grob vereinfachendes Modell hat MacLean (1970, 1975) in Form des „triune brain" vorgestellt, demzufolge das Gehirn höherer Säugetiere und des Menschen gleichsam drei Gehirne in einem verkörpert:

1. das Reptiliengehirn als Fundament des Gesamtgehirns,
2. das Gehirn der Altsäugetiere in Form des Limbischen Systems,
3. das Gehirn der höheren Säugetiere, repräsentiert durch den Neocortex und die damit primär verbundenen Strukturen des Hirnstammes (Abb. 5).

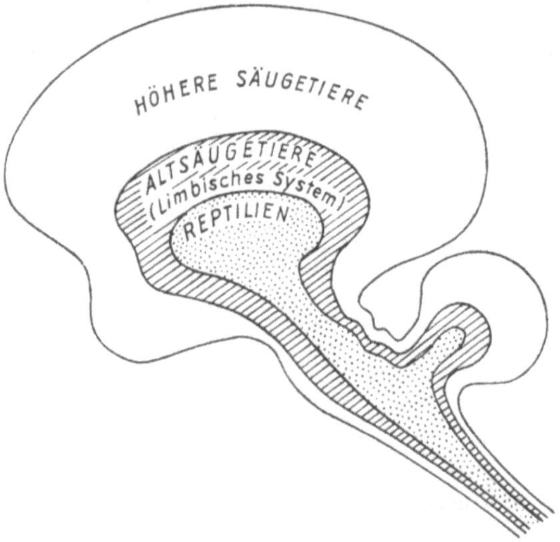

Abb. 5. Das „triune brain"-Modell nach MacLean.

Trotz der Unzulänglichkeiten, die sich aus der allzu großen Vereinfachung ergeben, bietet dieses Modell einen durchaus geeigneten Orientierungsrahmen, der aus neurobiologischer Sicht das Verständnis für das Verhalten der Säuger und nicht zuletzt auch des Menschen erleichtert.

Tatsächlich leitet sich das Gehirn der Säugetiere geradewegs von dem der Reptilien ab, jedoch sind schon hier die Vorläufer für das Limbische System und den Neocortex angelegt, im Falle des Limbischen Systems sogar in beträchtlichem Umfange (Hassler und Stephan, 1966; Kirsche, 1972). Dementsprechend verfügen auch die primitiven Säugetiere über neocorticale Anteile, nur ist deren Ausmaß bei den hochentwickelten Mammaliern beträchtlich größer. Mit der Herausbildung der Säugetiere und deren weiterer Evolution kam es zur fortschreitenden „Corticalisierung" oder „Cerebralisierung" der Hirnfunktionen, indem mehr und mehr Aufgaben des „reptilischen" Hirnstammes vom Großhirn, namentlich vom Neocortex, übernommen wurden. Zugleich aber entwickelten sich Hirnstamm und Limbisches System weiter, und ihre wechselseitige Verflechtung mit dem Neocortex wurde zunehmend ausgebaut (Stephan, 1975). Das „triune brain"-Modell sollte also nicht zu der Annahme verleiten, die drei Cerebrotypen seien unabhängig voneinander entstanden, und jeweils die jüngeren hätten die älteren in der Entwicklung abgelöst.

Trotz vielfältiger mutueller Einflußnahme kommt den Komponenten des „triune brain" ein beträchtliches Maß an Selbständigkeit zu, wobei die Hierarchie der Instanzen weniger deutlich ist, als allgemein angenommen. Dafür ein Beispiel:

Unsere Atemtätigkeit wird von Atem„zentren" im Hirnstamm, auf „reptilischem" Niveau also, reguliert. Einflüsse „höherer" Instanzen auf die Tätigkeit dieser Zentren sind möglich, wenngleich nur bedingt erforderlich. So können vom Neocortex aus die Atembewegungen willkürlich beschleunigt oder gestoppt werden, beim Sprechvorgang steuert der Neocortex die Atemtätigkeit auch unwillkürlich, uns unbewußt. Halten wir die Atembewegungen willkürlich an, melden sich sehr bald jene Zentren im Hirnstamm zu Wort, die durch den steigenden CO_2-Partialdruck des Blutes erregt werden. Sie informieren davon das Limbische System, das daraufhin Atemdrang erzeugt, eine mit Mißbehagen, „Unlust", gekoppelte emotionale Motivation. Limbisches System und Neocortex „ringen" eine Weile miteinander, die Erregung der Atemzentren im Hirnstamm nimmt weiter zu, der Atemdrang wird schließlich unwiderstehlich, und das Limbische System diktiert dem Neocortex, die Hemmung der Atemzentren im Hirnstamm aufzugeben — tatsächlich vermag kein Mensch durch bloßes Luftanhalten Selbstmord zu begehen, auch wenn er festen Willens sein sollte.

Zur Aufklärung verhaltensrelevanter Hirnstrukturen steht ein großes Repertoire morphologischer, physiologischer und biochemischer Methoden zur Verfügung. Darüber hinaus spielen tierexperimentell vergleichende Forschungen, ganz besonders aber Beobachtungen an Patienten mit krankhaften Ausfällen einzelner Hirnbereiche oder lokalen Dysfunktionen, z. B. epileptischen Herden, sowie Verlaufskontrollen hirnchirurgischer Eingriffe eine große Rolle. Besonders eindrucksvoll sind die mit Stimulationstechniken erhaltenen Ergebnisse. Da die Verarbeitung, der Transport und die Übertragung von Informationen im Nervensystem auf der Grundlage elektrischer und chemischer Prozesse erfolgt, können diese Vorgänge auch von außen mit elektrischen bzw. chemischen Stimuli beeinflußt werden. So bieten Hirnoperationen, die am Menschen unter Lokalanaesthesie ausgeführt werden, Gelegenheit, völlig schmerzfrei und ohne zusätzliche Gefährdung des Patienten einzelne Hirnregionen mit Reizelektroden zu stimulieren und dabei den Reizerfolg zu beobachten oder den Patienten den Reizerfolg schildern zu lassen. Neocortex und Limbisches System sollen als Strukturen, die für das menschliche Verhalten besonders relevant sind, im folgenden etwas näher beschrieben werden.

Wird zum Beispiel die vordere Zentralwindung der Großhirnrinde (Abb. 4) gereizt, gelingt es, in Abhängigkeit von dem genaueren Reizort Bewegungen des Rumpfes, einzelner Gliedmaßen oder der mimischen Muskulatur auszulösen. Die Patienten sind dann erstaunt, wenn sich Arm oder Bein gewissermaßen wie von selbst bewegen. Dabei handelt es sich nicht etwa um einzelne Muskelzuckungen, sondern um ganz normal wirkende, kombinierte Muskelaktionen. In manchen Fällen bleibt der betreffende Körperteil unbewegt, die Patienten empfinden aber ein heftiges Verlangen, die Bewegung auszuführen; oder eine Bewegung, die sie gerade willkürlich ausführen, bleibt durch die Reizung plötzlich „stecken".

Außer motorischen Aktionen sind durch Reizung der Großhirnrinde auch sensorische Effekte, Sinnesempfindungen, auszulösen, so in der hinteren Zentralwindung (Hautsensibilität) oder im Hinterhauptbereich (visuelle Effekte). Durch die Stimulationstechnik und verschiedene andere Untersuchungsmethoden konnte eine ganze Reihe weiterer funktionsspezifischer Rindengebiete lokalisiert werden (Abb. 4). Dennoch bleiben größere Gebiete als „weiße Flecke" übrig, denen allem Anschein nach die Assoziation und Integration sowie die Speicherung von Informationen, die Funktion des Gedächtnisses, obliegt. Auch höchste psychische Leistungen, wie Abstraktionsfähigkeit, Ich-Bewußtsein, soziales Bewußtsein, Kontrolle und Bewertung von Motivationen und Emotionen, sind an den Neocortex, insbesondere wohl dem des Stirnlappenbereichs, gebunden. Jedoch lassen sich diese Funktionen, desgleichen Gedächtnisinhalte, nicht genauer lokalisieren. Wie unter anderem Eccles (1975) vermutet, beteiligen sich an ein und demselben Informationsverarbeitungs- und -speicherprozeß parallel sehr viele Neuronen, die jeweils über weite Bereiche der Großhirnrinde verteilt sind. Kommt es zu einem Verlust an Großhirnrindenanteilen, z. B. infolge eines Unfalls oder bei der chirurgischen Entfernung eines Tumors, dann hängt das Resultat in erster Linie von der Größe des Defektes und weniger von dessen Lage ab, vorausgesetzt, keines der primären sensorischen oder motorischen Rindenfelder ist betroffen. Bei Verlust von 30 bis 60 g Hirnrinde leiden die Anpassungsfähigkeit und Initiative des Patienten, er ermüdet schneller und reduziert seine sozialen Kontakte. Die relativ unspezifischen und auch nur bedingt auffallenden Folgen eines Rindenverlustes werden mitunter als Argument für die Auffassung herangezogen, das Gehirn des Menschen sei nur unvollkommen ausgelastet, verfüge über gleichsam unbegrenzte Kapazität, die es zu nutzen gelte. Größere Rindendefekte gehen mit deutlicher Verlangsamung des Denkens und des Sprachverständnisses einher, die Merkfähigkeit leidet, bis schließlich völlige Hilflosigkeit, tiefgreifende Verhaltensstörungen und Schwachsinn resultieren.

Verhaltensstörungen ergeben sich auch, wenn lediglich die Faserverbindungen zwischen dem Stirnlappen und dem Zwischenhirn durchtrennt werden. Unter der Bezeichnung „Leukotomie" (Moniz, 1937) war ein solcher Eingriff bei Neurochirurgen vor allem der USA eine Zeitlang in Mode gekommen, unter anderem um Patienten von Depressionen oder von unerträglichen Schmerzzuständen zu befreien. Es handelte sich übrigens um die ersten psychochirurgischen Eingriffe überhaupt. Tatsächlich wurde durch die Leukotomie oft genug das vorgegebene Ziel erreicht, allerdings zumeist erkauft mit schweren Deformierungen der Persönlichkeit des Patienten: zügellose Triebhaftigkeit, mangelhafte Einpassungsfähigkeit in die soziale Umwelt und Unfähigkeit, Konsequenzen des eigenen Handelns vorauszuschauen.

Ohne Verbindung mit tiefer gelegenen Hirnregionen ist die Großhirnrinde völlig funktionsunfähig, und das durchaus nicht nur, weil über die subcorticalen Strukturen die Sinnesmeldungen einlaufen und cortical verarbeitete Informationen zu den ausführenden Organen geleitet werden. Vielmehr ist grundsäztlich eine ständige Rückkopplung zwischen Cortex und tieferen Hirnstrukturen erforderlich, wobei regelrechte Informationsverarbeitungsprogramme befolgt werden. Angeborene und — in bislang noch unbekannter Weise — individuell erworbene Verknüpfungen von Neuronen vermitteln in Form von Schaltkreisen zwischen den verschiedenen Hirnetagen:

— für die Verarbeitung von Sinnesmeldungen und für motorische Aktionen thalamocorticale Schaltkreise (wechselseitige Verbindungen zwischen Neocortex und Teilen des Zwischenhirns),
— zusätzliche motorische Funktionskreise zwischen Neocortex und der retikulären Formation des Mittel- und Nachhirns einschließlich des Kleinhirns und der ihm zugeordneten Brücke,
— für Entstehung und Kontrolle von Emotionen und Motivationen und für die Gedächtnisbildung Funktionskreise zwischen Neocortex und Limbischen System.

Darüber hinaus ist eine ständige Erregung der Großhirnrinde von seiten der aufsteigenden retikulären Formation (ARS), eines Teils der im Hirnstamm gelegenen retikulären Formation, erforderlich. Die Durchtrennung der entsprechenden Verbindungen verursacht eine tiefe, irreversible Bewußtlosigkeit. Das ARS spielt gemeinsam mit dem Limbischen System eine wichtige Rolle bei der Steuerung der Aufmerksamkeit, der bewußten Zuwendung, indem aus der Vielzahl synchron ablaufender Informationsverarbeitungsprozesse der vermeintlich bedeutsamste akzentuiert wird. Er findet zugleich Eingang in das jeweils nur Sekunden andauernde Operativgedächtnis und wird damit zum Inhalt der unmittelbar empfundenen Gegenwart, des Augenblicks.

Für die normale Funktion der Großhirnrinde sind die Verbindungen zwischen den beiden Großhirnhemisphären ebenfalls von Bedeutung. An Menschen, bei denen diese Verbindungen durch Tumorwachstum oder — bei entsprechender Indikation — infolge eines hirnchirurgischen Eingriffes unterbrochen sind („split brains"), läßt sich das unmittelbar zeigen. In solchen Fällen weiß sozusagen die eine Hirnhälfte nichts von der anderen, eine eigenartige Teilung der Persönlichkeit ist die Folge. Zugleich verdeutlicht sich die funktionelle Asymmetrie der beiden Hemisphären. Bei der üblichen Rechtshändigkeit dominiert (allerdings wohl nur bei Männern) die linke Hemisphäre in vielen, durchaus aber nicht in allen Funktionen. Von ihr wird das Sprachzentrum organisiert; auch die Fähigkeit zur Symbolerkennung, zur Abstraktion und zum logischen Denken ist linksdominant. Die rechte Hemisphäre soll dafür stärker emotionalen und emotional motivationalen Vorgängen zuzuordnen sein.

Zum Beispiel ließ SPERRY (1968) rechtshändigen split-brain-Patienten eine Aktfotografie unter einem bestimmten Winkel nur mit dem linken Auge betrachten, wobei die optische Information wegen der Kreuzung der Sehbahn bevorzugt in die rechte Hemisphäre gelangt. Die (männlichen) Patienten reagierten dann nicht selten emotional, sogar mit Erröten, ohne zu wissen, zumindest aber ohne benennen zu können, was sie eigentlich sehen. Der kognitive Prozeß sowie die Artikulation des Wahrgenommenen verläuft jedoch nicht oder nur mäßig gestört, wenn die Information über das rechte Auge der linken Hemisphäre zugeleitet wird.

3.2. Limbisches System

Das Limbische System (MACLEAN, 1952) setzt sich aus ganz verschiedenartigen Hirnstrukturen zusammen, denen eine wesentliche Rolle bei der Steuerung und Regulation des Verhaltens zugesprochen wird. Die Strukturen gehören teils zum Hirnstamm (Gebiete des Zwischenhirns, wie Hypothalamus, vorderer Thalamus und Habenularregion, sowie Regionen des Mittelhirns, das NAUTAsche Areal), teils zum Großhirn (Septumregion, Gyrus cinguli, Hippocampusformation und weitere Anteile der „Altrinde“, Mandelkernkomplex). Die Großhirnanteile umgeben den Hirnstamm gürtelförmig, daher die Bezeichnung des Systems (lat. limbus: Borde, Saum). Die Strukturen des Limbischen Systems sind durch zahlreiche Faserverbindungen untereinander sowie direkt oder indirekt mit allen übrigen Hirnregionen, einschließlich des Neocortex, verbunden. Experimentelle Reizungen zeigen eine breite Wirkungspalette, je nach Reizort mehr oder weniger differenziert. Regelmäßig treten neben vegetativen auch emotionale und motivationale Effekte auf. Bei Reizung des Hippocampus und der direkt korrespondierenden Mammillarkörper des Hypothalamus stehen Störungen der Merkfähigkeit sowie der zeitlichen Orientierung im Vordergrund.

Pionierarbeit leistete W. R. HESS (Übersicht 1968), der vorzugsweise an limbischen Zwischenhirnregionen der Katze die Folgen elektrischer Reizung untersuchte. Er beobachtete neben Veränderungen von Blutdruck und Atemtätigkeit sowie Pupillenerweiterung, Würgen und Erbrechen auch die Auslösung komplexer Verhaltensweisen, wie schnupperndes Suchen, Drohen, Fauchen, Angriff, Flucht, Freß- und Trinkverhalten, Fellreinigen, „Schmeicheln“ und Sexualverhalten. Inzwischen ist das Limbische System mit Stimulations- und Läsionstechniken auch an vielen anderen Versuchstierarten untersucht worden. Wenngleich im Detail mitunter recht widersprüchlich, bestätigte sich immer wieder die zentrale Rolle des Limbischen Systems beim Zustandekommen emotionaler und motivationaler Prozesse. Auch für den Menschen liegen nunmehr entsprechende Befunde vor. Über Elektroden, per Knopfdruck gleichsam, ließen sich am vollbewußten Patienten Wohlbehagen, Euphorie, Ängstlichkeit, tiefe Depressionen, sexuelle Gefühle und Begehren, Wut, Rededrang, Lächeln und sogar herzhaftes Lachen auslösen. Diese Zustände werden jeweils „freisteigend“ erlebt, d. h. ohne den sonst üblichen Bezug zu einem äußeren Anlaß. Hierfür ein Beispiel (zit. nach KOCH, 1976):

Der amerikanische Neurophysiologe H. E. KING (1961) berichtet über eine an sich sanftmütige Patientin, die aggressiv wurde, zu schimpfen begann und den Experimentator zu schlagen drohte, wenn man sie im Bereich der Mandelkerne elektrisch reizte. Sobald der elektrische Schwachstrom abgeschaltet wurde, war die Patientin wieder freundlich und entschuldigte sich für ihr Verhalten. Sie gab an, daß sie bei der Stimulation keine Schmerzen verspürt habe und daß ihr das feindliche Verhalten aufgezwungen worden sei.

Irgendwelche Zentren als „Sitz“ der verschiedenen Gefühle und Antriebe zu bestimmen, ist kaum möglich. Meistenteils läßt sich ein und dieselbe Reaktion in ganz verschiedenen Regionen des Limbischen Systems auslösen. Allerdings gibt es Orte, die jeweils bevorzugt in Frage kommen. An einigen solcher Orte sind verschiedentlich hirnchirurgische Eingriffe vorgenommen worden, von denen man sich eine Besserung oder gar Heilung gestörter Funktionen versprach, unter anderem Läsionen im Hypothalamus, Thalamus und in den Mandelkernen sowie die Durchtrennung des Cingulum, einer Faserverbindung zwischen Neocortex und Limbischem System. Die Folgen (durchaus nicht immer Erfolge) solcher ethisch oft recht fragwürdigen Eingriffe beweisen abermals die Bedeutung limbischer Strukturen für die emotionale und motivationale Sphäre des Menschen. Zum Beispiel gelang es, durch Thalamektomien, Hypothalamektomien oder Cingulotomien Sexualtriebverbrecher von ihren Perversionen, Neurotiker von ihren Zwängen zu befreien (Übersicht bei HITCHCOCK, 1972; KOCH, 1976). Oft gaben Neurotiker nach dem Eingriff an, sie verspürten immer noch ihre absonderlichen Befürchtungen oder Bedürfnisse, jedoch hätten diese den Zwangscharakter verloren.

Das Limbische System wirkt über das vegetative Nervensystem sowie über Hypothalamus und Endokrinum auf somatische Vorgänge ein. Emotional bedingte Veränderungen von Hautdurchblutung, Schweißsekretion, Herzrhythmus, Sexualfunktionen u. dgl. liefern Beispiele. Umgekehrt beeinflussen periphere Faktoren den emotionalen Status (Übersicht Levi, 1975). Besonders nachhaltig lassen sich limbische Funktionen mehr oder weniger spezifisch durch Psychopharmaka und „Drogen" beeinflussen, indem diese durch Eingriff in das synaptische Transmissionsgeschehen, auf chemischem Wege also, die neuronale Informationsverarbeitung modifizieren. Psychopharmaka wirken stimmungsaufhellend, antriebssteigernd, angst- oder erregungsdämpfend; Psychotomimetika vermögen Halluzinationen, Wahnideen und Störungen des Denkablaufs hervorzurufen (Schmidt, 1977).

4. Ontogenese des Gehirns und Verhalten

Trotz spektakulärer Erfolge der modernen Genetik sind die Mechanismen, die im Verlaufe der Individualentwicklung zur Herausbildung von Gewebe- und Organstrukturen führen, noch immer weitgehend unbekannt. Uns bleibt mit Bewunderung festzustellen, wie sich während der Ontogenese in einem Selbstorganisationsprozeß Zellen zu Geweben und Gewebe zu Organen und Organsystemen formieren und schließlich ein Organismus resultiert, der seinen Eltern in allen wesentlichen Merkmalen gleicht. Bei Tieren gilt das auch für komplette Verhaltensmuster. Die Kunstfertigkeit, mit der in artspezifischer Weise isoliert aufgezogene Spinnen ihr Fangnetz oder Vögel ihre Brutstätte errichten, muß jeden Skeptiker überzeugen. Offenkundig wird in solchen Fällen die „Verdrahtung" der Neuronen nach genetischen, also stammesgeschichtlich erworbenen und erblich fixierten, Programmen vorgenommen, wobei die den entsprechenden Verhaltensweisen zugrunde liegenden neuronalen Schaltungen entstehen. Auch der Struktur- und Funktionsplan des menschlichen Gehirnes ist genetisch verankert, das Gehirn selbst entwickelt sich in art- und individualspezifischer Weise nach dessen Vorschriften. Demgegenüber ist der Einfluß von Um- und „Innen"welterfahrungen, von Lernprozessen im allgemeinsten Sinne, auf die Struktur bzw. den Chemismus des Gehirns subtiler Natur, was seinen Nachweis erschwert und gegenwärtig noch auf modellartige Versuchsanordnungen beschränkt (Matthies, 1977, 1978).

Die Bildung, Wanderung und Differenzierung der Nervenzellen schließt beim Menschen mit etwa der 25. Embryonalwoche ab. Die folgende Phase ist gekennzeichnet durch Ausbildung von Axonen und Dendriten (Abb. 6), durch synaptische Verknüpfungen und durch die Myelinisierung, die Ummantelung der Axonen seitens spezialisierter Gliazellen (Winkelmann, 1977, Biesold, 1977). Hiermit ist, obschon keine oder kaum noch Nervenzellen neu gebildet werden, eine Volumenzunahme des Gehirns verbunden, die bis ins Schulalter anhält. Das Hirngewicht Neugeborener beträgt 300 bis 400 g, erreicht mit etwa 2 Jahren 1000 g und nimmt jenseits des 10. Lebensjahres nur noch geringfügig zu (Blinkov und Glezer, 1968). Durch die extrem verlängerte Phase der Hirnentwicklung unterscheidet sich der Mensch von allen Tieren. Der Schimpanse, das uns nächstverwandte Tier, verfügt bereits mit dem 3. Lebensjahr über ein voll ausgereiftes Gehirn.

Die verschiedenen Hirngebiete entwickeln sich heterochron, bezogen auf das „triune brain"-Modell in der Reihenfolge ihres phylogenetischen Alters. Aber auch innerhalb der einzelnen Abschnitte gibt es beträchtliche Unterschiede. Aus der heterogenen Hirnentwicklung resultiert eine zeitliche Sequenz hinsichtlich des Erstauftretens bestimmter

Verhaltensleistungen, die sehr leicht zur Verwechselung mit Lernprozessen Anlaß geben kann. Tatsächlich ist es oft außerordentlich schwer, zu entscheiden, ob bestimmte Verhaltensleistungen oder -elemente angeboren sind und sich erst nach Reifung der entsprechenden Hirnstruktur präsentieren, ob sie genetisch „teil"- oder „vorprogrammiert" oder ob sie gänzlich im individuellen Erfahrungsprozeß entstanden sind (vgl. den Beitrag von V. JOHST).

Die Vorprogrammierung oder Prädeterminierung ist als genetische Reaktionsnorm zu verstehen, die der individuellen Ausformung, so auch Erziehungsprozessen in sozial positivem wie negativem Sinne Spielraum überläßt (vgl. hierzu auch die Beiträge von J. OEHLER und H.-D. SCHMIDT). Genetische Determinierung oder — in den meisten Fällen wohl — Prädeterminierung liegen besonders nahe für Verhaltensweisen und -ele-

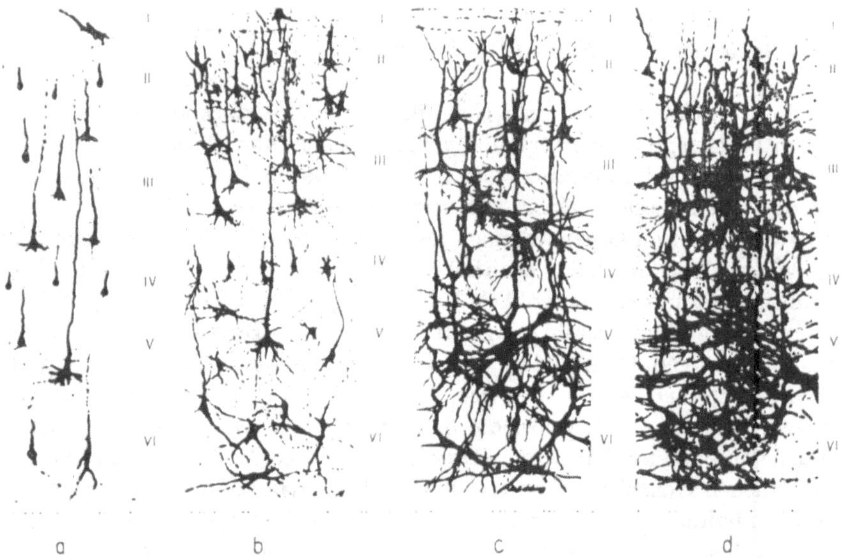

Abb. 6. Dendritisierung der Neuronen ein und desselben Hirnrindenabschnittes im Verlaufe der menschlichen Ontogenese. a — Neugeborener, b — nach 3 Monaten, c — nach 15 Monaten, d — nach 2 Jahren (nach CONEL, 1939—1959).

mente, die bereits in der frühen Kindheit auftreten, zumal dann, wenn sie sich spontan und unter den verschiedenartigsten Umweltbedingungen in ähnlicher Form entwickeln oder aber den Eindruck erwecken, vom Kind „mit Leichtigkeit erlernt" zu werden. Kaum bestreitbar gehören hierzu elementare kognitive und sehr früh auftretende motorische Leistungen, die Fähigkeit zur Erlernung der Sprache sowie das Ensemble der Emotionen und damit gekoppelter (primärer) Motivationen.

Genetische Programmierung oder Teilprogrammierung von Verhaltensstrukturen bedeutet keineswegs, daß diese, wenngleich stammesgeschichtlich erworben, „tierischer" Natur sein müssen, etwa nach der Version „die Triebe als das Tier im Menschen". Vielmehr spielte gerade im Prozeß der Menschwerdung die Evolution des Verhaltens und mit ihr die genetische Fixierung der jeweils neuen Qualität eine ganz hervorragende Rolle, wenn nicht die wichtigste überhaupt. In dieser Phase wurden phylogenetisch ältere Verhaltensanlagen umgestaltet, neue Verhaltensstrukturen erworben und die den Menschen kennzeichnende außergewöhnlich hohe Lernbefähigung entwickelt. Dabei bildeten sich die spezifisch menschlichen Verhaltensanlagen heraus, durch die wir uns von unseren tierischen Verwandten unterscheiden. Wie oft schon sind Menschenaffenkinder in menschlichen Familien integriert worden und zusammen mit Menschenkindern aufgewachsen, nie aber vermochte diese Umwelt den Schimpansen oder Gorillas wahrhaft menschliches Verhalten anzuerziehen, eben weil diese Tiere nicht über die hierfür notwendigen genetischen Anlagen verfügen.

Die Dialektik von Anlage und Umwelt in der ganzen Vielfalt menschlichen Verhaltens zu erfassen, ist eine der schwierigsten und, in Hinblick auf Erziehungsstrategien, zugleich wohl dringlichsten Aufgaben künftiger Verhaltensforschung. Von seiten der Neurobiologie kann durch Erkundung des zugrunde liegenden biologischen Substrates, insbesondere seiner ontogenetischen Differenzierung, mit weitreichender Unterstützung gerechnet werden.

5. Zusammenfassung

Psychische Leistungen und das durch sie repräsentierte „innere" und „äußere" Verhalten sind das Ergebnis informationeller, zellulär organisierter Hirnprozesse.

Der gegenwärtige Wissensstand der Neurobiologie läßt jedoch eine elementare Analyse psychischer Vorgänge nicht zu. Gleichwohl wurden auf den verschiedenen Niveaus der Hirnorganisation und -funktion Prinziplösungen und Modellvorstellungen möglich, die eine biologisch kausale Theorie tierischen wie menschlichen Verhaltens in Aussicht stellen. Schon heute aber liefern die Erkenntnisse der Neurobiologie Positionslichter, die das menschliche Selbstverständnis in ihre Bahnen zwingen.

Literatur

Biesold, D.: Ontogenese des Nervensystems. Biochemische Aspekte. In: Biesold, D., und H. Matthies (Hrsg.): Neurobiologie. Jena 1977.

Blinkov, S. M., und I. I. Glezer: Das Zentralnervensystem in Zahlen und Tabellen. Jena 1968.

Conel, J. Le Roy: The postnatal development of the human cerebral cortex. Cambridge 1939 bis 1959.

Eccles, J. C.: Das Gehirn des Menschen. München 1975.

Hassler, R., and H. Stephan: (eds.) Evolution of the forebrain. Stuttgart 1966.

Hess, W. R.: Hypothalamus und Thalamus. Experimental-Dokumente. 2. Aufl. Stuttgart 1968.

Hitchcock, E. (ed.): Second international symposium on psychosurgery Copenhagen 1970. Springfield 1972.

Holloway, R. L.: The casts of fossil hominid brains. Scientific American **231** (1974) S. 106—114.

Holloway, R. L.: The role of human social behavior in the evolution of the brain. New York 1975.

Jerison, H. J.: Paleoneurology and the evolution of mind. Scientific American **234** (1976), S. 2 bis 11.

Kirsche, W.: Die Entwicklung des Telencephalons der Reptilien und deren Beziehung zur Hirn-Bauplanlehre. Nova Acta Leopoldina. N. F. 37/2 (1972) 204.

Koch, E. R.: Chirurgie der Seele. Operative Umpolung des Verhaltens. Stuttgart 1976.

Levi, L. (ed.): Emotions. Their Parameters and Measurement. New York 1975.

Mac Lean, P. D.: Some psychiatric implications of physiological studies on frontotemporal portion of limbic system (visceral brain). Electroenceph. Clin. Neurophysiol. **4** (1952), S. 407—418.

Mac Lean, P. D.: The triune brain, emotion and scientific bias. In: Schmitt, F. O. (ed.): The Neurosciences. Second Study Program. New York 1970.

Mac Lean, P. D.: Sensory and perceptive factors in emotional functions of triune brain. In: Levi, L. (ed.): Emotions. Their parameters and measurement. New York 1975, S. 71—92.

Matthies, H.: Neurobiologische Grundlagen von Adaptions- und Lernvorgängen. In: Biesold, D., und H. Matthies (Hrsg.): Neurobiologie. Jena 1977.

MATTHIES, H.: Learning and memory. In: Dumont, C. (ed.): Neuropsychopharmacology. Oxford 1978, S. 117–135.
MONIZ, E.: Prefrontal leukomoty in the treatment of mental disorders. Amer. J. Psychiat. **93** (1937), S. 1379.
SCHMIDT, J.: Neuropharmakologie. In: BIESOLD, D., und H. MATTHIES (Hrsg.): Neurobiologie. Jena 1977.
SPERRY, R. W.: Mental unity following surgical disconnections of the cerebral hemispheres. The Harvey Lectures, series 62. New York 1968.
STEBBINS, G.: Evolutionsprozesse. Einzelvorgänge im Wandel der Organismen. Jena 1968.
STEINBUCH, K.: Automat und Mensch: Auf dem Weg zu einer kybernetischen Anthropologie. 4. Aufl. Berlin (W) 1971.
STEPHAN, H.: Allocortex. In: BARGMANN, W. (Hrsg.): Handbuch der mikroskopischen Anatomie des Menschen. 4. Bd., 9. Teil. Heidelberg 1975.
TOBIAS, P. V.: The brain in hominid evolution. New York 1971.
WINKELMANN, E.: Ontogenese des Nervensystems. Morphologische Aspekte. In: BIESOLD, D., und H. MATTHIES (Hrsg.): Neurobiologie. Jena 1977.

Hormonale Grundlagen menschlichen Verhaltens

Renate Tönjes und Günter Dörner

1. Das neuroendokrine System

Der Begriff „Hormon“ wurde im Jahre 1902 erstmals von Bayliss und Starling angewandt. Er ist aus der griechischen Sprache entlehnt und bedeutet soviel wie „errege, treibe an“. Das will besagen, daß es sich bei den Hormonen um biologische Wirkstoffe handelt, die die besondere Funktion der Signalübermittlung haben. Sie können als interzellulär wirksame chemische Boten angesehen werden, die in spezifisch differenzierten Zellen gebildet werden und in kleinsten Mengen bestimmte biologische Wirkungen auf andere Zellen des gleichen Organismus ausüben. Dabei wirken sie entweder lokal am Ort der Entstehung (als Lokalhormone) oder über den Blutkreislauf (als Systemhormone) auf entfernt gelegene Erfolgszellen ein. Hormone verändern während der Funktionsphasen kurzfristig und während kritischer Differenzierungs- und Reifungsphasen auch langfristig Zellaktivitäten, insbesondere Enzymaktivitäten, über intrazelluläre Rezeptoren oder Zellmembranrezeptoren, Zyklasen und intrazelluläre Boten.

Die bisher bekannten Hormone gehören den unterschiedlichsten chemischen Strukturgruppen an. Es sind Eiweiße, Peptide, Aminosäurederivate oder Steroide; aber auch Abkömmlinge der verschiedensten organischen Verbindungen können Hormoncharakter haben.

Der überwiegende Teil der Hormonkonzentration des Blutes hat durch Bindung an die Transporteiweiße (Albumine, Globuline) seine biologische Aktivität zunächst ganz oder teilweise eingebüßt. Nur der freie, nicht gebundene Anteil ist biologisch aktiv. Wenn daher eine Störung der Bindungsproteine in quantitativer oder auch qualitativer Form vorliegt, hat das indirekt Auswirkungen auf die Konzentration des wirksamen Hormons, das nun in unphysiologischer Konzentration Anlaß zu abartigen Reaktionen bietet. Unter physiologischen Bedingungen stellt die eiweißgebundene Hormonform gewissermaßen das Reservoir dar, aus dem die relativ geringe Menge der biologisch aktiven Hormonform bei steigendem Bedarf schnell nachgeliefert werden kann.

Hormone greifen in sämtliche Lebensprozesse des höher entwickelten Organismus direkt oder indirekt ein. Über die molekularen Mechanismen der Hormonwirkung sind erst in den letzten Jahren nach Einführung moderner Untersuchungsmethoden fundiertere Erkenntnisse gewonnen worden.

So läßt sich heute allgemein feststellen, daß die Hormone überwiegend als Modulatoren von Makromolekülen wirken. Diese, zeitlich gesehen, vorübergehende Abwandlung der Eigenschaften des Makromoleküls ist der Beginn der Informationsaufnahme und -weitergabe der in dem Hormon verschlüsselten Botschaft durch die Empfängerzelle. In der Empfängerzelle kann durch Hormone das genetische Material in der Weise beeinflußt werden, daß nach Aktivierung eines speziellen Gens die mRNS-Synthese stimuliert wird und die gebildete mRNS nach Ausschleusung aus dem Zellkern als Matrize für die Synthese von spezifischen Proteinen (z. B. Enzymen) dient [5]. Der Hormonspiegel im Blut zeigt rhythmische Schwankungen. Als „zirkadian“ bezeichnet man Rhythmen, deren Perioden etwa einem Tag entsprechen. So schwankt der Blutspiegel von adrenocorticotropem Hormon (ACTH) und Kortikosteroiden periodisch; beim Menschen findet man die höchsten Werte der Nebennierenkortikoide zwischen 6 und 8 Uhr, mit einem allmählichen Abfall auf Tiefstwerte um Mitternacht. Es besteht auch ein tageszeitlicher Rhythmus in der Ansprechbarkeit der Nebenniere auf ihr glandotropes Hormon. Die höchste Empfindlichkeit liegt in den frühen Morgenstunden. Diese Rhythmen werden entweder durch „exogene" Zeitgeber ausgelöst, z. B. durch das Hell-Dunkel-Verhältnis, oder es liegt ein spontaner „endogener" Rhythmus vor, der aber häufig durch exogene „Zeitgeber" synchronisiert wird.

Rhythmische Schwankungen im Hormonspiegel können sich auch über größere Zeiträume erstrecken. Dann spricht man von „saisonalen" Rhythmen [46, 74]. Diese dienen der Anpassung an die Umwelt und der Gewährleistung optimaler Fortpflanzungschancen. So unterliegt die Keimdrüsenfunktion bei Vögeln und Wildsäugetieren einer saisonabhängigen Zyklizität. Auch beim Menschen sind jahreszeitliche Veränderungen der Hoden- und Hypophysenfunktion beschrieben worden [67]. So soll die Samenzellzahl im Dezember ein Minimum aufweisen, was eine der Ursachen für die in diesem Zeitraum vergleichweise geringe Zahl der Konzeptionen sein dürfte.

Elementare Lebensprozesse wie Reproduktion, Stoffwechsel und Informationsprozesse werden durch neuroendokrine Feedback-Systeme kontrolliert. Der Rückkopplungseffekt von Hormonen der peripheren Drüse auf das Zentralnervensystem (ZNS) spielt bei neuroendokrinen Funktionen eine große Rolle. Dieser kann sich positiv oder negativ auswirken [72].

Bei der negativen Rückkopplung bewirkt ein Übermaß des peripheren Hormons eine Drosselung der Sekretion des glandotropen Hormons im Hypophysenvorderlappen (HVL). Unter bestimmten Bedingungen wirken periphere Hormone auch stimulierend auf die Abgabe ihrer glandotropen Hormone (positiver feedback). Eine direkte Rückkopplung (short-loop feedback) auf der Ebene Hypophyse-Hypothalamus wird u. a. für die Auslösung bestimmter Verhaltensweisen verantwortlich gemacht.

Die auf Grund zentraler Impulse freigesetzten Hormone wirken auf das ZNS, insbesondere den Hypothalamus, zurück und kontrollieren dessen neurohormonale Funktionen. Es liegt also ein Regelsystem vor, das sich aus vielen Teilsystemen zusammensetzt, die untereinander in engen Wechselbeziehungen stehen.

Der Hypophysenvorderlappen nimmt innerhalb der Regelungsmechanismen eine bedeutende Stellung ein. Seine innersekretorischen Partialfunktionen stehen unter dem stimulierenden Einfluß von hypothalamischen Releasing-Hormonen (RH) und teilweise unter dem hemmenden von Release-Inhibiting-Hormonen (RIH) [7, 48, 91, 92, 99]. Bei der Aufklärung der Struktur und Synthese einiger hypothalamischer Freisetzungs- und Hemmhormone haben sich Guillemin und Schally große Verdienste erworben, was in der Auszeichnung mit dem Nobelpreis für Medizin 1977 seine Würdigung fand.

Wie auch andere Polypeptidhormone bewirken die hypothalamischen Releasing-Hormone nach Bindung an einen spezifischen Membranrezeptor eine Vermehrung des zyklischen Adenosinmonophosphats (cAMP) in den hormonproduzierenden Zellen des HVL. Dieses steuert nun für das jeweilige Hormon spezifische intrazelluläre Vorgänge, indem es unter anderem selektiv einige Enzyme aktiviert, die Phosphorylierung einiger Histone fördert und einen Einfluß auf die ribosomale Proteinkinase und die Permeabilität der Zellmembranen ausübt. Das cAMP wird so zu einem „zweiten Boten" (second messenger) [60, 100], der die verschlüsselte Information des Hormons (first messenger) in eine der Zelle verständlichen Sprache übersetzt und sie zu einer folgerichtigen Antwort veranlaßt.

Das limbische System spielt bei der Regelung endokriner Vorgänge und Verhaltens-

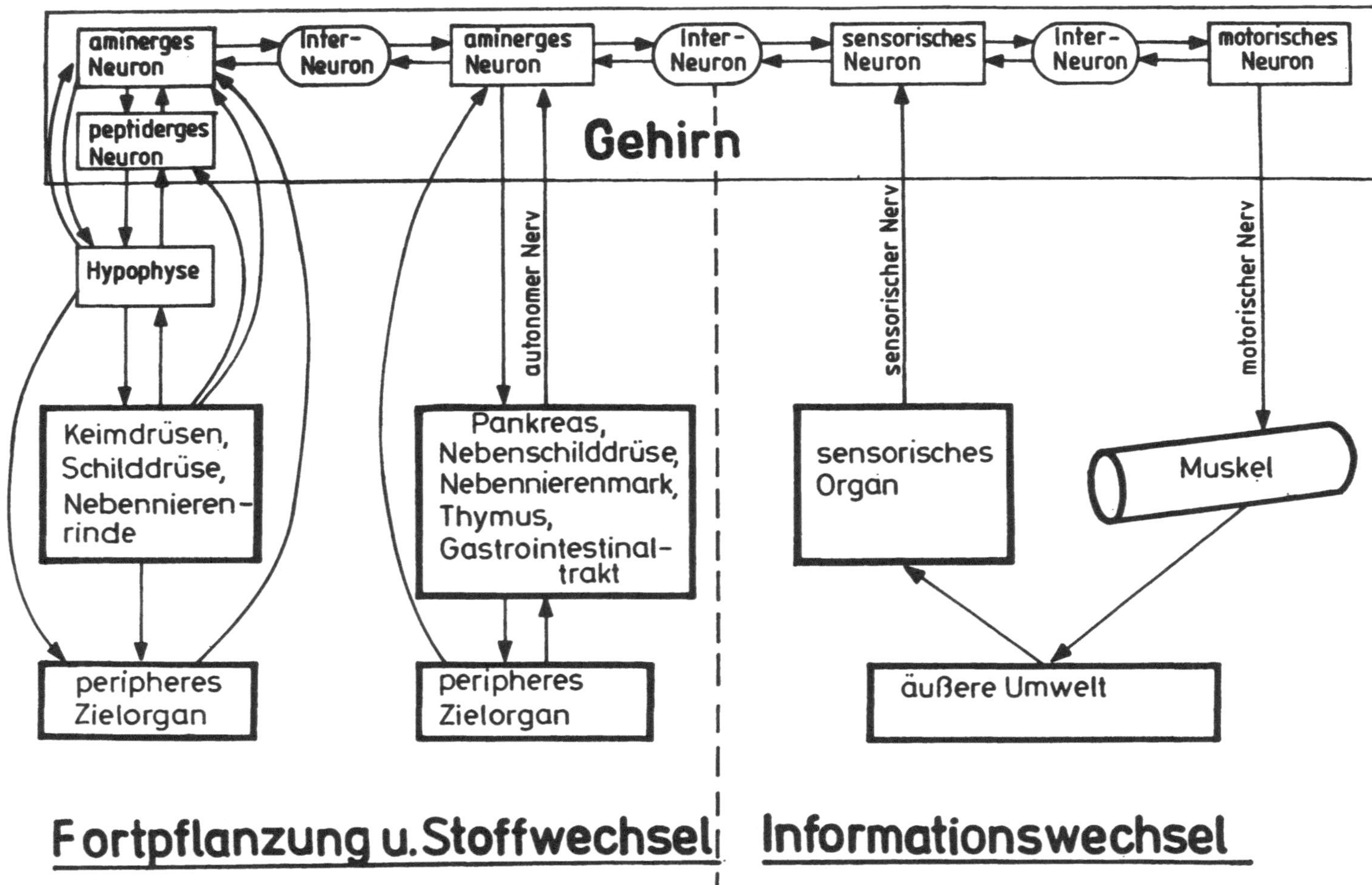

Abb. 1. Zusammenwirken neuroendokriner Subsysteme bei der Regelung der Fortpflanzung, des Stoff- und des Informationswechsels

weisen eine große Rolle [62]. Zu ihm gehören der Lobus limbicus, der Hippocampus, das Septum, die Mandelkerne und noch einige andere Strukturen. Es kann als Regulationszentrum für die Steuerung somatischer und vor allem emotionaler Reaktionen bezeichnet werden (vgl. den Beitrag von G. WOLF). Limbisches System und Hypothalamus haben nicht nur Verbindungen untereinander, sondern es sind zahlreiche Bahnen mit anderen subkortikalen Zentren und mit der Großhirnrinde beschrieben [50, 104]. Über diese können exogene und endogene Störfaktoren — z. B. Schmerz, sensorische Wahrnehmungen, Änderungen des körperinternen Milieus, psychische Faktoren — in die endokrinen Regelmechanismen eingreifen. In Abbildung 1 ist veranschaulicht, wie sich die neuroendokrinen Subsysteme für die Regelung der Fortpflanzung, des Stoffwechsels und des Informationswechsels gegenseitig beeinflussen können. Damit wird auch die große Bedeutung psychosomatischer Interaktionen verständlich.

2. Einfluß der Hormone in kritischen Differenzierungsphasen des Gehirns

Ribonukleinsäure (RNS) und Regulatorproteine können als „Boten des genetischen Materials", spezifische Effektoren als „Boten der Umwelt" angesehen werden. Exogene Effektoren sind chemische Substanzen (z. B. Nahrungsfaktoren, Pheromone) oder physikalische Signale. Endogene Effektoren dienen als Vermittler zwischen exogenen Effektoren und genetischem Material. Zu den endogenen Effektoren gehören systemische Hormone und Neurotransmitter; letztere können als Lokalhormone des Gehirns angesehen werden. Untersuchungen haben gezeigt, daß im gleichen Neuron mutmaßlich biogene Amine mit Neurotransmitterfunktion und Neuropeptidhormone lokalisiert sind [2, 57]. Neuropeptide können auch selbst als Neurotransmitter wirken [39].

Während einer kritischen Phase der Neuronendifferenzierung kann die Transkribierbarkeit und damit auch die Translationsfähigkeit spezifischer Gene anscheinend durch systemische Hormone und Neurotransmitter mehr oder weniger irreversibel prädeterminiert werden. Bei den Interaktionen zwischen genetischem Material und der Umwelt können Regulatorproteine als Rezeptoren für endogene Effektoren dienen. Eine hierdurch bewirkte Depression aktiviert andere Gene und beeinflußt in der Differenzierungsphase möglicherweise ihre Expressibilität für das gesamte Leben.

Der Modus der Regulierung des neuroendokrinen Systems erfährt während der Entwicklung eine entscheidende Umwandlung. So entwickelt sich während einer kritischen Organisationsphase des Gehirns aus einem Steuerungssystem (z. B. Plazenta-fetaler Gonade-fetaler Hypothalamus) ein Regelungssystem (Hypothalamus-Hypophysenvorderlappen-Gonadensystem). Dabei wird die Stellgröße (z. B. Sexualhormon) zur Regelgröße und das primär gesteuerte Element (z. B. Hypothalamus) zum Regler (Transformationsregel) (Abb. 2).

Die Quantität der primären Stell- und sekundären Regelgröße (z. B. Sexualhormon) determiniert in der kritischen Organisationsphase die Qualität (Sollwerteinstellung) des zentralnervösen Reglers (z. B. Hypothalamus) und damit den Funktions- und Toleranzbereich des gesamten Regelungssystems (Determinationsregel) [25, 36].

Diese ontogenetischen Organisationsgesetze besitzen anscheinend auch für andere neuroendokrine Systeme Gültigkeit, die der Regelung des Stoff- und Informationswechsels dienen. Dabei können anscheinend Neurotransmitter als Lokalhormone des Gehirns die Gehirnorganisation ähnlich beeinflussen wie z. B. Sexualhormone.

Als kritische Differenzierungsphasen bezeichnet man Perioden mit höchster Sensibilität für Einwirkungen von seiten der inneren (Hormone, Neurotransmitter) und der äußeren Umwelt (Ernährung, Streß u. a.), die zu dauernden Veränderungen des neuroendokrinen Systems führen können. In diesen sogenannten sensiblen Phasen ist für den Einzelorganismus eine Grundorientierung gegeben, das ererbte Entwicklungsprogramm im Rahmen der Möglichkeiten und unter Einfluß innerer und äußerer Faktoren zu realisieren (vgl. den Beitrag von G. Tembrock). In den kritischen Differenzierungsphasen können Hormone irreversibel in die Entwicklung der Fortpflanzungsprozesse, des Stoff- und Informationswechsels eingreifen.

Um die Frage zu beantworten, ob die Glukoseutilisation und/oder der Glukosespiegel zur Zeit der prä- bzw. perinatalen hypothalamischen Differenzierungsphase als Stellgrößen die Qualität des späteren hypothalamischen Reglers beeinflussen können, wurde

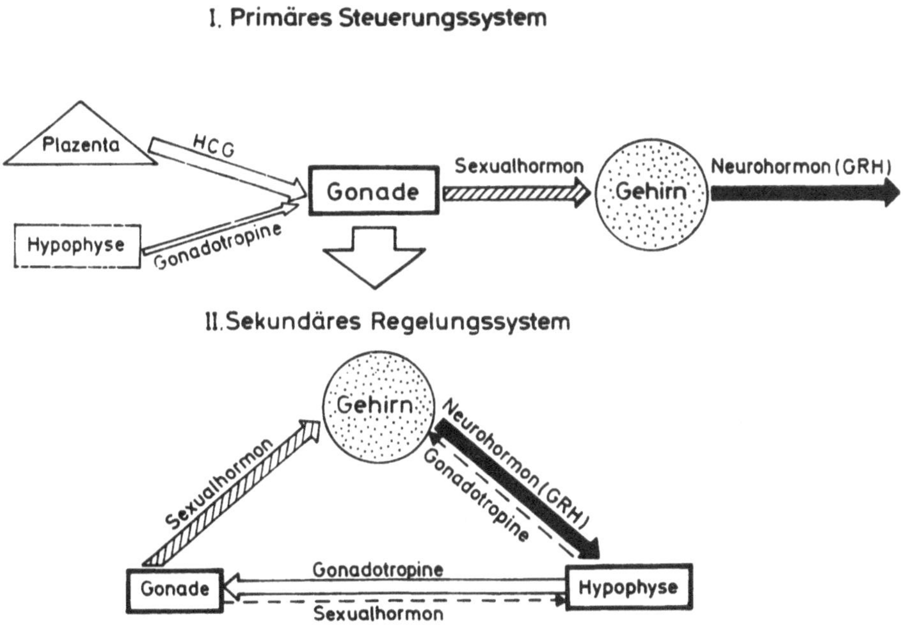

Abb. 2. Schematische Darstellung der Transformation eines pränatalen linearen Steuerungssystems in ein kybernetisches Regelungssystem

bei Rattenmännchen in dieser kritischen Zeit durch tägliche Insulininjektionen eine gesteigerte Glukoseutilisation und eine Hypoglykämie erzeugt. Im Erwachsenenalter neigten diese Tiere zu einer hyperglykämischen Stoffwechsellage. Außerdem war das Körpergewicht dieser neonatal insulinbehandelten Rattenmännchen im Adoleszenten- und Erwachsenenalter signifikant erhöht [27].

Langzeiteffekte pränataler Hormonbehandlung wurden nach Steroidhormongaben bei Risikoschwangerschaften beobachtet [84, 86]. So berichtet Reinisch [85] von einer möglichen Beeinflussung der Persönlichkeitsausprägung. Von ihr wurden Kinder nach pränataler Hormonbehandlung mit unbehandelten Geschwisterkindern verglichen. Erstere sollen mehr individualistische Charaktereigenschaften aufweisen (z. B. großes Selbstbewußtsein, wenig Ängstlichkeit).

Das Einwirken bei der Ausbildung von Verhaltensmustern gilt für Systemhormone ebenso wie für Neurotransmitter [12, 40]. Letztere dürften nach neueren Erkenntnissen

Organisatoren des neuroendokrinen Systems darstellen (Abb. 3) [36]. Sie könnten während entscheidender Phasen der Gehirnentwicklung die Genexpressibilität der Neuronen in der Weise beeinflussen, daß im Rahmen der vorgegebenen Reaktionsnorm der Funktions- und Toleranzbereich des neuroendokrinen Systems für das spätere Leben festgelegt wird. Ihre Quantität kann die Qualität, d. h. die Reaktions- und Adaptationsfähigkeit zentralnervöser Regler langfristig beeinflussen. Untersuchungen an Ratten haben gezeigt, daß ein veränderter Neurotransmitterstoffwechsel in kritischen Entwicklungsphasen zu irreversiblen Beeinträchtigungen des Sexualverhaltens, der Emotionalität und der Lern- und Gedächtniskapazität führen kann [31, 45, 51]. Wird durch Gabe von

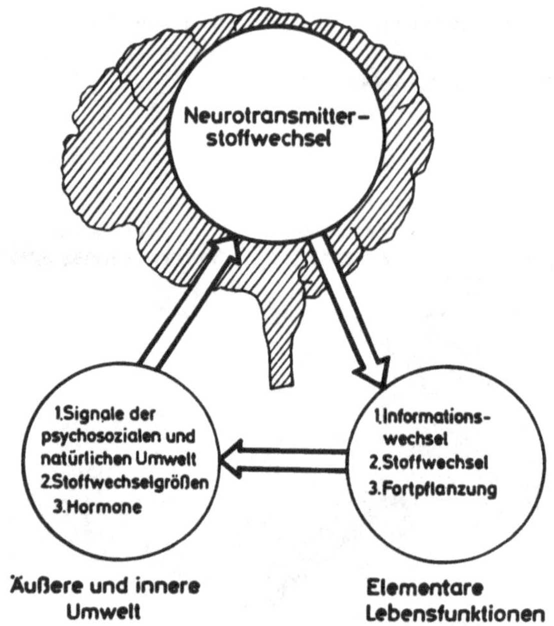

Abb. 3. Psychosomatische Interaktionen unter Vermittlung der Neurotransmitter

Pargylin, einem Monoaminooxidasehemmer, der Gehalt an Katecholaminen und Serotonin im ZNS in den sensiblen Perioden erhöht, findet man bei erwachsenen Ratten eine verminderte Emotionalität, ein vermindertes männliches Sexualverhalten und eine reduzierte Lern- und Gedächtniskapazität. Erfolgen in der kritischen Zeit Eingriffe am cholinergen Transmittersystem, z. B. durch Gabe von Pyridostigmin, einer Substanz, die die abbauende Azetylcholinesterase hemmt, so weisen diese Tiere im Erwachsenenalter u. a. verstärktes männliches Sexualverhalten und eine höhere Gedächtnisleistung im Vergleich zu unbehandelten Tieren auf.

Der Prozeß der Reifung des Nervensystems vollzieht sich in verschiedenen Stadien [6]. Die Perioden des „Wachstums-Spurts", in der das Gehirn rasch an Größe und Gewicht zunimmt und in der sich in großer Anzahl dendritische Verzweigungen ausbilden, liegt beim Menschen perinatal. Diese Periode stellt eine kritische Phase der Entwicklung dar, da in ihr durch eine Reihe endogener und exogener Faktoren die Reifung des Nervensystems nachhaltig beeinflußt werden kann.

So ist der Kretinismus das klassische Beispiel dafür, wie im Kindesalter durch den Mangel an Schilddrüsenhormon sämtliche elementaren Lebensfunktionen (Stoffwechsel, Wachstum, Reproduktion und Informationswechsel) beeinflußt werden können. Die Differenzierung und Reifung des Gehirns hängen von dem fördernden Einfluß des Schilddrüsenhormons während einer kritischen Periode ab [105]. Diese liegt beim Menschen in der späten Fetal- und in der Neonatalzeit. Fehlt zu diesem Zeitpunkt das Schilddrüsenhormon, kommt es zu einer deutlichen Verminderung der Zellgröße und kortikaler Neurone und zu einer Hypoplasie von Axonen und Dendriten. Damit wird die Wahrscheinlichkeit möglicher Interaktionen zwischen den Neuronen herabgesetzt. Es resultieren schwere irreversible physische, psychische und geistige Störungen. Frühzeitige Behandlung mit Schilddrüsenhormon kann die beschriebenen Auswirkungen verhindern, eine normale Hirnentwicklung gewährleisten und normale Funktionen im späteren Leben sichern.

Die Bedeutung des Einflusses verschiedener Hormone in kritischen Entwicklungsphasen wird auch am Nahrungs-, Sexual- und Aggressionsverhalten deutlich. Dabei sind geschlechtsspezifische Unterschiede in verschiedenen Verhaltensweisen mehr quantitativer als qualitativer Art.

Möglicherweise beruhen geschlechtsspezifische Differenzen im Nahrungsverhalten auf dem Einwirken gonadaler Hormone während sensibler Phasen auf das ZNS [109]. Die beobachteten Unterschiede im Eßverhalten und bei der Bevorzugung bestimmter Speisen sollen dabei weitgehend unabhängig von Erziehungs- und Lerneinflüssen sein [78]. Auch hinsichtlich des aggressiven Verhaltens gibt es Unterschiede zwischen männlichen und weiblichen Individuen. Neonatale Verabreichung von männlichen Sexualhormonen erzeugt bei weiblichen Mäusen Aggressivität [110], während eine Kastration bei männlichen Mäusen vor dem 6. Lebenstag im Erwachsenenalter zu reduzierten „Kampfhandlungen" führt [80]. Auch bei Primaten sind männliche Jungtiere aggressiver als weibliche. Die Dominanz männlicher Individuen in der Primatengruppe ist in ihrer physischen Überlegenheit zu suchen, die ihnen die Führungsrolle zukommen läßt und zur sozialen Kontrolle über die Gruppe befähigt.

Aus Untersuchungen läßt sich schließen, daß beim Menschen die Phase der kritischen geschlechtsspezifischen Hypothalamusdifferenzierung in bezug auf das spätere Sexualverhalten zwischen dem 4. und 7. Fetalmonat liegen dürfte [26]. Es gilt als allgemein anerkannt, daß den Sexualhormonen dabei eine Schlüsselrolle zukommt.

Von Phoenix [82] wird zwischen einer pränatalen Differenzierungsphase und einer postpuberalen Aktivierungsperiode des Sexualverhaltens unterschieden. Während die Hypothalamusdifferenzierung physiologischerweise in Abhängigkeit vom Androgenspiegel stattfindet, stimulieren später in der Aktivierungsperiode entweder Androgene oder Östrogene den geschlechtsspezifisch differenzierten Hypothalamus.

Der Zeitpunkt der Differenzierung für das Sexualverhalten in männlicher oder weiblicher Richtung liegt pränatal oder perinatal. So zeigten weibliche Meerschweinchen, die pränatal androgenisiert worden waren, im Erwachsenenalter nach erneuter Androgenzufuhr auffallend starkes männliches Sexualverhalten. Demgegenüber wiesen Rattenmännchen, die kurz nach der Geburt orchidektomiert worden waren, im Erwachsenenalter nach Östrogenzufuhr besonders starkes weibliches Sexualverhalten auf. Eine hochdosierte kombinierte, d. h. prä- und frühpostnatale Androgenzufuhr erzeugte eine vollständige Vermännlichung der hypothalamischen Erotisierungszentren bei weiblichen Ratten [24].

Diese Beobachtungen sprechen für die Rolle der Androgene während der kritischen Differenzierungsphase auch im Hinblick auf die Entwicklung des Geschlechtstriebes.

Die dauernden Veränderungen des Sexualverhaltens, die durch Veränderungen des Sexualhormonspiegels während der Gehirndifferenzierung erzeugt werden, sind mit permanenten strukturellen und chemischen Veränderungen solcher Gehirnregionen verbunden, die für die Regelung des Sexualverhaltens verantwortlich sind [26]. Da ähnliche Veränderungen nach Verabreichung von Neuropharmaka, die den Neurotransmittermetabolismus im Gehirn beeinflussen, beobachtet wurden, wird angenommen, daß die irreversiblen Entwicklungseffekte von Sexualhormonen — zumindest teilweise — durch Neurotransmitter vermittelt werden [32, 36, 62].

Die im Tierexperiment durch neonatale Kastration und spätere Androgensubstitution erzeugte Hypo-, Bi- und Homosexualität des Rattenmännchens dürfte ätiopathogenetisch der angeborenen Homosexualität beim Menschen entsprechen [22]. Zumindest kann ein absolutes oder relatives Androgendefizit zur Zeit der kritischen Hypothalamusdifferenzierung eine entscheidende neuroendokrine Disposition für die Entstehung genuiner männlicher Sexualdeviationen darstellen [23]. Für die Gültigkeit dieses pathogenetischen Prinzips beim Menschen sprechen folgende klinische Beobachtungen:

1. Es wurde der Nachweis erbracht, daß homosexuelle Männer ein vorwiegend weiblich differenziertes Gehirn besitzen. Im Gegensatz zu heterosexuellen Männern kann bei ihnen ein positiver Östrogenfeedback-Effekt (LH-Anstieg im Plasma) ausgelöst werden [30].
2. Beim Imperato-McGinley-Syndrom liegt ein Enzymmangel an 5α-Reduktase vor. Das Testosteron kann so nicht genügend in 5α-Dihydrotestosteron umgewandelt werden. 5α-Dihydrotestosteron ist für die Differenzierung der äußeren männlichen Genitalorgane verantwortlich, während das Testosteron die männliche Differenzierung der inneren Genitalorgane und des Gehirns bewirkt. Genetisch männliche Individuen mit Imperato-McGinley-Syndrom haben also zur Zeit der Geburt vorwiegend weibliche äußere Genitalorgane. Sie wurden daher als Mädchen angesehen, bekamen einen Mädchennamen und wurden auch als Mädchen erzogen. Trotzdem zeigten diese genetisch männlichen Individuen von der Pubertät an rein männliches, d. h. heterosexuelles Verhalten, bestanden auf Namenswechsel und übernahmen eine männliche Geschlechtsrolle [52, 81]. Daraus geht hervor, daß Testosteron für die Entwicklung des geschlechtsspezifischen Sexualverhaltens von größerer Bedeutung sein kann als Erziehungs- und Lernfaktoren.
3. Frauen mit angeborener Nebennierenhyperplasie (Adrenogenitales Syndrom, AGS), die auf Grund einer genetischen Enzymstörung pränatal eine gesteigerte Androgenproduktion der Nebenniere aufweisen, zeigen im Erwachsenenalter auffallend häufig bi- oder homosexuelles Verhalten [76]. Diese genetisch weiblichen Individuen sind in ihrer gesamten psychosexuellen Entwicklung beeinflußt. In der Kindheit zeigen sie wenig Interesse an Kleidung und „weiblichen Aktivitäten". Sie bevorzugen Jungen als Spielgefährten, haben weniger Phantasie in bezug auf Romantik und beschäftigen sich intensiver mit Fragen des zukünftigen Berufs. Bei der geschlechtsspezifischen Hypothalamusdifferenzierung des Menschen dürfte den Wechselbeziehungen zwischen Mutter, Plazenta, fetaler Gonade und fetalem Hypothalamus eine entscheidende Bedeutung zukommen.

Männliche und weibliche Ratten werden mit der latenten Fähigkeit zur zyklischen Gonadotropinsekretion geboren. Ist in den ersten Lebenstagen Hodengewebe vorhanden, so findet eine männliche Differenzierung mit permanent tonischer Gonadotropinsekretion statt [28, 29, 34]. Das Fehlen von Hodengewebe während dieser kritischen Entwicklungsphase hat dagegen — unabhängig vom gleichzeitigen Vorhandensein oder Fehlen von Ovarien — eine weibliche Differenzierung zur Folge, d. h. es kommt zur Differenzierung eines zyklischen (und tonischen) gonadotropinregulierenden Sexualzentrums und eines weiblichen Erotisierungszentrums. Im genetisch und gonadal weiblichen Organismus findet man dann Auslösbarkeit eines positiven Östrogenfeedback, zyklische hypophysäre Gonadotropininsekretion und Ovarialfunktion sowie weibliches Sexualverhalten. In männlichen Organismus treten dagegen in Abhängigkeit von der Stärke des Androgendefizits zur Zeit der Hypothalamusdifferenzierung postpuberal Hypo-, Bi- oder Homosexualität mit Auslösbarkeit eines positiven Östrogenfeedback bei weitgehend normaler Hodenfunktion auf. Interessant ist die Beobachtung, daß unphysiologische Östrogendosen in der Lage sind, den maskulinisierenden Differenzierungseffekt der Androgene auf den Hypothalamus bei Ratte und Maus zu imitieren. So führte eine hohe Östrogenzufuhr bei neugeborenen Rattenweibchen zur anovulatorischen Sterilität. Gestagene zeigen gegenüber Androgenen und Östrogenen eine antagonistische Organisationswirkung. Die durch Androgene hervorgerufenen permanenten Veränderungen der Gonadotropinsekretion konnten durch gleichzeitig verabreichte hochdosierte Progesterondosen weitgehend verhindert werden [64]. So scheint den Gestagenen eine protektive Wirkung bei der Hypothalamusdifferenzierung zuzukommen.

3. Einfluß der äußeren Umwelt in kritischen Differenzierungsphasen des Gehirns

Äußere Umwelteinflüsse können in kritischen Entwicklungsphasen ebenfalls zu permanenten Verhaltensänderungen Anlaß geben. Durch negative Umwelteinflüsse kann die aktuelle Gehirnentwicklung unter dem genetisch vorgegebenen Potential bleiben.

Als eine der möglichen Ursachen für eine vom genetischen und gonadalen Geschlecht abweichenden Hypothalamusdifferenzierung müssen endogen oder exogen bedingte Veränderungen des Steroidhormonspiegels der Mutter während der Schwangerschaft angesehen werden. So führt Streß über eine Aktivierung der Achse Hypothalamus-Hypophyse-Nebenniere u. a. zu erhöhten Kortikoidspiegeln im Blut und zur Hemmung der testikulären Androgenproduktion [56]. Bei männlichen Rattenfeten wurde nach pränatalem Streß, d. h. nach Streß der Muttertiere, ein signifikant erniedrigter Testosteronspiegel gefunden [98].

Untersuchungen an einer großen Anzahl homosexueller Männer ergaben, daß während der streßreichen Kriegs- und frühen Nachkriegsperiode (1942—1947) hochsignifikant mehr homosexuelle Männer geboren wurden als in den Jahren vor (1932—1939) oder nach dieser Periode (1948—1953) [38]. Somit muß man annehmen, daß Streßreaktionen während der kritischen pränatalen sexuellen Differenzierung des Gehirns einen ätiogenetischen Faktor in der Entwicklung sexueller Deviationen darstellen könnten [37]. Vermeidung von Streßsituationen bei schwangeren Frauen kann somit eine pränatale Prophylaxe im Hinblick auf genuine Sexualabweichungen darstellen.

Ernährung und sensorische Umwelteinflüsse haben in kritischen Entwicklungsphasen ebenfalls einen deutlichen Einfluß auf die Gehirnentwicklung und damit auch auf die Ausprägung der verschiedensten Verhaltensmuster [66, 68, 70, 75, 114]. Eine postnatale Mangelernährung und partielle Isolierung bei Ratten, die dadurch erreicht wurde, daß neugeborene Tiere für 16 Stunden pro Tag von der Mutter weggesetzt wurden, führte neben einer deutlichen Verminderung von Körper- und Gehirngewicht zu langfristigen Verhaltensänderungen. Das drückt sich u. a. in reduzierter Emotionalität und verminderter Lern- und Gedächtniskapazität im Erwachsenenalter aus. Unterernährung und noch stärkere psychosoziale Deprivation, die bei neugeborenen Ratten dadurch erzeugt wurde, daß man sie sowohl von der Mutter als auch von den Wurfgeschwistern isolierte, ließen die Lern- und Gedächtnisrückstände noch offensichtlicher werden. Frühe Unterernährung braucht je nach Ausmaß nur diskrete Geistes- und Verhaltensänderungen hervorzurufen, aber in Verbindung mit anderen Streßsituationen (z. B. unterdrückte psychosoziale Kontakte) können ihre Auswirkungen deutlicher zum Tragen kommen [106].

Wahrscheinlich ist eine der Ursachen für die beobachteten Verhaltenseffekte in einem veränderten Transmitterstoffwechsel zu suchen. Unphysiologische Konzentrationen von Neurotransmittern sind während der Gehirndifferenzierung anscheinend in der Lage, lebenslange Verhaltensstörungen hervorzurufen, d. h. teratopsychogenetische Effekte auszuüben [32].

Nicht nur psychosoziale Deprivation und Mangelernährung, sondern auch frühpostnatale Überernährung kann einen Einfluß auf geistige, psychische und physische Leistungen im späteren Leben ausüben. Untersuchungen am Menschen haben ergeben, daß zwischen der Gewichtszunahme im ersten postnatalen Lebenstrimenon und dem Körpergewicht im Kindes-, Jugend- und Erwachsenenalter eine signifikante Relation besteht [33]. In den ersten drei Lebensmonaten stark überernährte Jungen wiesen mit 16 Jahren deutlich schlechtere Leistungen auf [35]. Hieraus ist ersichtlich, daß quantitative Fehlernährungen während der ersten entscheidenden Lebensmonate zu einer schlechteren intellektuellen, psychischen und physischen Leistungsfähigkeit führen können. Weiterhin stellt Überernährung während kritischer perinataler Differenzierungsphasen einen wesentlichen Risikofaktor für die Entwicklung von Fettsucht, Diabetes mellitus und Arteriosklerose dar. Es kann angenommen werden, daß Überernährung in einer kritischen Periode der Gehirnentwicklung die Ansprechbarkeit des neuroendokrinen Kontrollsystems, das die Nahrungsaufnahme und den Stoffwechsel reguliert, permanent beeinflussen kann [28].

Außenweltsignale stimulieren über sensorische Rezeptoren in afferenten Nerven die Produktion spezifischer Neurotransmitter (Abb. 1). Behindert man den Informationswechsel heranwachsender Organismen mit ihrer Umwelt, kommt es zu Veränderungen bestimmter Verhaltensfunktionen, die wahrscheinlich — zumindest teilweise — über das Neurotransmittersystem hervorgerufen werden.

So bewirkt Isolation bei Ratten und Mäusen einen veränderten Monoaminumsatz im Gehirn [70]. Nach Isolation findet man weiterhin einen Abfall der Azetylcholinesterase im Gehirn. Der niedrigere DNS-Gehalt in Kleinhirn, Zwischenhirn und Hirnrinde bei isolierten Mäusen läßt darauf schließen, daß in der kritischen Entwicklungszeit weniger Neurone und/oder Gliazellen gebildet werden. Soziale Isolation während der Entwicklungszeit bedeutet außerdem auch Streß. Während sich Isolationseffekte im Erwachsenenalter nur vorübergehend auswirken und nach Beseitigung derselben schnell zum Verschwinden zu bringen sind, kann postnatale Isolation zu permanenten Effekten führen. Eine ausführliche Literaturzusammenstellung über die Bedeutung sozialen Kontakts mit Speziesangehörigen in frühen postnatalen Perioden findet sich bei Roy [89].

Umweltsignale bei Tier und Mensch können als determinierende Faktoren während der Gehirndifferenzierung wirken [3]. Tierexperimente zeigen, daß bestimmte frühpostnatale Erregungen des ZNS — Anfassen oder Streicheln der Tiere bzw. Verabreichung von Elektroschocks (Konditionierung) — die Reaktions- und Adaptationsfähigkeit der Tiere lebenslang positiv oder negativ beeinflussen können [19, 47].

Werden junge Ratten an Streicheln oder Aufheben gewöhnt, reagieren sie als erwachsene Tiere weniger emotionell als nicht gestreichelte Tiere, und die Sekretion der Nebennierenhormone wird durch Umweltfaktoren nicht im selben Maße gesteigert. Diese Tiere sind besser an Veränderungen der Umwelt angepaßt. Sogenanntes „Handling“ scheint die Reifung des Systems Hypothalamus-Hypophyse-Nebenniere zu beschleunigen. Das Auftreten zirkadianer Rhythmen der Nebenniere kann hierdurch vorverlegt werden [1].

Ratten, die in einer angereicherten Umgebung („enriched environment“) aufgezogen wurden und täglich ein bestimmtes Trainingsprogramm durchliefen, hatten im Erwachsenenalter eine dickere Hirnrinde, die aus einer Erhöhung der Gliazellzahl resultierte. Die Hirnrinde wies außerdem eine niedrigere Azetylcholinesteraseaktivität auf [41, 47, 88]. Diese Tiere lernten leichter als eine Vergleichsgruppe normal aufgezogener Tiere, was für einen begünstigenden Einfluß der angereicherten Umgebung spricht. Experimente mit einer derartigen Umgebung könnten als therapeutische Methode eingesetzt werden, um Entwicklungsdefizite, die ihre Ursache u. a. in Hirnläsionen haben können, abzubauen [13, 113].

Möglicherweise wird das Reaktionsvermögen des erwachsenen Menschen durch im Säuglingsalter erlebte Reizsituationen mit geprägt [58, 59]. Dabei ist eine normale Gehirn- und Verhaltensentwicklung von einer optimalen und nicht von einer maximalen Umgebungsstimulation abhängig.

Die molekularbiologischen Mechanismen bei der permanenten Veränderung der Genexpressibilität der Neurone sind noch ungeklärt. Dabei kommt den Neurotransmittern und Systemhormonen als Mediatoren zwischen Umwelt und genetischem Material eine Schlüsselrolle zu.

4. Einfluß der Hormone auf Verhaltensreaktionen nach Abschluß der Gehirndifferenzierung

Daß eine Beziehung zwischen Hormonen und Verhalten besteht, ist seit vielen Jahren bekannt, obwohl die exakten Wirkungsmechanismen dieser Interaktionen zwischen endokrinem System und Gehirnfunktion bis jetzt noch nicht völlig aufgeklärt werden konnten.

Ist die Differenzierungsphase abgeschlossen, haben Hormone in der Regel vorübergehende Effekte auf das Verhalten sowie auf die Gehirnphysiologie und -chemie. So lassen sich die wechselnden Stimmungslagen während des Menstruationszyklus der Frau mit rhythmischen Schwankungen im Sexualhormonspiegel korrelieren [4, 55, 79]. Hormone sind weiterhin beteiligt an der Bildung und Konsolidierung von „Gedächtnisspuren" [20, 21, 87]. Störungen im Hormon-, Neurotransmitter- und Neuropeptidmetabolismus können schließlich auch Anlaß für affektive Erkrankungen sein [11, 15, 49, 102, 111].

Gonadale Hormone kontrollieren nicht nur die Sexualdifferenzierung und Sexualreifung, sondern sind ebenso beteiligt an der Regulation von Stimmung und Verhalten. Rezeptoren für gonadale Steroide sind im limbischen System, im Hypothalamus, im Mesencephalon, in der Hypophyse, im Uterus und in anderen Organen nachgewiesen worden [17, 18, 61, 107]. Ihre Zahl nimmt parallel mit steigendem Sexualhormonspiegel von der Kindheit bis zur Pubertät zu [96]. Hormone sind imstande, sowohl ihre eigenen als auch die Rezeptoren für andere Hormone zu regulieren [103].

Das veränderte hormonale Milieu um die Zeit der Pubertät zeigt deutliche Effekte auf das Verhalten. Wahrscheinlich durch ansteigende Androgenkonzentrationen nimmt das sexuelle Interesse bei Jungen und Mädchen zu. Sie reagieren im allgemeinen empfindlicher und emotionaler. Stimmungsschwankungen treten häufiger auf [101].

Emotionale Labilität zeigen auch erwachsene Frauen, wenn der ovarielle Hormonspiegel sich rapide ändert. Klinische Studien haben ergeben, daß die Stimmungslage in Verbindung mit den endokrinen Veränderungen des Zyklus schwankt [16, 95]. In der ersten Zyklushälfte bei steigendem Östrogenspiegel sind Frauen agiler, selbstbewußter und kontaktfreudiger. Das aufgeschlossene Verhalten auch in bezug auf das sexuelle Interesse erreicht seinen Höhepunkt zum Zeitpunkt der Ovulation. In der zweiten Zyklushälfte bei steigendem Progesteronspiegel sollen die Frauen ein passiveres und introvertiertes Verhalten zeigen. Prämenstruell besteht Neigung zu Depressionen [54, 97]. Ähnliches kann bei Frauen im Wochenbett und im Klimakterium beobachtet werden.

Auch das Nahrungsverhalten wird von hormonellen Zyklusschwankungen beeinflußt. So konsumieren Rhesusaffen in der Follikelphase des Menstruationszyklus weniger als in der Lutealphase [44]. Die Bevorzugung bestimmter Speisen wechselt mit dem Zyklusstadium. Das Auftreten „abnormer Geschmacksrichtungen" in der Schwangerschaft könnte so eine hormonale Ursache haben [69, 108, 115]. Ferner wurden bei Ratten zyklusabhängige Unterschiede in der motorischen Aktivität und in der Körpertemperatur beobachtet [43].

Von gonadalen Hormonen ist bekannt, daß sie den Metabolismus der Katecholamine und den Gehalt an Monoaminooxidase (MAO) im Gehirn beeinflussen [42]. Ein niedriger

Katecholaminspiegel und hoher MAO-Spiegel korrelieren mit Erscheinungen der Depression [65]. Prämenstruell und in der Menopause werden hohe MAO-Konzentrationen gefunden. Somit muß man annehmen, daß Veränderungen im Neurotransmitterumsatz für die beobachteten, vorübergehenden Stimmungsschwankungen zumindest teilweise verantwortlich sein können.

Neuropeptide spielen bei verschiedenen Verhaltenwseisen eine Rolle. So nimmt man an, daß LHRH-Anstieg an der Auslösung des Sexualverhaltens beteiligt ist [77].

Spezifische Fragmente des ACTH, MSH und Vasopressins erzeugen ganz unabhängig von ihren endokrinen Effekten Verhaltensänderungen in bezug auf Gedächtnis und Motivation. Schwere Störungen des Lerndefizits bei hypophysektomierten Ratten konnten durch Gabe von ACTH und Vasopressin rückgängig gemacht werden [9]. ACTH-Fragmenten wird ein genereller Motivationseffekt zugesprochen. Sie sollen die Aufmerksamkeit verstärken und somit die Möglichkeiten, auf Erscheinungen situationsgerecht zu reagieren [8, 71]. Vasopressin und seine Analoga haben Langzeiteffekte auf die Konsolidierung des Lernverhaltens. Diese Neuropeptide sind in physiologischer Weise in Gedächtnisprozesse eingeschaltet, was aus Versuchen an Ratten mit hereditärem Diabetes insipidus (diese Tiere können Vasopressin nicht synthetisieren) geschlossen werden muß [10]. Eine Bestätigung erfuhr diese Annahme dadurch, daß nach Gabe von Vasopressin-Antikörpern in das Ventrikelsystem des Gehirns die Ratten Gelerntes schnell vergaßen [21].

Die Rolle des neuroendokrinen Systems im Zusammenhang mit affektiven Störungen ist noch relativ unklar und im Stadium des Sammelns von Befunden. Bei depressiven Patienten findet man abnorme neuroendokrine Funktionen, die sich in pathologischen Ergebnissen endokriner Funktionsteste widerspiegeln. So findet man z. B. einen reduzierten Effekt von Dexamethason und der insulin-induzierten Hypoglykämie auf die Kortisolsekretion [14]. Es werden Störungen des zirkadianen Rhythmus für einige Hormone beschrieben. So fehlt die nächtliche TSH-Erhöhung bei depressiven Patienten. Bei ihnen ist auch die TSH-Ausschüttung auf TRH-Stimulation geringer als bei normalen Personen, obwohl keine gestörte Schilddrüsenfunktion vorliegt. TRH hat neben der Wirkung auf die Hypophyse auch direkte Wirkungen auf das Zentralnervensystem [83]. Es führt hier zur Steigerung des Katecholaminumsatzes [63]. Gabe von TRH wirkt psychostimulierend [53]. Bei bestimmten Depressionsformen wurde angenommen, daß ein gewisser Mangel an noradrenergen Neuronen besteht [73]. Das würde zu einem funktionellen Defizit adrenerger Neurotransmitter führen. Bei depressiven Männern wurde eine erhöhte MAO-Konzentration gefunden, also des Enzyms, das Monoamine abbaut. Unter Testosterongabe normalisierten sich die Werte, und die depressiven Symptome gingen zurück [90].

Für eine mögliche Beteiligung des cholinergen Systems spricht die Tatsache, daß nach Hemmung der Azetylcholinesterase ein Azetylcholinanstieg im ZNS zur Verstärkung der Depressionen führte [73].

Diese Befunde weisen darauf hin, daß psychonervale Störungen — zumindest teilweise — in einem gestörten Neurotransmitterstoffwechsel ihre Grundlage haben könnten [93, 94, 112]. Für die Auslösung bestimmter neuroendokriner Störungen müssen endogene Disposition und exogene Exposition zusammentreffen, d. h., es besteht ein Wechselverhältnis von Anlage und Umwelt.

5. Zusammenfassung

Funktions- und Toleranzbereiche des neuroendokrinen Systems werden primär durch das genetische Material, aber sekundär, und zwar insbesondere während kritischer Entwicklungsphasen, durch die Umwelt determiniert. Wie sich ein Mensch oder ein Tier „verhält", ist das Resultat einer Wechselwirkung zwischen Genen und Auslösemechanismen der Umwelt. Variationen der inneren und äußeren Umwelt bedingen Reaktionen des genetisch determinierten und während kritischer Differenzierungsphasen modifizierten neuroendokrinen Systems und geben Anlaß für die verschiedensten Verhaltensweisen.

Aus experimentellen und klinischen Beobachtungen ist bekannt, daß hormonelle Störungen Verhaltensanomalien bedingen können. Dabei wirkt das endokrine System in enger Wechselwirkung mit dem Nervensystem, die beide als neuroendokrines System eine funktionelle Einheit bilden.

Während früher Entwicklungsphasen unterliegt die Differenzierung des Gehirns der Kontrolle von Hormonen und Neurotransmittern. Letztere können als Lokalhormone des Gehrins betrachtet werden. Neurotransmitter scheinen gemeinsame Mediatoren von Systemhormonen, Stoffwechselgrößen und Außenweltsignalen für die Differenzierung, Reifung und Funktion des Gehirns darzustellen. Sie sind anscheinend nicht nur temporäre Aktivatoren oder Inhibitoren, sondern während der Gehirndifferenzierung auch umweltabhängige Organisatoren des Gehirns.

Durch Veränderung der psychosozialen und/oder biologischen Umwelt (z. B. Streß, Isolierung, Fehlernährung, Gabe von Neuropharmaka) können in einer kritischen Entwicklungsphase des Gehirns teratogene Effekte erzeugt werden. Diese permanente Beeinflußbarkeit von Funktion und Struktur des neuroendokrinen Systems spricht für die große Bedeutung der Optimierung der Umwelt für die weitere Förderung von Gesundheit und Leistungsfähigkeit des Menschen.

Literatur

1. Ader, R.: Early experiences accelerate maturation of the 24-hour adrenocortical rhythm. Science **163** (1969), S. 1225–1226.
2. Ajika, K.: Simultaneous localization of LHRH and catecholamines in rat hypothalamus. J. Anat **2** (1979), S. 331–347.
3. Altman, J., G. D. Das, and W. J. Anderson: Effects of infantile handling on morphological development of the rat brain: an exploratory study. Develop. Psychobiol. **1** (1968), S. 10–20.
4. Bardwick, J. M.: Psychological correlates of the menstrual cycle and oral contraceptive medication. In: Hormones, Behavior and Psychopathology. Ed. by E. J. Sacher. New York 1976, S. 513–521.
5. Bielka, H.: Molekulare Biologie der Zelle. Jena 1973.
6. Biesold, D.: Biochemische Aspekte der Ontogenese. In: Neurobiologie. Hrsg. v. D. Biesold u. H. Matthies. Jena 1977, S. 335–369.
7. Blackwell, R. E., and R. Guillemin: Hypothalamic control of adenohypophyseal secretions. Ann. Rev. Physiol. **35** (1973), S. 357–390.
8. Bohus, B., and D. de Wied: Inhibitory and facilitatory effect of two related peptides on extinction of avoidance behavior. Science **153** (1966), S. 318–320.
9. Bohus, B., W. H. Gispen, and D. de Wied: Effect of lysinevasopressin and $ACTH_{4-10}$ on conditioned avoidance behavior of hypophysectomized rats. Neuroendocrinology **11** (1973), S. 137–143.
10. Bohus, B., T. B. van Wimersma-Greidanus, and D. de Wied: Behavioral and endocrine responses of rats with hereditary diabetes insipidus (Brattleboro strain). Physiol. Behav. **14** (1975), S. 609–615.
11. Brambilla, F., and G. Penati: Schizophrenia: endocrinological review. In: Perspectives in endocrine psychobiology. Ed. by F. Brambilla. Budapest 1978, S. 309–421.

12. BRIDGES, P. K.: The biological basis of personality. In: Perspectives in endocrine psychobiology. Ed. by F. BRAMBILLA. Budapest 1978, S. 479–502.
13. CAREY, J. C., S. B. BISHOP, and W. W. HAGGUIST: Environmental stimulation reduces learning deficits in experimental cretinism. Science **191** (1976), S. 578–579.
14. CARROLL, B. J.: Hypothalamic-pituitary function in depressive illness: insensitivity to hypoglycaemia. Br. Med. J. iii (1969), S. 27–28.
15. CARROLL, B. J., and J. MENDELS: Neuroendocrine regulation in affective disorders. In: Hormones, Behavior, and Psychopathology. Ed. by E. J. SACHER. New York 1976, S. 193–224.
16. COPPEN, A., and N. KESSEL: Menstruation and personality. Br. J. Psychiatry **100** (1963), S. 711–721.
17. DAVIES, I. J., F. NAFTOLIN, K. J. RYAN et al.: A specific high affinity, limited capacity estrogen binding component in the cytosol of human fetal pituitary and brain tissues. J. clin. Endocr. Metab. **40** (1975), S. 909–912.
18. DAVIES, T. F., M. L. DUFAU, and K. J. CATT: Gonadotropin receptors: Characteristics and clinical applications. Clin. Obst. Gynec. **5** (1978), S. 329–362.
19. DENENBERG, V. M.: Critical periods, stimulus input and emotional reactivity: A theory of infantile stimulation. Psychol. Rev. **71** (1969), S. 335–351.
20. DE WIED, D.: Inhibitory effect of ACTH and related peptides on extinction of conditioned behavior in rats. Proc. Soc. Exptl. Biol. Med. **122** (1966), S. 28–32.
21. DE WIED, D.: Effects of peptide hormones on behavior. In: Frontiers in Neuroendocrinology. Ed. by W. F. GANONG and L. MARTINI. London 1969, S. 97–140.
22. DÖRNER, G.: Tierexperimentelle Untersuchungen zur Frage einer hormonellen Pathogenese der Homosexualität. Acta biol. med. germ. **19** (1967), S. 569–584.
23. DÖRNER, G., F. DÖCKE, and S. MOUSTAFA: Differential localization of a male and a female hypothalamic mating centre. J. Reprod. Fertil. **17** (1968), S. 583–586.
24. DÖRNER, G.: Zur Frage einer neuroendokrinen Pathogenese, Prophylaxe und Therapie angeborener Sexualdeviationen. Dtsch. med. Wschr. **94** (1969), S. 390–396.
25. DÖRNER, G.: Sexualhormonabhängige Gehirndifferenzierung und Sexualität. Jena, Wien 1972.
26. DÖRNER, G., und J. STAUDT: Vergleichende morphologische Untersuchungen der Hypothalamusdifferenzierung bei Ratte und Mensch. Endokrinologie **59** (1972), S. 152–164.
27. DÖRNER, G., A. MOHNIKE, G. HONIGMANN et al.: Zur möglichen Bedeutung eines pränatalen Hyperinsulinismus für die postnatale Entwicklung eines Diabetes mellitus. Endokrinologie **61** (1973), S. 430–432.
28. DÖRNER, G.: Zur Bedeutung prä- und perinataler Umweltbedingungen für die postnatale Regelung neuroendokriner Systeme. Endokrinologie **61** (1973), S. 107–116.
29. DÖRNER, G.: Environment-dependent brain differentiation and fundamental processes of life. Acta biol. med. germ. **33** (1974), S. 129–149.
30. DÖRNER, G., W. ROHDE, F. STAHL et al.: A neuroendocrine predisposition for homosexuality in men. Arch. Sex. Behav. **4** (1975), S. 1–14.
31. DÖRNER, G., G. HINZ, F. DÖCKE et al.: Effects of psychotrophic drugs on brain differentiation in female rats. Endokrinologie **70** (1977), S. 113–123.
32. DÖRNER, G., J. STAUDT, J. WENZEL et al.: Further evidence of teratogenic effects apparently produced by neurotransmitters during brain differentiation. Endokrinologie **70** (1977), S. 326–330.
33. DÖRNER, G., H. GRYCHTOLIK und M. JULITZ: Überernährung in den ersten drei Lebensmonaten als entscheidender Risikofaktor für die Entwicklung von Fettsucht und ihrer Folgeerkrankungen. Dt. Gesundh. Ws. **32** (1977), S. 6–9.
34. DÖRNER, G.: Hormone dependent differentiation, maturation and function of the brain and sexual behavior. Endokrinologie **69** (1977), S. 306–320.
35. DÖRNER, G., and H. GRYCHTOLIK: Long-lasting ill-effects of neonatal qualitative and/or quantitative dysnutrition in the human. Endokrinologie **71** (1978), S. 81–88.
36. DÖRNER, G.: Hormones, brain development and fundamental processes of life. In: Hormones and Brain Development. Ed. by G. DÖRNER and M. KAWAKAMI. Amsterdam 1978, S. 13–25.
37. DÖRNER, G.: Brain differentiation and sexuality. In: Ciba Foundation Symposium 62 (new series) on Sex, Hormones and Bahavior. Amsterdam 1979, S. 81–112.
38. DÖRNER, G., Th. GEIER, L. AHRENS et al.: Prenatal stress as a possible aetiogenetic factor of homosexuality in human males. Endokrinologie **75** (1980), 365–368.
39. DONOVAN, B. T.: The behavioural actions of the hypothalamic peptides — a review. Psychol. Med. 8 (1978), S. 305–316.

40. EVERITT, B. J.: Monoamines and sexual behavior in non-human primates. In: Ciba Foundation Symposium 62 (new series) on Sex, Hormones and Behavior. Amsterdam 1979, S. 328 to 352.
41. FERCHMIN, P., E. L. BENNETT, and M. R. ROSENZWEIG: Direct contact with enriched environment is required to alter cerebral weights in rats. J. comp. physiol. Psychol. 88 (1975), S. 360–367.
42. FERNSTROM, J. D., and R. J. WURTMAN: Brain monoamines and reproductive function. In: Reproductive Physiology II, Vol. 13. Ed. by R. O. GREEP. Baltimore 1977, S. 23–53.
43. FINGER, F. W.: Estrus and general activity in the rat. J. comp. physiol. Psychol. 68 (1969), S. 461–466.
44. GILBERT, C., and J. GILLMAN: The changing pattern of food intake and appetite during the menstrual cycle of the baboon (Papio ursinus) with a consideration of some of the controlling endocrine factors. S. Afr. J. med. Sci. 21 (1956), S. 75–88.
45. GLADUE, B. A., R. R. HUMPHRYS, J. F. DEBOLD et al.: Ontogeny of biogenic amine systems and modification of indole levels upon adult sexual behavior in the rat. Pharmac. biochem. behav. 7 (1977), S. 253–258.
46. GORDON, T. P., J. S. BERNSTEIN, and R. H. ROSE: Social and seasonal influences on testosteron secretion in the male rhesus monkey. Physiol. Behav. 21 (1978), S. 623–627.
47. GREENOUGH, W. T.: Enduring brain effects of differential experience and training. In: Neural mechanisms of learning and memory. Ed. by M. R. ROSENZWEIG and E. L. BENNETT. Cambridge 1976, S. 255–278.
48. GUILLEMIN, R.: The endocrinology of the neuron and the neural origin of endocrine cells. In: Hypothalamic peptide hormones and pituitary regulation. Ed. by J. C. PORTER. New York 1978, S. 1–12.
49. HATOTANI, N., J. NOMURA, and T. WAKOH: Endocrinological studies on periodic psychoses. In: Perspectives in endocrine psychobiology. Ed. by F. BRAMBILLA. Budapest 1978, S. 423 to 465.
50. HAYWARD, J. N.: Functional and morphological aspects of hypothalamic neurons. Physiol. Rev. 57 (1977), S. 574–658.
51. HECHT, K., M. POPPEI, Th. SCHLEGEL et al.: Long-term behavioural effects during brain development in rats. In: Hormones and Brain Development. Ed. by G. DÖRNER and M. KAWAKAMI. Amsterdam 1978, S. 277–284.
52. IMPERATO-MCGINLEY, J., L. GUERRERO, T. GAUTIER et al.: Steriod 5α-reductase deficiency in man: an inherited form of male pseudohermaphroditism. Science 186 (1974), S. 1213–1215.
53. ITIL, T. M., C. D. PATTERSON, N. POLVAN et al.: Clinical and computerized EEG findings after oral and i.v. thyreotropin-releasing-hormone in depressed subjects. Dis. Nerv. Syst. 36 (1975), S. 529–536.
54. IVEY, M. E., and J. M. BARDWICK: Patterns of affective fluctuation in the menstrual cycle. Psychosom. Med. 30 (1968), S. 336–345.
55. JANKOWSKY, D. S., W. E. FANN, and J. M. DAVIES: Monoamines and ovarian hormone-linked sexual and emotional changes: A review. Arch. Sex. Behav. 1 (1971), S. 205–208.
56. JOFFE, J. M.: Hormonal mediation of the effects of prenatal stress on offspring behavior. In: Early Influences. Ed. by G. GOTTLIEB. New York 1978, S. 107–144.
57. JOHANSSON, O., and T. HÖKFELT: Topographic aspects of hypothalamic hormones and neurotransmitters. Acta endocrinologica Suppl. 220 (1978), S. 60–80.
58. JOHST, V.: Die biologischen Grundlagen menschlichen Verhaltens und ihre Erforschung. In: Biologische Verhaltensforschung am Menschen. Hrsg. v. V. JOHST. Berlin 1976, S. 39–61.
59. JOHST, V.: Zur psychischen Entwicklung des Säuglings. Wiss. u. Fortschr. 28 (1978), S. 51 bis 56.
60. KANEKO, T., H. OKA, M. MUNEMURA et al.: Role of cyclic AMP (cAMP) in the mechanism of action of hypothalamic hypophysiotropic hormones. In: Psychoneuroendocrinology. Ed. by N. HATOTANI. Basel 1974, S. 267–275.
61. KATO, J., and C. A. VILLEE: Preferential uptake of estradiol by the anterior hypothalamus of the rat. Endocrinology 80 (1967), S. 567–575.
62. KAWAKAMI, M., and F. KIMURA: The limbic forebrain structures and reproduction. In: Perspectives in endocrine psychobiology. Ed. by F. BRAMBILLA. Budapest 1978, S. 101–156.
63. KELLER, H. H., G. BARTHOLINI, and A. PLETSCHER: Enhancement of cerebral noradrenalin turnover by thyreotropin-releasing hormone. Nature 248 (1974), S. 528–529.
64. KINCL, F. A., and M. MAQUEO: Prevention by progesterone of steriod induced sterility in neonatal male and female rats. Endocrinology 77 (1965), S. 859–864.

65. KLAIBER, E. L., Y. KOBAYASHI, D. M. BROVERMAN et al.: Plasma monoamine oxidase in regularly menstruating women and in amenorrheic women. J. clin. Endocrinol. Metab. **33** (1971), S. 630—638.

66. KOOS-SLOB, A., C. E. SNOW, and E. DE NATRIS-MATHOS: Absence of behavioral deficits following neonatal undernutrition in the rat. Develop. Psychobiol. **6** (1973), S. 177—186.

67. KRAUSE, W., und M. RIEGELSBERGER: Jahreszeitliche Veränderungen der Hoden- und Hypophysenfunktion bei Männern. Fortschritte der Medizin **12** (1979), S. 578—580.

68. LEATHWOOD, P.: Influence of early undernutrition on behavioral development and learning in rodents. In: Early influences. Ed. by G. GOTTLIEB. New York 1978, S. 187—209.

69. LESHNER, A. J., H. I. SIEGEL, and G. COLLIER: Dietary selfselection by pregnant and lactating rats. Physiol. Behav. 8 (1972), S. 151—154.

70. LEVITSKY, D. A., and R. H. BARNES: Nutritional and environmental interaction in the behavioral development of the rat: Longterm effects. Science **176** (1972), S. 68—71.

71. LIPTON, M. A., G. R. BREESE, A. J. PRANGE et al.: Behavioral effects of hypothalamic polypeptide hormones in animals and man. In: Hormones, Behavior, and Psychopathology. Ed. by E. J. SACHER. New York 1976, S. 15—29.

72. MARZOTKO, D.: Veränderungen im Zellbild des Hypophysenvorderlappens männlicher Albinoratten nach medikamentösen Eingriffen am Endocrinium als Ausdruck der Verknüpfung endokriner Regelkreise untereinander. Nova acta Leopold., Suppl. **10** (1978).

73. MENDLEWICZ, J., E. van CAUTER, J. GOLDSTEIN et al.: Neuroendocrine aspects of abnormal behavior. In: Prog. reprod. Biol. Vol. 2. Ed. by P. O. HUBINONT. Basel 1977, S. 127—140.

74. MENDOZA, S. P., E. L. LOWE, I. A. RESKO et al.: Seasonal variations in gonadal hormones and social behavior in squirrel monkeys. Physiol. Behav. **20** (1978), S. 515—522.

75. MISTRETTA, Ch. M., and R. M. BRADLEY: Effects of early sensory experience on brain and behavioral development. In: Early influences. Ed. by G. GOTTLIEB. New York 1978, S. 215 to 247.

76. MONEY, J., and M. SCHWARTZ: Dating, romantic and non-romantic friendship, end sexuality in 17 early-treated adrenogenital females, aged 16—25. In: Congenital Adrenal Hyperplasia. Baltimore 1977, S. 419—451.

77. MOSS, R. L., and S. M. MCCANN: Induction of mating behavior in rats by luteinizing hormone-releasing hormone. Science **181** (1973), S. 177—179.

78. NISBETT, R. E., and S. B. GURWITZ: Weight, sex and the eating behavior of human newborns. J. comp. physiol. Psychol. **73** (1970), S. 245—253.

79. PAIGE, K. E.: The effects of oral contraceptives on affective fluctuations associated with menstrual cycle. Psychosom. Med. **33** (1971), S. 243—249.

80. PETERS, P. J., F. H. BRONSON, and J. M. WHITSETT: Neonatal castration and intermale aggression in mice. Physiol. Behav. 8 (1972), S. 265—268.

81. PETERSON, R. E., J. IMPERATO-MCGINLEY, T. GAUTIER et al.: Male pseudohermaphroditism due to steriod 5α-reductase deficiency. Am. J. Med. **62** (1977), S. 170—182.

82. PHOENIX, Ch. H., R. W. GOY, A. A. GERALL et al.: Organizing action of prenatally administered testosterone propionate on the tissues mediating mating behavior in the female guinea pig. Endocrinology **65** (1959), S. 369—386.

83. PRANGE, A. J., and I. C. WILSON: Behavioral effects of thyreotropin-relasing hormone in animals and man: A generic hypothesis. Psychopharmacology **11** (1975), S. 22—24.

84. REINISCH, J. M.: Effects of prenatal hormone exposure on physical and psychological devellopment in humans and animals: with a note on the state of the field. In: Hormones, Behavior, and Psychopathology. Ed. by E. J. SACHER. New York 1976, S. 69—94.

85. REINISCH, J. M.: Prenatal exposure of human fetuses to synthetic progestin and oestrogen affects personality. Nature **266** (1977), S. 561—562.

86. REINISCH, J. M., and R. GANDELMAN: Human research in behavioral endocrinology: methodological and theoretical considerations. In: Hormones and Brain Development. Ed. by G. DÖRNER and M. KAWAKAMI. Amsterdam 1978, S. 77—86.

87. REITH, M. E. A., P. SCHOTMAN, W. H. GISPEN et al.: Pituitary peptides as modulators of neural functioning. Trends in Biochemical Sciences **2** (1977), S. 56—58.

88. ROSENZWEIG, M. R., and E. L. BENNETT: Experiental influences on brain anatomy and brain chemistry in rodents. In: Early influences. Ed by G. GOTTLIEB. New York 1978, S. 289 to 327.

89. ROY, M. A.: Early rearing of infrahuman primates with reduced conspecific contacts: a selected bibliography. J. Biol. Psychol. **18** (1976), S. 36—42.

90. SACHER, E. J., R. S. HALPERN, T. F. ROSENFELD, et al.: Plasma and urinary testosterone levels in depressed men. Arch. Gen. Psychiatry **28** (1973), S. 15–18.
91. SCHALLY, A. V., A. ARIMURA, C. Y. BOWERS et al.: Hypothalamic neurohormones regulating anterior pituitary function. Rec. Progr. Hormone Res. **24** (1968), S. 497–588.
92. SCHALLY, A. V., A. ARIMURA, and A. J. KASTIN: Hypothalamic regulatory hormones. Science **179** (1973), S. 341–350.
93. SCHILDKRAUT, J. J.: The catecholamine hypothesis of affective disorders: A review of supporting evidence. Am. J. Psychiatry **122** (1965), S. 509–522.
94. SCHWEITZER, J. W., E. MELLER, and A. J. FRIEDHOFF: Neurotransmitters and psychosis. In: Perspectives in endocrine psychobiology. Ed. by F. BRAMBILLA. Budapest 1978, S. 184–228.
95. SHAINESS, N.: A re-evaluation of some aspects of femininity through a study of menstruation: a preliminary report. Comp. Psychiatry **2** (1961), S. 2)–26.
96. SIZONENKO, P. C.: Endocrinology in preadolescents and adolescents. Am. J. Dis. Child. **132** (1978), S. 704–712.
97. SMITH, S. L., and C. SANDER: Food cravings, depression, and premenstrual problems. Psychosom. Med. **31** (1969), S. 281–287.
98. STAHL, F., F. GÖTZ, I. POPPE et al.: Pre- and early postnatal testosterone levels in rat and human. In: Hormones and Brain Development. Ed. by G. DÖRNER and M. KAWAKAMI. Amsterdam 1978, S. 111–120.
99. STEINER, F.A.: Effects of releasing factors on hypothalamic neurones. Bull. Schweiz. Akad. Med. Wiss. **34** (1978), S. 275–278.
100. SUTHERLAND, E. W., and T. W. RALL: The relation of adenosine 3′,5′-phosphate to the action of catecholamines and other hormones. Pharmacol. Rev. **232** (1960), S. 265–300.
101. SWERDLOFF, R. S., and T. RUBIN: Psychological and endocrinological changes in puberty. In: Perspectives in endocrine psychobiology. Ed. by F. BRAMBILLA. Budapest 1978, S. 287–308.
102. TAKAHASHI, R., T. NAKAHARA, and Y. SAKURAI: Emotional stress and biochemical responses of manic-depressive patients. In: Psychoneuroendocrinology. Ed. by N. HATOTANI. Basel 1974, S. 58–66.
103. TATA, J. R.: Modulation of hormone receptors. Nature **269** (1977), S. 757–758.
104. The Hypothalamus. Ed. by S. REICHLIN. Research Publications: Association for Research in nervous and mental disease, Vol. 56. New York 1978.
105. TIMIRAS, P. S., and A. S. LUCKODE: Hormonal factors regulating brain development. In: Psychoneuroendocrinology. Ed. by N. HATOTANI. Karger, Basel 1974, S. 206–213.
106. TÖNJES, R., K. HECHT, G. HINZ et al.: Effects of neonatal pyridostigmine treatment on sexual maturation and adult behaviour in female rats subjected to maternal deprivation. Endokrinologie **78** (1981), S. 1–11.
107. VITO, C. C., and T. O. FOX: Embryonic rodent brain contains estrogen receptors. Science **204** (1979), S. 517–519.
108. WADE, G. N., and I. ZUCKER: Taste preferences of female rats: modification by neonatal hormones, food deprivation and prior experience. Physiol. Behav. **4** (1969), S. 935–943.
109. WADE, G. N.: Gonadal hormones and behavioral regulation of body weight: A theoretical review. Physiol. Behav. **8** (1972), S. 523–534.
110. WHITSETT, I. M., F. H. BRONSON, P. J., PETERS et al.: Neonatal organization of aggression in mice: Correlation of critical period with uptake of hormone. Horm. Behav. **3** (1972), S. 11–21.
111. WHITSETT, I. M., and J. G. VANDENBERGH: Hormonal influences on brain and behavioral development. In: Early influences. Ed. by G. GOTTLIEB. New York 1978, S. 73–104.
112. WISE, C. D., and L. STEIN: Dopamine-β-hydroxylase deficits in the brain of schizophrenic patients. Science **181** (1973), S. 444–445.
113. WILL, B. E., M. R. ROSENZWEIG, and E. L. BENNETT: Effects of differential environments on recovery from neonatal brain lesions, measured by problem-solving scores. Physiol. Behav. **16** (1976), S. 603–611.
114. ZAMENHOF, S., and E. van MARTHENS: Nutritional influences on prenatal brain development. In: Early influences. Ed. by G. GOTTLIEB. New York 1978, S. 149–186.
115. ZUCKER, I.: Hormonal determinants of sex differences in saccharin preference, food intake and body weight. Physiol. Behav. **4** (1969), S. 595–602.

Verhalten und Anthropogenese

Günter TEMBROCK

Aus der Sicht der Verhaltensbiologie stellt sich die Frage nach der biologischen Evolution des Menschen, von der wir die kulturelle und damit gesellschaftliche Evolution trennen möchten. Dieser Ansatz enthält zwei problemorientierte und eine objektorientierte Fragestellung:

1. Problemorientiert
   — Was ist Verhalten?
   — Was ist Evolution?
2. Objektorientiert
   — Was ist der Mensch?

Wir definieren **Verhalten** wie folgt (TEMBROCK et al. 1978): Organismus-Umweltbeziehungen auf der Grundlage des Informationswechsels (Abb. 1). Dabei werden die Informationsparameter zur Steuerung und Regelung der Beziehungen in Populations- und Ökosystemen verwendet. Das Verhalten wird durch quantitative sowie qualitative Um-

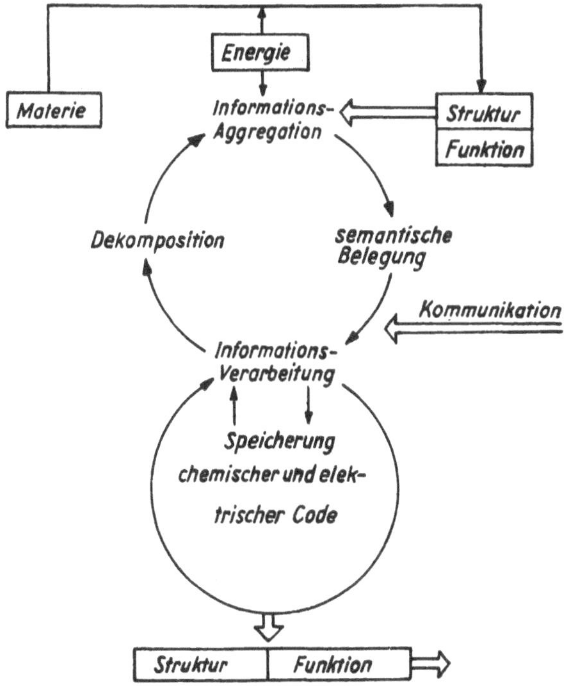

Abb. 1. Schema des Informationswechsels (n. TEMBROCK 1974).

weltansprüche in seiner Zielfunktion festgelegt und dann als motiviertes Verhalten bezeichnet. Dieses hat eine prinzipielle Verlaufsform: Orientierendes Verhalten, orientiertes Verhalten und Endhandlung. Die beiden ersten Phasen werden auch Appetenzverhalten (I und II) genannt.

Evolution wird in der Biologie seit DARWIN mit der stammesgeschichtlichen Entwicklung gleichgesetzt, wobei es sich um einen Wechsel quantitativer und qualitativer Änderungen handelt, wie sie auch in der Individualentwicklung (Ontogenese) auftreten und hier als Entwicklung und Differenzierung bezeichnet werden. Qualitative Umschläge schaffen neue Zustandsformen des Systems.

LÖTHER (1978) definiert den **Menschen** wie folgt: „Gesellschaftliches, seine materiellen Existenzmittel und die erforderlichen Produktionsinstrumente selbst produzierendes Lebewesen"; als Ergebnis der Evolution der Organismen aus dem Tierreich hervorgegangen.

Diese Kennzeichnungen liefern die Voraussetzungen für die im folgenden aufzunehmende Frage nach dem Beitrag, den gegenwärtig die Verhaltensbiologie für das Verständnis der Stellung des Menschen in der Natur anbieten kann. Dabei müssen wir daran erinnern, daß mit den Verhaltenswissenschaften nur ein Aspekt des komplexen Geschehens der Menschwerdung erfaßt wird. Wir wollen versuchen, die drei oben genannten Problemfelder unter dieser Zielstellung etwas eingehender zu betrachten.

1. Das Verhalten

Verhalten steuert und regelt Umweltbeziehungen; es ist also nicht Selbstzweck. Die Umweltbeziehungen werden durch Umweltansprüche bestimmt, die ein (verhaltensfähiges) Lebewesen stellen muß. Dabei wollen wir sechs elementare Klassen unterscheiden, die jeweils in vier Stufen auftreten können: (Tab. 1)

Wir haben für die sich aus der Matrix ergebenden möglichen Felder jeweils ein Beispiel eingesetzt, stellvertretend für viele andere. Für die Umweltzuordnung lassen sich zwei Ebenen unterscheiden: Das eigentliche Ökosystem; hier gelten alle Ansprüche, ausgenommen die Partneransprüche. Die Umweltzuordnungen betreffen den Eigenkörper und das Eigenverhalten. Die zweite Ebene stellt das Populationssystem dar; hier gelten die Partneransprüche sowie das Kollektivverhalten und die Verhaltenstradition (soweit diese entwickelt ist). Dabei handelt es sich um eine Enkapsis: Im Populationssystem sind die an das Ökosystem gestellten Ansprüche nicht aufgehoben (in Tabelle 1 ist das Ökosystem durch stärkere Umrandung herausgehoben).

Die vier Bezugssysteme Eigenkörper, Eigenverhalten, Kollektiv und Tradition sind auch unter dem Aspekt konnektiver Zusammenhänge zu betrachten. Wir sagten bereits, daß alle Verhaltensprozesse durch den Informationswechsel gekennzeichnet sind. Neben dieser informationellen Umweltbeziehung gibt es eine ebenso elementare: Die stofflich-energtische (nicht-informationelle) Umwelt (Abb. 2). Ihre Quellen liegen entweder außerhalb des Körpers oder — in seltenen Fällen — auch im Körper selbst, wie etwa bei der Caecotrophie der Kaninchen, die den eigenen Kot zur Gewährleistung des Vitaminhaushaltes aufnehmen müssen. Auch bei Termiten ist die Aufnahme von Kot (meist aber von anderen Individuen) lebensnotwendig. Allgemein gehört hierher der gesamte Stoff- und Energiewechsel, dessen Steuerung und Regelung im Verlauf der Evolution ein wachsendes Ausmaß des Informationswechsels erforderlich macht. Selbstorganisation der Organismen ist an den Stoffwechsel (und internen Informationswechsel), Selbstinstruktion ist an (externen und internen) Informationswechsel gebunden. Dabei sollten in diesem

Zusammenhang zwei Gesichtspunkte für die Verhaltensleistungen Berücksichtigung finden:

— Verhalten dient der Steuerung und Regelung des Stoff- und Energiewechsels im Kontext der Umweltbeziehungen (Fließgleichgewicht)
— Stoff- und Energiewechsel können in die Aufwand/Nutzen-Bilanz des Verhaltens mit eingehen (Ökonomie des Verhaltens).

Eine weitere primäre Verhaltensquelle ist der Formwechsel, gekennzeichnet durch Wachstum, Differenzierung und Fortpflanzung. Besonders bei getrennten, frei beweglichen Geschlechtern leiten sich vielfältige informationelle Steuerungs- und Regelungsprozesse daraus ab.

Tabelle 1

	Eigenkörper	Eigenverhalten	Kollektiv-Verhalten	Verhalt.-Trad.
Raum-Ansprüche	Schlupfloch-größe (Erdbau)	Gangsystem im Boden	Territorium	tradierte Wege-systeme (über Generationen hinweg)
Zeit-Ansprüche	n Jahre (Lebensdauer)	Nacht	soziale Zeitgeber	Essenszeiten
Stoffwechsel-Ansprüche	Proteine	Beute	Gruppenjagd	Werkzeug-Gebrauch
Schutz-Ansprüche	Abwehr von Verletzungen	Schutz vor Störungen des Verhaltens	Schutz der Gruppe	Heilung und Schutz durch Hilfsmittel
Informations-Ansprüche	Informationen zur Orientierung 1. Ord. (Körperbeherrschung)	Informationen zur Orientierung in Raum und Zeit; Taxis, Elasis, Zeitphase, Zeitdauer	Nachrichten (Kommunikation)	Sprache, Schrift
Partner-Ansprüche	Geschlechts-Partner	bestimmter Partner	Sozialpartner (Partner für Sozialverhalten	kulturelle Partner-Eigenschaften

Wir müssen noch einmal kurz auf die „nicht-informationelle" (stofflich-energetische) Umwelt zurückkommen. Sie kann systematisch auf den Organismus einwirken; Drogen, Alkohol und andere „psychotrope" Substanzen sind Beispiele dafür. Sie verändern zeitweise bestimmte Leistungseigenschaften der Sinnesorgane und des Nervensystems, wodurch die Informationsverarbeitung (inkl. -speicherung) beeinflußt werden kann, ohne daß der Organismus darüber selbst Informationen bilden kann, falls er nicht speziell daran angepaßt ist und spezifische Rezeptoren besitzt, die von diesen Wirkungen nicht betroffen werden.

Verhalten vollzieht sich im Organismus-Umwelt-Kontext über drei „Vektoren":

— Eingangsvektor: Aktive Informationsaufnahme über die Sinnesorgane bei verschiedenen Reizmodalitäten

— **Zustandsvektor**: Informationsverarbeitung unter Einschluß der Speicherung über verschiedene Zustandsmodalitäten wie Motivation, Emotion, Vigilanz, Aktivierungsniveau, motorischer Status (bewegt — unbewegt bzw. Phase)
— **Ausgangsvektor**: Informationsabgabe in Form von Bewegungsmustern, Lauten, Drüsenabsonderungen usw.

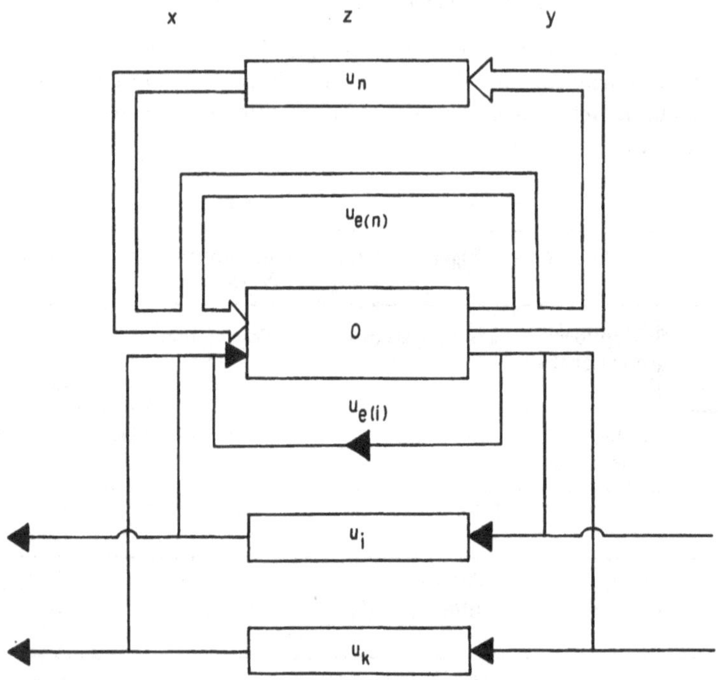

Abb. 2. Die prinzipiellen Umweltklassen eines Organismus. Oben die „nicht-informationelle Umwelt", d. h. die über den Stoffwechsel gegebene Umwelt (doppelt-konturierte Pfeile); unten die über den Informationswechsel realisierte Umwelt. $U_{e(i)}$ = Eigenumwelt (der Körper und sein Verhalten sind die Quelle der Informationen); U_i = informationelle externe Umwelt, die Informationen stammen nicht vom eigenen Körper, werden aber beim Empfänger bedeutungsbelegt; U_k = kommunikative Umwelt, die Informationen sind Nachrichten, also beim Sender mit Bedeutung belegt (deckt sich weitgehend mit der sozialen Umwelt).

Daraus leiten sich mehrere Verhaltensaspekte ab: Der pragmatische erfaßt Ursache und Wirkung des Verhaltens, der semantische betrifft Bedeutung und Gewichtung, der syntakische bezieht sich auf die Regelhaftigkeit („Struktur") des Verhaltens (Ausgangsvektor), der sigmatische betrifft die Beziehung zwischen Zeichen und Bezeichnetem und der ergomatische zwischen Zeichen und Bewirktem. Die beiden letztgenannten sind vor allem bei der Kommunikation von Bedeutung.

Wir sprechen von „Gebrauchshandlungen", wenn die Verhaltensweisen „Selbstzweck" des Organismus sind, mit ihnen also das Funktionsziel erreicht werden kann. Signalhandlungen sind gegeben, wenn durch sie ein anderer (oder mehr als ein) Organismus in den Verhaltensvollzug einbezogen wird. Die Signalhandlungen erzeugen Nachrichten und dienen der Kommunikation (Nachrichtenübertragung). Damit unterscheiden wir informationelle Signale, die der Empfänger mit Bedeutung belegt von kommunikativen Signalen, die beim Sender bedeutungsbelegt werden. Signalhandlungen werden von Gebrauchshandlungen abgeleitet, die Ethologie hat diesen Vorgang als „Ritualisation" bezeichnet.

Aus den vorgenannten Anmerkungen können für die Verhaltensanalyse und -beschreibung vier Aspekte abgeleitet werden:

- strukturell-funktioneller Aspekt (die Organe des Verhaltens und ihre Funktion; sensorisches System, Nervensystem, endokrines System, effektorisches System)
- informationeller Aspekt
- energetischer Aspekt
- Entwicklungsaspekt (Veränderungen in der Zeit).

Beim Entwicklungaspekt ist die Hologenese gemeint; damit sind sowohl die ontogenetischen wie auch die phylogenetischen Änderungen angesprochen (s. Evolution).

Motiviertes Verhalten vollzieht sich über die drei bereits erwähnten Phasen. Wir wollen ihnen entsprechende „Ereignisfelder" zuordnen. In Tabelle 2 sind einige Beispiele hierfür gegeben.

Dabei ist darauf zu verweisen, daß generell (unabhängig von Ausnahmen) die Ontogenese umgekehrt wie der aktuelle Vollzug verläuft; das gilt auch für die Phylogenese, das Terminalfeld ist natürlich das primäre Ereignisfeld des Verhaltens. Es muß gegeben sein (durch phylogenetische und/oder indivuduelle Erfahrung), ehe die anderen Ereignisfelder aufgebaut werden können. Wir legen dem Prozeß den in Abbildung 3 dargestellten „Algorithmus" zugrunde.

Dieser Ablaufplan erfordert eine Differenzierung zwischen Zielparametern (motivations-relevante Umwelt) und Randbedingungen, deren Valenz der Organismus festlegt. Die relevanten Umweltparameter sind bestimmten Motivationszuständen (z. B. „Hunger") zugeordnet. Randbedingungen können über Erfahrung (individuell, phylogenetisch) verhaltensrelevant und dann zur Realisierung der Zielfunktion (z. B. Beute-Erwerb) mit genutzt werden. Verhaltensrelevante Randbedingungen wirken auf die unspezifischen inneren Zustandsformen (z. B. Aktivierungsniveau). Abbildung 4 stellt diesen Zusammenhang in seiner allgemeinen Form dar. Der Einfluß der Randbedingungen auf das aktuelle Verhalten ist vielfach unterschätzt worden; bei vom Menschen veränderten Ökosystemen wird diese Problematik besonders aktuell. Randbedingungen können zur relevanten Umwelt werden, so etwa als „Störgröße", die den Organismus zwingt, ein aktuelles Verhalten abzubrechen. Es kommt zu einem Motivationsumschlag, die Zielparameter sind durch die vormaligen „Randbedingungen", jetzt Störfaktor, vorgegeben, das ehemalige Motivationsziel liefert nun die Randbedingungen (z. B. Nahrung). Diese können bei hoher (positiver) Valenz das Aktivierungsniveau und den emotionalen Stau so steigern, daß die Störgröße mit „hohem Einsatz" bekämpft wird.

Von besonderer Bedeutung sind für das Verhalten Umweltbeziehungen, bei denen die Umwelt selbst wieder durch Lebewesen (mit Eigenverhalten) repräsentiert wird, wobei es sich aber um Individuen mit anderem Genpool handelt, also um Artfremde. Diesen zwischenartlichen Beziehungen kommt eine hohe evolutive Valenz zu. Sie lassen sich wie folgt unterteilen (vgl. Stugren 1979):

- Topische Beziehungen (z. B. Wuchsgemeinschaften, Synökie, Parökie, Epökie, Phoresie)
- temporale Beziehungen (z. B. bestimmte Phasenbeziehungen zwischen konkurrierenden Arten)
- trophische Beziehungen (z. B. Wettbewerb, Episitismus = Räuber-Beute-Beziehung, Parasitismus, Kommensalismus, Symbiose)
- protektive Beziehungen (z. B. Mimikry)
- fabrische Beziehungen (Verwendung von Abbauprodukten oder Schalen usw. anderer Organismen zu Bautätigkeiten).

Tabelle 2

	Appetenzfeld I	Appetenzfeld II	Terminalfeld
motiviert. Verhalten	Appetenzverhalten I	Appetenzverhalten II	Endhandlung (beendendes Verh.)
Orientierung	Tertiärorient. Raumbeherrsch. Navigation Zeitbestimmung	Sekundärorient. Richtung — Phase Entfernung — Dauer	Primärorientierung Körperbeherrschung Verhaltensjustierung
Funktion	Orientierung (Suche)	Orientiertheit (Annäherung)	Zielhandlung (Kontakt)
Umwelt	Randbedingungen	relevante Umwelt + Randbedingungen	relevante Umwelt
Zustandsverhalten	freies Zustandsverhalten	integriertes Zustandsverhalten	erzwungenes Zustandsverhalten
Exploration	freies Erkundungsverh. (handelndes E. V.)	integriertes Erkundungsverh.	erzwungenes Erkundungsverh. (reaktives E. V.)
Lernen	S-R-O-Lernen Einsicht-Lernen	S-R-Lernen kreisrelationales Lernen Hypothesen-Lernen	S-S-Lernen Lineares Lernen Konnektionistisches Lernen
Kommunikation	Bedeutungsübertragung	Zustandsübertragung	Funktionsübertragung
Kommunikat. Felder	Distanzfeld	Nahfeld	Kontaktfeld
Spiel	Suchspiele	Bewegungsspiele	Kontaktspiele
Ontogenese	optimale Periode sensorisches oblig. Lernen	empfängliche Periode obligatorisches Lernen motor. Reizbindungen	kritische Periode Kontaktbindung Attachement (Prägung s. str.)
Raumgliederung	Habitat (Streifgebiet)	Territorium	Funktionsort (z. B. Nest)
System-Modellierung	Stützinformation	unscharfe Signale	scharfe oder determinierte Signale
Funktionale	Optimierung I	Optimierung II	Bewertung
Wahrscheinlichkeitsfelder	hohe Ungewißheit	begrenzte Ungewißheit	geringe Ungewißheit
System-Verhalten	$f(x_e, y_e, z_f)$	$f(x_e, y_e, x_r, y_r, z_i)$	$f(x_r, y_r, z_e)$
Signale	$f(0)$, $f(t)$, $f(x, t)$, $f(x)$, $f(x, y)$	$f(x, y, t)$ $f(x, y, z)$	$f(x, y, z, t)$

Wir wollen zusammenfassen: Verhalten ist ein komplexes Geschehen, das die Organismus-Umwelt-Beziehungen steuert und regelt, es kann vielleicht durch folgende Kriterien gekennzeichnet werden:

1. Verhalten setzt einen Informationswechsel mit der Umwelt voraus, der mit der Fähigkeit zur „Selbstinstruktion" umschrieben werden kann. Informationsaufnahme, Informationsverarbeitung und Informationsabgabe sind die drei vektoriell verwirklichten Eigenschaften.

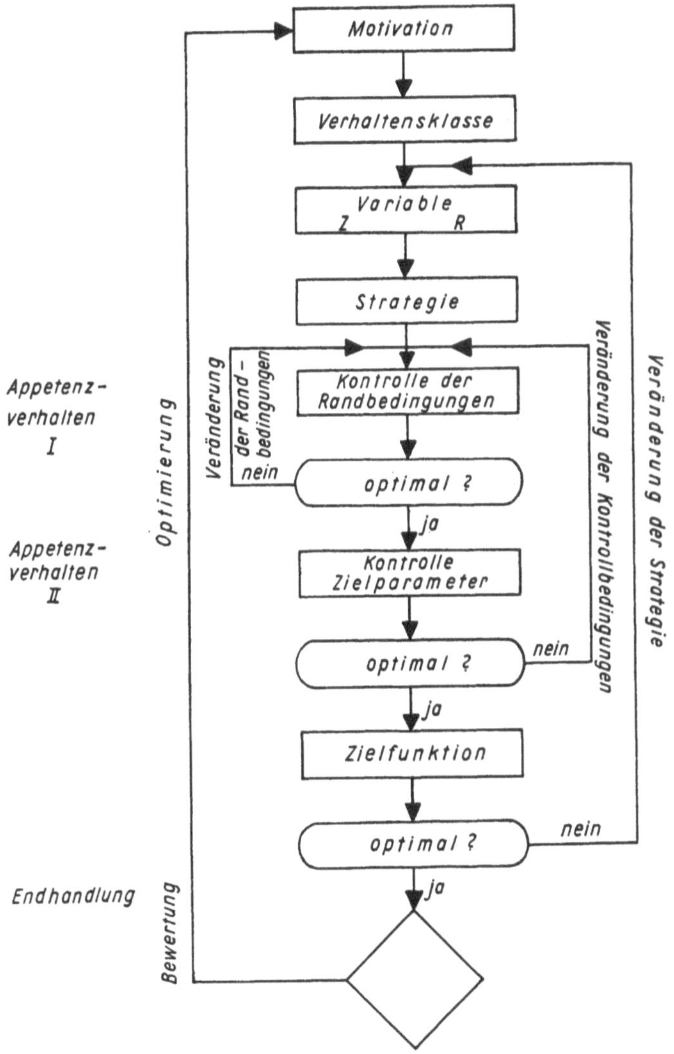

Abb. 3. Flußdiagramm für den Ablauf eines motivierten Verhaltens. Die äußere Schleife zur Motivation ist eine (negative) Rückkopplungsschleife.

2. Verhalten wird über Efferenzen (Output) umweltwirksam. Geschieht dies ausschließlich über Eigenverhalten, liegen Gebrauchshandlungen vor; muß Fremdverhalten einbezogen werden, wird dieses über Signalhandlungen aktiviert (gesteuert und geregelt).

3. Verhaltensabfolgen mit Zielfunktion (motiviertes Verhalten) haben eine Suchphase, eine orientierte Phase und eine Phase der Endhandlung. Die Ereignisfelder können daher auch Appetenzfeld I, Appetenzfeld II und Terminalfeld genannt werden.
4. Verhalten ist räumlich und zeitlich organisiert; dieser Ordnung bzw. Struktur liegen Verhaltensalgorithmen zugurnde (ethologischer Aspekt).
5. Umweltbezogene Verhaltensprozesse weisen Zeitparameter auf, die zu geophysikalischen Zeitverläufen in einer Phasenbeziehung stehen können (chronobiologischer Aspekt).
6. Verhalten ist bestimmten räumlichen Bedingungen der Umgebung zugeordnet (topologischer Aspekt).
7. Verhalten unterliegt Adaptationen, die oberhalb der physiologischen Ebene als „Lernen" bezeichnet werden.

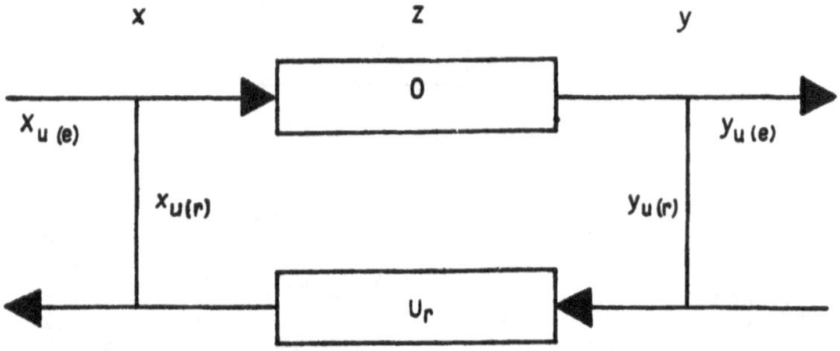

Abb. 4. Allgemeines Strukturbild der Organismus-Umwelt-Beziehungen; dabei wird die relevante Umwelt (U_r) durch das jeweilige Zustandsverhalten (Motivation) des Organismus bestimmt; $x_{u(e)}$ steht für Randbedingungen.

8. Verhalten hat systeminhärente Zielfunktionen (Motive).
9. Verhalten enthält — bezogen auf die Umwelt — Bewertungsfunktionen, die mit der Endhandlung gekoppelt sind.
10. Dem Verhalten liegt eine doppelte Quantifizierung zugrunde, die Stärke der Reizeinwirkung und die Stärke innerer Bereitschaften.
11. An der linearen Bereitschaft sind spezifische und unspezifische Mechanismen beteiligt, wie Motivationen, Emotionen, Aktivierungsniveau, primäre Raum- und Zeitorientierung (Körperbeherrschung).
12. Verhalten unterliegt einer Efferenzkontrolle, die es erlaubt, eigene Bewegungen von erzwungenen zu unterscheiden sowie Eigenbewegungen äußerer Ereignisse (bzw. Objekte) zu bestimmen.
13. Umweltbezogenes Verhalten erfordert eine Sekundärorientierung mit den Parametern der Identifikation sowie der Raum- und Zeitbestimmung.

2. Evolution

Die hier im Umriß dargestellten Verhaltenseigenschaften sind sowohl Ergebnis der Evolution als auch Evolutionsfaktoren.

Dem Evolutionsprozeß liegt eine (System-eigene) Strategie zugrunde: Die Schaffung verschiedener Zustände und die schrittweise Optimierung durch entsprechende Auswahl (vgl. Cizek, Hodanova 1971, Timofeef-Ressovsky, Voronkov, Jablokow 1975, Böhme, Hagemann, Löther 1976, Heberer 1967—74). Dabei sind diese Zustände wohl nur ausnahmsweise im Sinne einfacher „Mendel-Faktoren" aufzufassen, sondern Systemeigenschaften unterschiedlicher Komplexität, wodurch auch der „Zufallsbereich" durch systemspezifische Wahrscheinlichkeitsverteilungen mitbestimmt wird. Solche Überlegungen, die hier nicht weiter verfolgt werden können, haben gerade bei der Betrachtung der komplexen Erscheinungen des Verhaltens eine besondere Bedeutung, wie auch die noch immer in ihren Prinzipien schwer durchschaubare Verhaltensgenetik (vgl. v. SCHILCHER 1978) erkennen läßt. Komplexe Gefüge schaffen auch ein „Bewertungs-

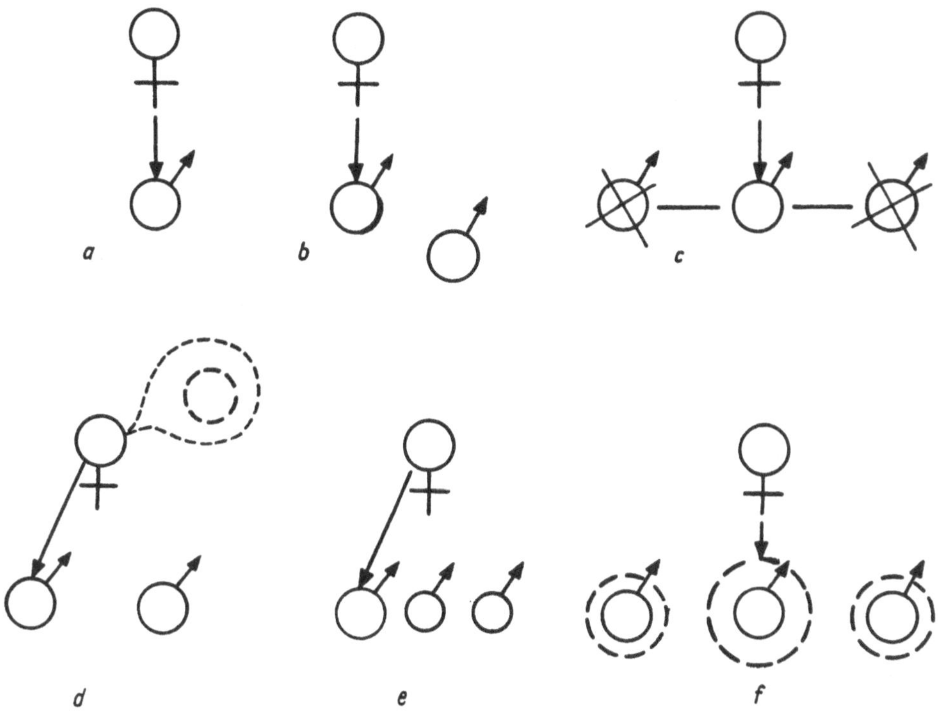

Abb. 5. Beispiele für selektive Partnerwahl durch Weibchen: (a) keine Wahl, (b) Wahl des am leichtesten Erreichbaren, (c) Wahl des Siegers unter Konkurrenten, (d) Wahl nach einem absoluten Standard (Suchbild), (e) Wahl eines extremen Phänotyps, (f) Wahl nach Territorien oder Position in einer Balz-Arena.

netz": Selbst wenn ein bestimmter Verhaltensparameter, für sich gesehen, in einer Veränderung positiv bewertet werden könnte, kann eine andere daraus resultierende Folge im Strukturgefüge insgesamt eine negative Bilanz ergeben. Dabei realisiert sich die Evolutionsstrategie sowohl auf der Individualebene als auch auf der Populationsebene. Hierzu hat es gerade im Verhaltensbereich in jüngster Zeit lebhafte Diskussionen gegeben, deren Ansatzpunkt besonders herausfordernd durch DAWKINS (1978) in seinem Buch „Das egoistische Gen" herausgearbeitet wurde.

Dabei kommt der Selektion eine Schlüsselstellung in diesen Erörterungen zu. Es gibt zahlreiche Typen der Selektion, sowohl auf der Individualebene als auch in Populationen. Abbildung 5 bringt ein Beispiel für individuelle Selektionstypen.

In Populationen wird generell zwischen der k-Selektion und der r-Selektion unterschieden. Die erstgenannte Selektion fördert die Überlegenheit in einer stabilen Umgebung, in der ein schnelles Populationswachstum unwichtig ist. Sie ist eine qualitative Selektion auf wenige hochwertige

Nachkommen, besonders bei hoher Konkurrenz. Die r-Seketion begünstigt eine schnelle Zuwachsrate in der Population, es ist eine quantitative Selektion, besonders in instabilen Ökotypen oder bei Populationen mit häufigem Wechsel der Ökotypen. Als weiterer Typ wird neuerdings auch die Kin-Selektion (Sippen-Selektion) diskutiert: es handelt sich um Verwandtschafts-Selektion zu Selektion von Genen, die einen gerichteten Einfluß auf die „Fitness" nehmen. Dabei versteht man unter (genetischer) Fitness den Beitrag eines Genotyps zur nächsten Generation in Relation zu den Beiträgen anderer Genotypen. Diese Selektion kann zum Überwiegen der Genotypen mit der höchsten Fitness führen. Dabei wird die Summe der eigenen Fitness eines Individuums und seiner Einflüsse auf die Fitness verwandter Individuen als „inklusive Fitness" bezeichnet. Diese Fitness wird über die Anzahl überlebender (wieder fortpflanzungsfähiger) Nachkommen gemessen. Bei der Kin-Selektion handelt es sich demnach um eine Maximierung der inklusiven Fitness. Es gibt von der molekularen bis zur Verhaltens-Ebene viele nachweisliche Mechanismen des Erkennens des Verwandtschaftsgrades (z. B. Immunität) (vgl. WICKLER 1976). Das „Gen-Konzept" geht nun von der Annahme aus, daß die Verwandtschafts-Selektion Gene gemeinsamer Abstammung selektioniert, da die Wahrscheinlichkeit des Auftretens von Gen-Kopien mit dem Verwandtschaftsgrad positiv gekoppelt ist. Diese Auffassung (die freilich von einer fragwürdigen Gen-Auffassung ausgeht) führt zu gewichtigen Folgerungen für das Verhalten, speziell für den „Altruismus", der dieser Selektion dient, und besonders in Familienverbänden und daraus ableitbaren Sozialverbänden (Insekten) vorkommt. Dabei kann die Gruppenstabilität und Exklusivität die Sippen-Selektion fördern, speziell unter Berücksichtigung der schwierigen Identifizierung des Vaters, wenn längere Tragzeiten gegeben sind. Wir werden beim Thema „Mensch" auf dieses Problemfeld zurückkommen. Manche Forscher rechnen die Sippen-Selektion zur Gruppen-Selektion, die konzeptionell bereits auf DARWIN zurückgeht, bei WYNNE-EDWARDS (1962) aber eine spezielle Formulierung erfahren hat als selektive Diskrimination zwischen sozialen Gruppen. Das kann nun wieder als Spezialfall der sog. „Interdem-Selektion" aufgefaßt werden, die nach WRIGHT (1956) eine selektive Diskrimination zwischen lokalen Populationen von Demen darstellt. Ein Dem wird als lokale Population mit vollständiger Zufallsverteilung von Paarungen aufgefaßt.

WILSON (1975) begrenzt die Sippen-Selektion auf Geschwister und andere Verwandtschaftskombinationen, schließt aber die direkten Nachkommen aus. Bei der Dem-Selektion geht man vom Dem als Reproduktionseinheit aus; die Frage der Verwandtschaft ist dabei offen gelassen. Besser angepaßte Deme können sich ausbreiten und andere verdrängen oder ersetzen (GRANT 1963, LEWONTIN 1965, DARLINGTON 1972). WILSONS (1975) Argumente gegen diesen Selektionstyp und zugunsten der Sippen-Selektion basieren auf ökonomischen Überlegungen (Aufwand/Nutzen-Bilanz), die der individuellen Selektion den Vorrang geben. Man kann hier eine Hierarchie von Selektions-Mechanismen, bei den Arten unterschiedlich ausgeprägt, erwägen, die mit der Individual-Selektion beginnt und als höhere Einheit die Interdem-Selektion und interspezifische Selektion als Typen superindividueller Selektion erfaßt. Viele Fragen sind hier offen. Es ist nützlich, die verschiedenen Vorstellungen zu kennen, die ja teilweise besonders auch Verhaltensmechanismen einbeziehen, wie im Falle der Sippen-Selektion, manche Widersprüche mögen sich auflösen, wenn man die Vielfalt betrachtet, die verschiedene Selektionsmechanismen als Ergebnis der Selektion optimieren kann, je nach der Tierart und ihren besonderen Umweltbedingungen. In jedem Fall sind derartige Überlegungen geeignet, die Evolution der biosozialen Erscheinungen unter neuartigen Gesichtspunkten zu betrachten. Damit gewinnt diese Thematik gerade für die Biogenese des Menschen eine besondere Bedeutung.

Wir möchten aber daran erinnern, daß der Selektionsbegriff noch unter dem Aspekt der Art des Auslesemechanismus betrachtet werden kann. Danach werden drei Typen unterschieden: Die gerichtete Selektion, die entgegen dem einen „Ende" der Variationsbreite wirkt und damit zu einer Verschiebung der ganzen Population zum anderen Ende hin führt. Des weiteren spricht man von einer disruptiven Selektion, die gegen den mittleren Bereich einer Variationsbreite selektioniert, wodurch die Population in zwei Teile aufgetrennt wird. Schließlich gibt es noch eine stabilisierende Selektion, die gegen die Extremwerte der Variation überhaupt wirkt und damit eine Stabilisierung um den Mittelwert fördert. Oft wird diese stabilisierende den beiden anderen Typen gegenübergestellt, die dann als verändernde Selektion zusammengefaßt werden (SCHMALHAUSEN 1964).

Allen diesen Betrachtungen liegt der genetische Aspekt als zentrales Problemfeld zugrunde. Trotz vielfältiger Bemühungen in den letzten Jahren, die sich auch in verschiedenen monographischen Darstellungen niederschlugen, steht der entscheidende Durchbruch der Verhaltensgenetik noch aus (vgl. McLearn, DeFries 1971, Ehrman, Parsons 1976). Es gibt für alle drei Verhaltensvektoren (Eingangsverhalten = Sensorik, Zustandsverhalten und Ausgangsverhalten = Motorik) vielfältige Befunde, auch solche, die komplexe Zusammenhänge der drei Vektoren erfassen, die zusammen ja erst „das Ganze" ausmachen.

So hat Adler (1969) Chemotaxis-Mutanten bei *Escherichia coli* untersucht und hierfür drei Gene nachweisen können. Auch bei Fadenwürmern (Nematodes) liegen zur chemischen Orientierung verschiedene genetische Analysen vor, und bei Fliegen lassen sich Linien züchten, für die artspezifische Locksubstanzen („muscalure", Rogoff et al. 1973) eine unterschiedliche Wirkung (Attraktion) ausüben. Fische konnten auf Linien mit unterschiedlicher Empfindlichkeit gegenüber Alarmsubstanzen („Schreckstoffen") selektioniert werden (Gandolfi 1971). Bei Ratten lassen sich genetische Unterschiede in der (spezifischen) Reizsensibilität nachweisen (Satinder 1976). Für den Zustandsvektor liegen verschiedene genetische Studien vor, die Verhaltensdisposition, Lernfähigkeit, emotionale Reaktionstypen sowie auch allgemeine Verhaltenstypen („Nerventypen") betreffen. So hat McGill (1978) sich speziell mit den genetischen Grundlagen des Hormoneinflusses auf das Sexualverhalten beschäftigt. Ratten konnten auf Emotionalität selektioniert werden, wobei die Defäkationsrate bei Einsetzen in ein open field (umrandeter, meist leerer Versuchsraum) als Maßeinheit zugrunde gelegt wurde. Nimmt man die Relation zwischen genotypischer und phänotypischer Varianz als Kriterium, ergibt sich hier eine Erblichkeit von 0,5 bis 1,0 für diese Verhaltensdisposition. Hier, wie in vielen anderen Fällen, muß von einer polygenen (multifaktoriellen) Grundlage ausgegangen werden. Das ist besonders bei Eigenschaften zu erwarten, die ihre spezifische Wirkung über quantitative Abstufungen ausüben. Darüber hinaus kann ein Gen auch verschiedene Merkmale beeinflussen (Pleiotropie).

Für den Ausgangsvektor, der ja die sichtbare Motorik erfaßt, liegen vielfältige genetische Untersuchungen vor. Aber auch hier kann nur in Ausnahmefällen ein einfacher „mendelnder" Erbgang nachgewiesen werden. So hat bei Grillen der Rhythmus der Lautfolge eine polygene Grundlage, Einzelfaktoren zeigen geschlechtsgebundene Vererbung, insgesamt ist die genetische Grundlage der Lautgebung hier multichromosomal und polygen (Ehrman, Parsons 1976). Wie komplex die Phänomene sein können, zeigen Befunde von Franck (1974), nach denen bei Bastarden je nach Motivationsstärke die Verhaltensmuster stärker dem einen oder dem anderen Elterntyp (bei demselben Individuum!) ähneln.

Dies ist der Ansatzpunkt für die klassische Homologie-Forschung, die versucht, unter Anwendung verschiedener Homologie-Kriterien (vgl. Beitrag Schmidt) Rückschlüsse auf die Stammesgeschichte zu ziehen. Meissner (1976, 1978) hat hierzu zusammenfassende Darstellungen gegeben. Wir möchten in Hinblick auf die Vielschichtigkeit der Problematik drei Stufen der Homologien unterscheiden:

Homologie 1. Ordnung: „Klassische Homologie", Vergleich von Strukturen und ihrer Funktionen.

Homologie 2. Ordnung: Vergleich von Bewegungsmustern bzw. Ausgangsverhalten, durch homologe Organe oder Organsysteme erzeugt.

Homologie 3. Ordnung: Vergleich von individuell erworbenen Bewegungsmustern bzw. Ausgangsverhalten unabhängig von der Struktur der Effektoren.

Im Beispiel: Bei der Lautgebung der Wirbeltiere erfaßt die Homologie 1. Ordnung die lauterzeugenden Organe (Larynx, Syrinx usw.) unter Anwendung der Homologie-Kriterien. Homologie 2. Ordnung betrifft Vergleiche zwischen Lautmustern von Singvögeln (etwa die Gesänge verschiedener Grasmücken), die alle mit homologen Organen erzeugt werden. Die Homologie 3. Ordnung könnte sich auf Vergleiche zwischen den gesprochenen Worten eines Menschen und eines Papageis beziehen; hier sind die erzeugenden Organe nicht homolog. Aber auch Sprachstammbäume beim Menschen erfassen diesen Typ der Homologie, die wir ja als unabhängig von der Struktur der erzeugenden Organe beschreiben. WICKLER (1965) nennt sie „Traditions-Homologie“ und kennzeichnet damit ihr eigentliches Wesen. Die Quelle der Übereinstimmung und gemeinsamer Herkunft liegt nicht im genetischen Bereich, sondern im „Informationspool“ der Population, der über individuelle Erfahrungen aufgebaut wurde. Für seine Entstehung lassen sich analoge Zusammenhänge erfassen, wie bei der Dynamik eines Genpools (Abb. 6) (vgl. TEMBROCK 1978). Damit ist die Homologieforschung an sich auch dann anwendbar, wenn über etwaige genetische Grundlagen keine Kenntnisse vorliegen. Dennoch sollte im weiteren Verlauf durch Überprüfung der hier angegebenen Ebenen erkennbar werden, welche Voraussetzungen gegeben sind. Die hohe Komplexität einer so verstandenen Homologieforschung wird es notwendig machen, die dabei verwendeten Kriterien entsprechend dem Erkenntnisfortschritt zu überprüfen. Sie haben dazu zu dienen, den abhängigen Erwerb der ähnlichen oder übereinstimmenden Eigenschaften nachzuweisen, wobei die Ähnlichkeit durch die informationellen Parameter (beim Verhalten) erfaßt wird, während die Art der Abhängigkeit (Erbspeicher, Individualspeicher) durch entsprechende weitere Analysen zu bestimmen ist.

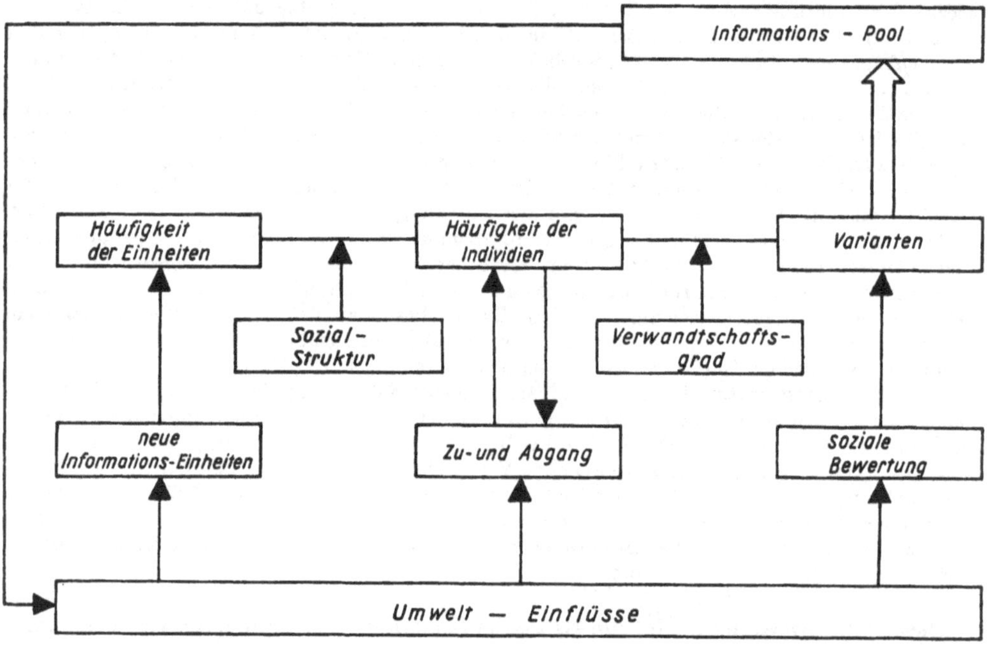

Abb. 6. Strukturbild zur Darstellung der Bedingungen für den Aufbau eines (tradierten) Informationspools über individuelle Erfahrungen. Das Schema steht in Analogie zur Dynamik des Genpools einer Population (nach TEMBROCK 1978b, verändert).

Für eine künftige phylogenetisch orientierte Verhaltensforschung sollte die Homologie-Forschung nicht auf den Ausgangsvektor beschränkt bleiben. Homologien 1. Ordnung beziehen sich ja auch auf Rezeptoren und zentralnervöse Strukturen oder Hormonsysteme. Damit werden der Eingangsvektor sowie der Zustandsvektor erfaßt. Es wäre denkbar, daß Analysen von Entladungsmustern an den Rezeptoren oder aber auch im ZNS bei Anwendung entsprechender Homologie-Kriterien unter vergleichenden Aspekten geprüft werden. Das könnte selbst bis zu der Frage vordringen (Homologie 3. Ordnung), ob auf diesem Wege bestimmte Prinzipien der Informationsspeicherung (d. h. die dabei verwendeten Algorithmen) tradiert sein können. So kann auch die Frage nach der Homologie spezifischer Prägungsmechanismen gestellt werden. Wir wollen damit — wie in der ganzen Konzeption dieser Darstellung — nochmals darauf verweisen, daß wir „Verhalten“ immer als den Gesamtvorgang der informationsgesteuerten Organismus-Umwelt-Beziehungen auffassen und daher nicht auf den Ausgangsvektor beschränkt wissen möchten. Diese (einseitige) Betrachtungsweise, die allein von der Motorik als Verhalten ausgeht, hat ihre Wurzel in der dominierenden Wahrnehmungsform beim Menschen. Gleichwohl steht außer Zweifel, daß dem sichtbaren Verhalten eine hohe Valenz für die Gesamtanalyse zukommt, weil hier in besonderem Maße Anpassungsphänomene wirksam werden.

Wir sehen in der Struktur des motivierten Verhaltens (vgl. Abb. 3) einen prinzipiellen Ansatz zur Erschließung evolutiver Prozesse sowie phylogenetischer Zusammenhänge. Die dort dargestellten Ereignisfelder können (in gewissen Grenzen) phylogenetisch interpretiert werden. Es beginnt mit dem Terminalfeld des Vollzugs der Endhandlung. Die Ontogenese des Verhaltens reflektiert in vielen Fällen diesen Verlauf. Erst wird Nahrung aufgenommen, wenn sie verfügbar ist, dann wird bei einem Raubtier auch der Tötungsbiß „versucht“. Wesentlich später setzt ein Verhalten ein, das darauf gerichtet ist, Kontakt mit einer möglichen Beute herzustellen. Man könnte sehr vereinfacht den Sachverhalt so formulieren: Erst müssen das Handlungsziel und seine Wertigkeit bestimmt sein, ehe — bei Wahrnehmung des Ziels — darauf bezogen gehandelt wird. Und es ist noch ein weiterer Schritt, dieses bei Abwesenheit zu suchen. Das Ergebnis (die Bewertung) entscheidet über die dabei eingesetzten Strategien des Verhaltens.

Besonders eindrucksvoll kann dieser Zusammenang für die Kommunikation ausgewiesen werden. Es beginnt im Kontaktfeld, das noch keinen eigenen Übertragungsweg erfordert (es schließt unmittelbar an die internen im Körper verlaufenden Vorgänge der Informationsübertragung an). Dann wird das Nahfeld aufgebaut, wenn der Partner entsprechend bewertet worden ist. Dieses ist dadurch gekennzeichnet, daß ein ständiger Informationsaustausch besteht, der nicht-kommunikativ sein kann, man sieht, hört oder riecht sich wechselseitig. Unter einer solchen Voraussetzung ist eine sofortige Nachrichtenübertragung möglich, die Gewähr eines Empfanges ist gegeben. Der Sender ist auf den Empfänger durch den ständigen Informationsprozeß bereits orientiert. Anders im Distanzfeld. Hier besteht kein informationeller Zusammenhang; Rufsignale sind erforderlich, um den (oder einen) Partner zu suchen. Die orientierende Phase kann bei Erfolg in die orientierte überführt werden (Nahfeld-Situation). Diese Felder sind funktionell, nicht räumlich definiert, obwohl sie sich natürlich auch raum-zeitlich in artspezifischer Weise manifestieren, dann aber in Abhängigkeit von der Art der eingesetzten Signale. Wir haben schon früher (vgl. TEMBROCK 1971) darauf hingewiesen, daß beim Distanzfeld die unterschiedliche Ausbreitungsgeschwindigkeit der akustischen und der visuellen Signale zu berücksichtigen ist, die Alternativlösungen erforderlich macht. Das drückt sich (neben anderem) bei akustischen Signalen auch in dem zeitlichen Signalabstand aus, der mit zunehmender räumlicher Distanz vergrößert wird („Antwortzeit“).

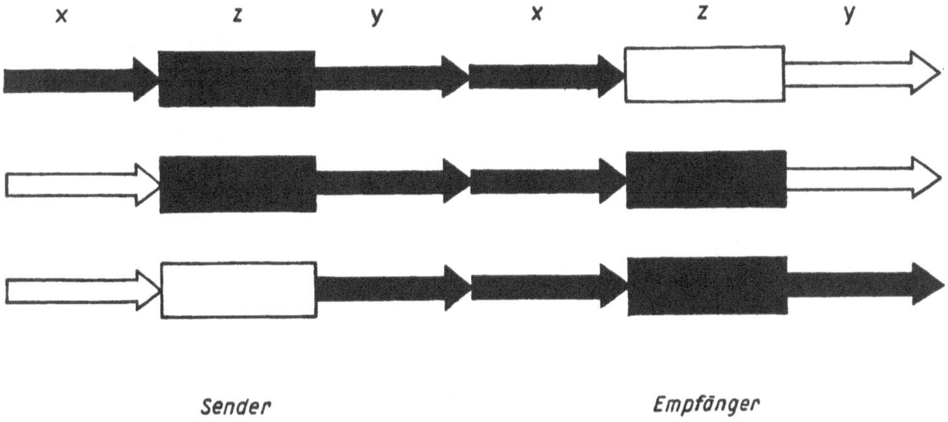

Abb. 7. Die drei Evolutionsstufen der Kommunikation. Schwarz sind die informationellen Koinzidenzen (Koinformation) dargestellt (unidirektionale Kommunikation). Von unten nach oben: Funktionsübertragung, Zustandsübertragung, Bedeutungsübertragung.

In diesem Zusammenhang muß die Evolution der Kommunikation gesehen werden. Im Terminalfeld entstand die „Funktionsübertragung"; es ist das allelomimetische Verhalten, die Bewegung eines Partners wird übernommen. Nur der Ausgangsvektor des Senders wird beim Empfänger verhaltenswirksam. Aufflug bei Gefahr: Der Empfänger fliegt mit, er ist weder über Ursache noch über die Motivation beim Partner informiert. Zweite Stufe: Der Sender übermittelt ein Signal, das seinen Zustand zeigt (etwa Intentionsbewegungen zum Aufflug als Anzeige einer Fluchtmotivation). Der „erste Freiheitsgrad" ist erreicht: Der Empfänger der Nachricht wird zwar in Flugmotivation versetzt, kann aber über sein Verhalten selbst entscheiden. Dritte Stufe: Der Sender übermittelt ein Signal, das die Ursache seines Verhaltens anzeigt, etwa „Luftfeind"! Jetzt ist beim Empfänger nur noch der Eingangsvektor determiniert, er identifiziert die Ursache; ob er seine Fluchtmotivation bei seinen speziellen Umweltbedingungen aufbaut, bleibt ihm überlassen und damit erst recht, welches Verhalten er einsetzt.

Über die drei Ereignisfelder des Verhaltens, die selbst evolutiv entstanden sind, bildeten sich die verschiedenen Stufen der Umweltanforderungen heraus (möchten wir hypothetisch annehmen). Mit den Umweltansprüchen 1. Ordnung (elementare Lebensansprüche des Körpers) wird die Struktur des Terminalfeldes determiniert, der Eigenkörper mit seinen Lebensanforderungen bildet das Bezugssystem. Eigenverhalten, gekoppelt mit Ortsveränderung (vgl. Tabelle 1) baut das Appetenzfeld II auf, Zielorientiertheit ist dabei gegeben. Für das Appetenzfeld I werden Randbedingungen essentiell. Kollektives Verhalten gewinnt hier eine neue Qualität, es erhöht die Wahrscheinlichkeit in entscheidendem Maße, eine optimale Suchstrategie (bei Nutzung der Partner) für die Zielfindung zu entwickeln. Dabei sollten wir stets im Blick behalten, daß sich alle hier dargestellten Vorgänge im Sinne einer Enkapsis verwirklichen: Jedes „höhere" Ereignisfeld schließt (in veränderter Qualität) auch die vorangegangenen mit ein. Übergreifend sind dann die Umweltansprüche 4. Ordnung, die erst beim Menschen eine eigene Qualität (als „Kultur") erfahren und Tradition als elementare Grundlage haben. Die Kombination der beiden Darstellungsebenen der Verhaltensparameter bzw. des Verhaltensablaufes (Tabelle 1 und 2) vertieft damit die Einsicht in elementare evolutive Zusammenhänge und läßt ein wenig die Komplexität des Geschehens ahnen.

Dabei sei auch auf die Lernvorgänge verwiesen (vgl. Lundberg 1979), deren drei elementare Typen in Tabelle 2 ebenfalls eingesetzt sind. Wir würden bei dieser Darstellungsweise die speziellen Lernformen der vierten Stufe (Tab. 2) über das Einsicht-Lernen hinaus (das ja dem Appetenzfeld I angehört) als „kognitives Lernen" bezeichnen, in das die Sprache als essentielle Konstituente mit eingeht. Es setzt durch Einsicht gewonnene Lerninhalte voraus und verwirklicht sich über die Grundstrukturen und Funktionsprinzipien kognitiver Prozesse (Klix 1976). Hier ist aber die biologische Ebene verlassen. Krushinski (1977) hat versucht, den Evolutionsweg dorthin nachzuzeichnen. Noch säumen ihn viele Fragezeichen. Aber wir wissen, daß es ihn gibt.

Für eine sehr generalisierende Betrachtungsweise können wir den drei elementaren Verhaltensfeldern folgende Matrix des Informationsbedarfes zuordnen:

	gegeben	gesucht	
3. Stufe	Informationen	Verhalten	Appetenzfeld I
2. Stufe	Verhalten	Informationen	Appetenzfeld II
1. Stufe	Körper	Informationen	Terminalfeld

In diesem Zusammenhang sei auf die sensiblen Perioden verwiesen. Hier werden neuerdings ebenfalls drei Klassen unterschieden (vgl. Hess 1973):

— kritische Periode (der „klassischen" Prägung im Sinne von Lorenz entsprechend): gewöhnlich irreversible Erfahrungsbildung gegenüber bestimmten Umweltkonstellationen (generelles Kontaktverhalten)

– empfindliche Periode (auch sensitive Periode oder sensible Phase genannt); hohe Empfindlichkeit gegenüber bestimmten Reizen oder Reizkonstellationen, die den Ablauf genetisch programmierter Verhaltensmuster optimieren (z. B. Nahrungserwerb, Kopulationsverhalten)
– optimale Periode- erhöhte Bereitschaft für bestimmte Lernsituationen (beim Menschen das Erlernen der Muttersprache, bei manchen Tieren individuelles Unterscheiden der Mutter von anderen Weibchen, auch Erlernen komplexer Signale wie beim Vogelsang).

Nicht selten folgen diese Perioden in der Ontogenese aufeinander, wir können sie unschwer wieder den drei Ereignisfeldern zuordnen. Der evolutive Wert solcher obligatorischen Lernvorgänge ist nicht zu übersehen. IMMELMANN (1975) hat besonders darauf verwiesen, wobei auch das prägungsähnliche Lernen, das für „Nesthocker" typisch ist, einbezogen werden muß. Vielfältige Umgebungseigenschaften begünstigen derartige Verhaltensanpassungen, die ihrerseits auch zu einem Evolutionsfaktor werden können, so bei der Biotop-Präferenz, der Nahrungswahl, vor allem aber bei allen Vorgängen, die mit der „reproduktiven Isolation" (Entstehung von Fortpflanzungs-Barrieren innerhalb von Populationen) als Grundlage der Speziation zusammenhängen. Im übrigen sollte berücksichtigt werden, daß auch bei erwachsenen Tieren bestimmte obligatorische Lernprozesse auftreten, die an „sensible Perioden" gebunden sind. Dazu gehören die Mutter-Kind-Bindungen bei der Mutter (z. B. Schafe, Ziegen), in manchen Fällen auch die Paarbindungen, die ja auch irreversibel sein können (Dauerehe). HESS (1973) hält die Unterscheidung der Lernprozesse während sensibler Perioden von den übrigen für notwendig; wir hatten dafür „obligatorisches Lernen" vorgeschlagen (TEMBROCK 1963), da es für den Aufbau des Normalverhaltens in der natürlichen Umwelt unerläßlich ist. Alles muß jedoch im Zusammenhang mit der Gesamtevolution des Verhaltens gesehen werden, wobei die drei Ereignisfelder (Tab. 2) ein generelles Konzept anbieten.

Suggestiv ist der Gedanke, diese Entwicklung bei den Wirbeltieren in bezug zur Evolution der Hirnbildungen zu setzen. Dabei gelangen die vergleichenden Morphologen im allgemeinen zu vier Stufen: Die älteste „Schicht" bildete sich vor vielleicht 1,5 Milliarden Jahren heraus und lieferte bei der Entstehung der Wirbeltiere (im Süßwasser) eine Struktur, die heute als „Hirnstamm" (Stammhirn) bezeichnet wird, dies freilich aus der Sicht der hinzugekommenen Schichten. Seine elementare Funktion lag (und liegt) in der Koordination der vegetativen Funktionen mit den Sinnespforten. Vor knapp 1 Milliarde Jahren lagerte sich darüber der Bereich des Zwischenhirns, dessen zentrale Aufgaben in der Steuerung angeborener Verhaltensprogramme sowie in einer elementaren dazu erforderlichen Informationsverarbeitung bestehen. Es wurde später überlagert (vor vielleicht 500 Millionen Jahren) von komplexeren Strukturen des Vorderhirns (Palaeo- und Archipallium sowie einer ersten Anlage des„ Neuhirns", Neopallium). Erst innerhalb der Säugetiere entwickelt sich im Känozoikum (der Erdneuzeit) des Neuhirn als Träger höherer Funktionen weiter, jetzt mit echter Rindenbildung, dem Neocortex der seine gewaltige Entfaltung in der Anthropogenese erfuhr (vgl. Beitrag WOLF).

Das Bild einer Schichtung hat hier etwas Fragwürdiges: Natürlich ist es in Wirklichkeit eine „Entfaltung", wobei die hier sehr grob angedeuteten Differenzierungsschritte aber den Charakter von Qualitätsumschlägen in der Leistungsfähigkeit des Zentralnervensytems andeuten. Mit jeder höheren Stufe ändern sich auch die Eigenschaften der „tieferen Schichten"; sie sind in ein neues Integrationsniveau überführt. So ist klar daß auch die ältesten Strukturen nicht nur die Endhandlung realisieren, aber sie sind in ihren Eigenschaften vom Terminalfeld her determiniert, wir können auf dieser Organisationsstufe keine besonderen „Strategien“ der Zielsuche erwarten. Mit der hier angedeuteten zweiten Organisationsstufe organisiert sich das Verhalten unter anderem mit den in Tabelle 2 genannten Parametern im Appetenzfeld II. Die dritte Stufe wird in ihrer speziellen Qualität durch das Appetenzfeld I determiniert, während der Neocortex jene Gesamtintegration fördert, die tradiertes und schließlich kulturelles Verhalten ermöglicht, der Eigenweg des Menschen ist vorbereitet und vollzieht sich aus dieser Sicht mit der Umstrukturierung der Neuhirnrinde.

3. Der Mensch (Anthropogenese)

Verhalten und Evolution waren unsere Ansatzpunkte für eine verhaltensbiologische Betrachtung der Menschwerdung (Anthropogenese). Die bisher problem-orientierten Aussagen mit ihrem stark verallgemeinernden und natürlich auch hypothetischen Charakter müssen nun konkret werden. Wir haben aus biologischer Sicht eine Gattung auf ihre Verhaltensphylogenese zu untersuchen. Die taxonomische Zuordnung zu den Primaten ist unzweifelhaft. Die spezielle Situation des Verhaltensphylogenetikers bei einer solchen Fragestellung liegt im Folgenden: Es gibt nur spärliche erdgeschichtliche Belege für das Verhalten. Am weitesten trägt hier noch der strukturelle Aspekt, wir finden fossil oder subfossil Körperteile und Skelettreste, die gewisse Aussagen über den allgemeinen Funktionstyp zulassen. Wind (1975) hat unter diesem Aspekt die Frage nach den Methoden zur Erforschung des Sprachursprunges gestellt (vgl. Beitrag Oehler). Fossilbelege über den Bau der Nase und der Nebenhöhlen, der Kiefer und des Gaumens, der Schädelbasis sowie Hirnausgüsse können in begrenztem Umfang Hinweise liefern. Dabei wird im übrigen nur die Phylogenese des Sprechens, nicht aber die Entstehung der Sprache selbst berührt, obwohl selbstverständlich beide Phänomene in einem Zusammenhang stehen. Bei Hirnausgüssen und ihrer Beurteilung ist zu beachten, daß die älteren Vorstellungen über ein motorisches Sprachzentrum (Broca) revidiert werden müssen. Eher könnten Hinweise auf eine Seitenasymmetrie der Hörregion der menschlichen Schläfenlappen als Indizien für Sprachfähigkeit herangezogen werden. Andererseits gibt es Ansätze, aus der Entwicklung der Werkzeugtechnik, die ja Verhaltensprodukte liefert, Rückschlüsse zu ziehen. Das aber liegt schon auf dem Eigenweg des Menschen, und es gibt heute keine tragfähigen Versuche, die Werkzeugtechnik des Menschen von anderen Primaten abzuleiten, wohl aber bestimmte mentale Voraussetzungen (vgl. Beitrag Behrens).

Ein anderer Ansatz wäre in der Anwendung der biogenetischen Grundregel gegeben. Diese von Haeckel 1866 neu formulierte Regel betrachtet die Ontogenesen der Individuen als kurze Rekapitulation der jeweiligen Phylogenese. Bei allen Einschränkungen die hier zu berücksichtigen sind, ist der heuristische Wert dieses Ansatzes in Bezug auf die Verhaltensphylogenese des Menschen noch nicht voll ausgeschöpft, wobei für die Verhaltensontogenese ein breiter ethnischer Vergleich erforderlich ist, um die kulturell-tradierten Einflüsse soweit als möglich eliminieren zu können (vgl. Beitrag Johst). Wir sind sicher, daß auf diesem Wege bestimmte Universalien erfaßt werden können. Wichtig ist dabei, wie wir hier immer wieder hervorheben möchten, „Verhalten“ nicht mit Motorik gleichzusetzen.

Ein dritter Ansatz liegt in der vergleichenden Verhaltensforschung, die von den heute lebenden Formen unter Berücksichtigung der auf verschiedenen Wegen ermittelten natürlichen Verwandtschaftsbeziehungen ausgeht. Hier findet neben anderen Verfahren die bereits erwähnte (erweiterte) Homologie-Forschung ihren Einsatz, wieder auf alle Parameter des Verhaltens bezogen. Dieser „zoologische" Ansatz kann davon ausgehen, daß der Mensch wenigstens seit 14 bis 20 Millionen Jahren einen evolutiven Eigenweg hinter sich hat; Die Gattung *Homo* mit der Art „*sapiens*" ist der einzige Vertreter der Familie der Hominidae. Diese können mit den Pongidae (Orang, Gorilla, Schimpansen) und den Hylobatidae (Gibbons) zu den Hominoidea (Anthropomorpha) zusammengefaßt werden. Diese gehören zu den Schmalnasen-Affen (Catarrhini) und damit zu den Simiae, die mit den Prosimiae (Halbaffen) als Primaten bezeichnet werden, wobei manche Forscher auch die Spitzhörnchen (Tupajidae) als Übergangsgruppe zu den Insektenfressern noch mit dazu rechnen. Hier hätte die vergleichende Verhaltensforschung anzusetzen, wenn sie — ähnlich wie es bei verschiedenen Tiergruppen bereits geschehen ist — tragfähige Rückschlüsse auf stammesgeschichtliche Zusammenhänge ziehen will.

Aus der Sicht der Verhaltensbiologie können für die Gattung *Homo* einige Parameter zusammengestellt werden (vgl. ALCOCK 1975):

— Hirngröße (speziell Neocortex)
— Rückbildung des Haarkleides
— Aufrechter Gang, Laufen über größere Distanzen
— Hoch entwickeltes Sozialverhalten
— Kooperation
— Jagd, ausgeführt von männlichen Individuen
— Werkzeuggebrauch (Werkzeug-Herstellung)
— Arbeitsteilung
— Sprache
— Kulturelle Anpassungen als tradiertes Verhalten.

Hier wurden verhaltensbiologische Parameter zusammengestellt, denn nur diese können bei der Erörterung der biologischen Herkunft des Menschen zur Diskussion stehen. Für das Verständnis, also das Durchschauen des Ursachengefüges reichen sie allein natülich nicht aus. Die Sprache ist dabei ein Grenzfall, aber sie hat in der Biokommunikation gewisse Wurzeln (vgl. Beitrag OEHLER). Zudem kann der Mensch ohne sie nicht adäquat definiert werden („den Menschen erkennt man an der Sprache").

Die folgenden Bemerkungen orientieren sich an der Frage nach den Möglichkeiten, mittels der vergleichenden Verhaltensforschung Rückschlüsse auf die verhaltensbiologischen Voraussetzungen für die Evolution der Gattung *Homo* zu ziehen. Vom eigentlichen *Homo sapiens*, dessen Entwicklung erst vor 220000 bis 250000 Jahren einsetzte und der sich weitgehend der biologischen Evolution entzogen hat, ist hier nicht zu reden.

Entscheidende Grundlage des Verhaltens bei Primaten liefert ihre Sozialbiologie. Wenn die Verhaltensorganisation eine bestimmte Entwicklungsstufe erreicht hat, erweist sich die Kooperation mit Artgenossen als Voraussetzung zur qualitativen Verbesserung motivierter (also „zielgerichteter") Verhaltensstrategien, wobei die Umweltansprüche für den Stoffwechsel sowie den Schutz in Verbindung mit einem komplexen Raum-Zeit-System des Verhaltens (Umweltansprüche 2. Ordnung, auf das Verhalten orientiert) den Vorrang haben. Von besonderer Bedeutung werden unter diesen Gesichtspunkten die Zielfunktionen für die Reproduktion und damit der gerichtete (systematische) Einfluß auf den Genpool einer Population mit den Mitteln des Verhaltens. Daraus folgert eine hohe Valenz der Partneransprüche, die ebenfalls von der Stufe 2. Ordnung ausgehen müssen, ehe die positiven sozialbiologischen Selektionsprinzipien ansetzen können.

Partneransprüche 2. Ordnung (auf das Verhalten orientiert, Tab. 1) sind selektive Partneransprüche. Dabei lassen sich folgende Grundlagen ableiten:

1. Konnektion (Stoffübertragung) als Determinante der (selektiven) Partneransprüche:
— Gametenübertragung (Sexualpartner)
— Nährstoffübertragung (Pflegepartner — Brutpflege).
2. Kommunikation als Determinante der (selektiven) Partneransprüche:
— Kommunikation im Dienst der Gametenübertragung
— Kommunikation im Dienst des Pflegeverhaltens
— Kommunikation im Dienst umweltbezogenen Verhaltens (Stoffwechselansprüche, Schutzansprüche, Raum- und Zeitansprüche)
— Kommunikation im Dienst kollektiver Informationsspeicherung zur Stabilisierung der Biosozietät als Ganzes mittels eines Informationspools unter Einschluß von Tradition.

Damit sind die Voraussetzungen für Partneransprüche 3. Ordnung geschaffen, Gruppenpartner, die ihre Valenz unabhängig von Alter und Geschlecht haben. Wir sprechen von kollektiven Partneransprüchen (vgl. Tab. 1). Für die Biosoziogenese lassen sich unter Berücksichtigung der Parameter, die in Tabelle 2 aufgeführt sind, drei Stufen unterscheiden:

1. Stufe: Raum-zeitliche Koordination der Motorik (Situation des Terminalfeldes)
2. Stufe: Nahe Zustandsübertragung, Kooperation (Situation des Appetenzfeldes II)
3. Stufe: Koinformation (mittels komplexer Kommunikation), gruppenspezifische Verhaltensstrategien (Situation des Appetenzfeldes I).

Wieder handelt es sich um eine Enkapsis, nicht um sich ablösende Prinzipien. Wird Tradition für das gruppenspezifische Verhalten bestimmend (wie das nur für den eigentlichen Menschen gilt), dann ist die vierte Stufe der Sozialansprüche erreicht (vgl. Tab. 1).

Das Biosozialverhalten setzt ein multiplexes Wirkungsgefüge voraus (Hinde 1977), wobei drei Ebenen der Komplexität unterschieden werden können:

— Interaktionen
— Beziehungen (Umfang, Qualität und Muster der Interaktionen)
— Gruppenstruktur (Umfang, Qualität und Muster der Beziehungen).

Diese Dreiteilung von Hinde fügt sich mühelos in unser dreiphasiges Prozeßmodell ein (Tab. 2) und entspricht der oben umrissenen Stufe in seinen wesentlichen Aussagen. Dabei sollte aber berücksichtigt werden, daß Biosozialstrukturen nicht allein durch die Interaktionen beschrieben werden können. Diese repräsentieren vor allem die Zustandsmatrix und ihre Dynamik, also das biosoziale Zustandsverhalten; erst unter Einschluß der Umweltbeziehungen (Eingangsvektor und Ausgangsvektor), jetzt in der Realisation durch die Gruppe als Ganzes, können wir das Phänomen der Biosozietät einigermaßen erfassen. Je stärker das Verhalten eines Individuums gegenüber der Umwelt durch die Gruppenzugehörigkeit und -struktur beeinflußt wird, desto höher ist die Organisationsstufe der Biosozietät. Nicht selten bilden sich dabei hierarchische Strukturen (Untergruppen) heraus, und dies besonders bei Primaten. Die höchste Einheit ist dabei die Population, das Gefüge von Artgenossen, die auf Grund ihrer raum-zeitlichen Koinzidenz Interaktionen vollziehen können.

Die Freilandstudien an zahlreichen Affenarten, die Menschenaffen eingeschlossen, haben in den letzten Jahren unser Wissen um das Biosozialverhalten wesentlich erweitert (vgl. GOUSTARD 1975, JOLLY 1975, KUMMER 1975, CROOK 1976, VOGEL 1976, BATESON u. KLOPFER 1978).

Nach EISENBERG et al. (1972) lassen sich folgende „Lebensformen“ bei den Primaten unterscheiden:

- Solitäre Arten, (a) Insekten- und Fruchtfresser, (b) Blattfresser
- Elternfamilien (a) Frucht- und Insektenfresser, (b) Blatt- und Fruchtfresser (z. B. Gibbons)
- Ein-Männchen-Trupps (minimale Toleranz erwachsener Männchen), (a) arboricole Blattfresser, (b) arboricole Fruchtfresser, (c) semiterrestrische Fruchtfresser (z. B. Mantelpavian)
- alters-abgestufte Männchen-Trupps (intermediäre Toleranz der Männchen), (a) arboricole Blattfresser, (b) arboricole Fruchtfresser, (c) semiterrestrische Frucht- und Allesfresser, (d) terrestrische Blatt- und Fruchtfresser (z. B. Gorilla)
- Viel-Männchen-Trupps (höchste Toleranz der Männchen), (a) arboricole Fruchtfresser, (b) semiterrestrische Frucht- und Allesfresser (z. B. Bärenpavian).

Orang und Schimpansen fügen sich nicht ohne weiteres in diese Einteilung ein; beim Orang liegt nach heutigem Wissen eine ungewöhnliche Konstellation vor: Die Sozialgruppen sind im allgemeinen kleine Mutterfamilien; erwachsene Männchen leben einzeln.

Beim Schimpansen fordern die verschiedenen Freilanduntersuchungen, „Waldschimpansen“ und „Savannenschimpansen“ zu unterscheiden. Bei ihnen, wie bei den meisten höheren Primaten (einige Meerkatzen ausgenommen), fehlen ortsfeste Territorien, die verteidigt werden. Dadurch gewinnen Strukturen vom Charakter einer Rangordnung eine besondere Bedeutung zur Stabilisierung des interindividuellen Verhaltens. Es gibt einige Gründe zu der Annahme, daß „Wanderterritorien“ eine Ursache für das Dominanzverhalten darstellen, der „Individualraum“ (der sich unsichtbar mitbewegt) wird „verteidigt“; Individuen, die ihn ganz verlieren, geraten in eine Omega-Position. Diese Problematik wurde von WADE (1978) kritisch erörtert.

Schimpansen zeigen im allgemeinen eine minimale Intoleranz der Männchen; sie gehören zu den semiterrestrischen Blatt-, Samen- und Fruchtfressern; gelegentlich wird auch Beute gemacht, eine typische Aufgabe für kleine Männchen-Gruppen, die sich zu diesem Zweck zeitweise absondern können. Damit gehört für die Schimpansen-Weibchen das Warten auf mit Beute zurückkehrenden Männchen zum normalen Verhaltensrepertoire. Die Schimpansen haben Streifgebiete; sie bilden nicht-anonyme offene Gruppen mit einer starken Gruppendynamik. Kein Schimpanse befindet sich zu einem anderen in dauerhaften sozialen Beziehungen; zwischen den Gruppen ist eine gewisse (selektive) Attraktion nachgewiesen. Eine sehr stabile zeitweise Beziehung zwischen zwei Individuen wird durch die Mutter-Kind-Dyade gebildet. Bei den Savannenschimpansen ist die Einbindung in den Verband ausgeprägter und daher länger anhaltend als bei den Waldbewohnern. Schimpansentrupps können in der Savannen-Auwaldlandschaft im Verlauf einiger Monate Gebiete von 100 bis 200 km² durchstreifen. Nach SUZUKI (1969) haben diese „nomadischen Gruppen“ eine typische Größe von etwa 40 Individuen, die labile Untereinheiten bilden können. Er unterscheidet:

- Gemischte nomadische Gruppen (Individuen beiderlei Geschlechts und jeden Alters)
- Adulte nomadische Gruppen (nur erwachsene Tiere beiderlei Geschlechts)
- Nomadische Mutter-Gruppen (nur Mütter mit Jungen)
- Nomadische Männchen-Gruppen (nur adulte Männchen)
- Einzeltiere.

Bei allen seinen Beobachtungen waren 78% der Einheiten gemischte nomadische Gruppen. Die Ernährungsbedingungen werden als der wichtigste Einfluß-Faktor angesehen. Schimpansen bevorzugen in der Trockenzeit die gleichen Früchte und Samen wie die Buschmänner. Deren Einheiten, die sich ebenfalls in einem begrenzten Streifgebiet bewegen, umfassen 50 bis 150 Individuen.

Während beim Gorilla die Gruppen, die nach HARCOURT und STEWART (1977) mehr auf „Kampfkraft“ gezüchtet sind, recht stabile Trupps mit festen Partnerbindungen bilden, dominiert in den relativ instabilen Schimpansengruppen ein mehr auf Promiskuität angelegtes Sexualverhalten. Ihre Weibchen zeigen daher den sexuellen Status durch die beim Gorilla fehlenden auffälligen Brunstschwellungen an.

Interessant ist auch — im Vergleich zum Menschen — die Feststellung, daß die „Basisgruppen“, also die kleinsten Untereinheiten, beim Schimpansen aus etwa 4—6 Individuen bestehen. Beim Waldschimpansen wurden Großverbände von 60 bis 80 Tieren beobachtet. Doch auch diese enthalten wieder die typischen Untereinheiten.

Die Konsistenz der Gruppenstrukturen ist ein wesentlicher Faktor für die Ausbildung von Traditionen, die auch bei Schimpansen bekannt sind, wie das Stochern nach Termiten, das nur in bestimmten Gebieten gesehen wurde. Man kann von Regiotypen des Verhaltens sprechen; ihnen gleichzusetzen sind die Regiolekte in der Kommunikation, also an bestimmte Gebiete gebundene Ausprägungsformen von Signalen. Ein weiterer Selektionswert liegt in der erwähnten Kin-Selektion, wobei die Verwandtschaftsbeziehungen zu einem wichtigen Bindungsfaktor werden, der durch gruppenspezifische Signalsysteme stark gefördert wird. Dieses Prinzip hat bei der Anthropogenese zweifellos noch an Bedeutung gewonnen. Damit wird die Konkurrenz oder „Competition" zwischen Gruppen zu einem wichtigen Faktor in der Populationsdynamik überhaupt und fördert die Evolution der Gruppenstrukturen. Das Prinzip der individuellen „Wanderterritorien" transferiert zunehmend auf die Gruppen als Ganzes (aber auch auf die besonders stabilen Basisgruppen). Spätere Seßhaftigkeit findet daher eine Verhaltensdisposition vor, die hier in einem veränderten Umweltbezug wirksam werden kann. Über diesen Umweg bleibt das Phänomen des „Territorialverhaltens" auch in der Anthropogenese im komplexen Ursachengefüge des Sozialverhaltens bestehen und bedarf weiterer Studien.

Zu den stabilen Elementen bestimmter Basisgruppen gehört die Mutter-Kind-Dyade. PICKFORT (1977) hat den interessanten Gedanken geäußert, daß die schon beim *Ramapithecus* erkennbare Verkürzung der Gesichtspartie als verhaltens-gesteuerte Gen-Selektion gedeutet werden kann. Dabei wird an das in der Anthropogenese verstärkt wirksame „Kindchen-Schema" gedacht, das zu einer Bevorzugung bestimmter Partnertypen geführt haben könnte. Zugleich ist damit ein weiterer morphologischer Problemkreis angesprochen; der aufrechte Gang des Menschen. Wir haben dazu folgende Vorstellungen (TEMBROCK, im Druck):

1. Entwicklung der Greifhand in Verbindung mit einer arboricolen Lebensweise. Zugleich Ausbildung des räumlichen Sehens (primär zur höheren Lichtempfindlichkeit bei nächtlicher Lebensweise) als Orientierungshilfe und Handkontrolle. Ausbildung der Ganzhandkontrolle.
2. Nutzung der Greifhand bei der Nahrungsaufnahme, Hand-Mund-Kontakt im Kontext der Nahrungsaufnahme.
3. Einsatz der Greifhand bei den Mutter-Kind-Beziehungen: Junge als Tragsäuglinge.
4. Einnahme der Sitzhaltung, besonders auf festem Substrat bei Unterbrechung des Ortswechsels.
5. Haltung der Säuglinge beim Ortswechsel horizontal (am Körper der Mutter), bei ortsfestem Verhalten der Mutter vertikal.
6. Nahrungsaufnahme der Säuglinge in aufrechter Körperhaltung.
7. Verstärkte Tendenz, die aufrechte Haltung aus der Kindheitsphase auch in das Erwachsenen-Alter als „Tätigkeitshaltung" zu übernehmen, auch im Sozialverhalten (z. B. Fremdputzen): Entwicklung der Feinhandkontrolle.
8. Tendenz zur Persistenz der Tätigkeitshaltung auch beim Ortswechsel, gefördert durch die (speziell in der Savanne) bessere Übersicht bei aufrechter Körperhaltung, sowie durch die Möglichkeit des Hand-Transportes von Nahrungsobjekten und Gegenständen.

Die drei Ereignisfelder sind auch hier wieder erkennbar:

- Terminalfeld: Mutter-Kind-Kontakt
- Appetenzfeld II: Sitzhaltung in „Reichweite" der Mutter, Hand-Mund-Beschäftigung mit Objekten der Umwelt
- Appetenzfeld I: Aufrechter Gang, Orientierung.

Abb. 8. Änderung der Körperhaltung bei den Primaten. a = Tetrapode Fortbewegung (Mantelpavian), b = tetrapodes Sitzen (Wollaffe), c = aufrechte Sitzhaltung (Rotkopfmangabe), d = aufrechtes Gehen (junger Schimpanse) (nach Photos aus STANEK und SANDERSON gezeichnet).

In unseren Betrachtungen zum Feld der Anthropogenese mit den Mitteln der vergleichenden Verhaltensforschung haben wir den biosozialen Phänomenen eine zentrale Bedeutung eingeräumt. Wir bewegen uns damit auf der Ebene der Umweltansprüche 3. Ordnung, die auf das biologische Kollektiv bezogen sind (Tab. 1), und damit im Funktionsbereich des Appetenzfeldes I (Tab. 2). Wiederholt deuteten wir an, daß die Traditionen (tradiertes Verhalten) eine neue Qualität schaffen, die beim Menschen die gesellschaftliche Existenz ermöglichte. Die sich daraus ableitenden Umweltanforderungen (4. Ordnung) nennen wir „Bedürfnisse"; sie kommen nur dem Menschen zu, aber ihre Ableitung ist unübersehbar. Daher seien hier die wichtigsten aus der biologischen Basis des Verhaltens abzuleitenden Sozialansprüche genannt:

— Mutuelle Attraktion (wechselseitige Anziehung), „soziale Geborgenheit", sozialer Schutz

— Tendenz zur Arbeitsteilung
— Tendenz zur Rollenverteilung
— Tendenz zu Hilfeleistungen
— Tendenz zur Bildung sozialer Hierarchien (mit Rangordnung)
— Tendenz zur Bildung sozialer Einheiten bestimmter Größe
— Tendenz zur Bildung sozialer Einheiten bestimmter Zusammensetzung (Geschlecht, Alter)
— Tendenz zur raum-zeitlichen Ordnung der Sozialstruktur
— Tendenz zur raum-zeitlichen Abgrenzung zwischen Sozialstrukturen
— Tendenz zur Bildung von hierarchischen Sozialstrukturen (Enkapsis von Einheiten)
— Tendenz zu kollektiven Verhaltensleistungen und zur Synchronisation
— Tendenz zur Kommunikation, gefördert durch Informationsgradienten bei gleicher Motivation (Zielfunktion)
— Tendenz zur sozialen Bewertung der Leistungen der Gruppenmitglieder
— Tendenz zu emotionalen Gruppen-Erlebnissen als Faktor der Gruppenstabilisierung
— Tendenz zum Aufbau eines kollektiven Gedächtnisses, das mehr ist als die Summe von Einzelgedächtnissen
— Tendenz zur Förderung von Traditionen
— Tendenz zur Nicht-Anonymität der Gruppenangehörigen
— Tendenz zur Verlängerung der sensiblen Lernphasen.

Die Auflistung ist unvollständig, erfaßt aber gegenwärtig sicher nachgewiesene biosoziale Mechanismen. Es ist offensichtlich, daß hiermit eine komplexe biologische Grundlage für ein weitgefächertes Bedürfnisspektrum beim Menschen gelegt ist. Dabei ist immer wieder zu bedenken, daß in diese Ebene der Kollektivansprüche (Tab. 1) auch die „tieferen" Ebenen der Umweltansprüche mit eingehen, bei der Menschwerdung gesellschaftlich überformt und damit in spezifische Bedürfnisse überführt werden, wie das im Fall der Stoffwechselansprüche (vgl. GLATZEL 1973) sich leicht einsichtig machen läßt. Wenn wir bei einem Menschen meinen, er benehme sich (z. B. beim Essen) „tierisch", so beschreiben wir damit genau den Rückgriff auf die biologisch fest verankerten Umweltansprüche und ihre Realisation, die beim Zerfall kultureller Überformung und Bewertung wieder freigelegt werden.

Es ist immer wieder überraschend für uns, die hohe Valenz unseres Modellansatzes in Klassifikationen anderer Autoren bestätigt zu finden. So hat PARSONS (1966) vier Informationsebenen bei der Steuerung sozialer Prozesse postuliert:

1. Organismische Ebene
2. Personelle Ebene („Temperament", Personalität, „Charakter")
3. Soziale Ebene
4. Kulturelle Ebene (Traditionen, die auch neue Wertsysteme errichten).

Anderenorts (TEMBROCK, im Druck) sind speziell aus der Sicht der Erkenntnistheorie und der Genese des menschlichen Bewußtseins unter Einschluß der Sprache weitere Beispiele solcher Zuordnungen gegeben. So sind die drei Umwelten von LEGEWIE (1931) an v. UEXKÜLL anknüpfend, ein eindrucksvolles Beispiel dafür:

— Die faktische Umwelt (Umwelt des aktuellen Verhaltens) = Terminalfeld
— Die Milieu-Umwelt (tatsächlich vorhandene Umwelt) = Appetenzfeld II
— Die Bauplan-Umwelt (konstitutionsbedingte mögliche Umwelt) = Appetenzfeld I (vom Menschen durch die geistige „Konstitution" fast unbegrenzt erweitert).

In der Entwickung des Bewußtseins sehen wir eine Verbindung zu den hier abgeleiteten Vorstellungen, die auch in der Ontogenese nachvollzogen werden:

- Bedürfnis an Informationen über den eigenen Körper und sein Verhalten (Aufbau des Eigenbewußtseins)
- Bedürfnis an Informationen über die Umwelt und ihre Bedeutung
- Bedürfnis an Informationen über die soziale Umwelt, Kommunikationsbedürfnis (Aufbau des gesellschaftlichen Bewußtseins).

Die drei Ereignisfelder reflektieren sich auch im Aufbau der Bewertungsstrukturen:

- Bewertung der konkreten Objekte und Strukturen der durch das Eigenverhalten erfahrbaren Umwelt
- Bewertung der Handlungen, die auf die Umwelt bezogen sind
- Bewertung von Einstellungen, der „inneren Haltung", von Ideen, sozialen Haltungen, Wissen.

In diesem Kontext lassen sich auch drei Ebenen der menschlichen Umweltbeziehungen kennzeichnen:

- Organismische Ebene, realisiert über Körperfunktionen (biologisches Verhalten)
- integrierte Ebene, realisiert durch „Werkzeughandlungen" (bewußtes Verhalten)
- kognitive Ebene, realisiert über Sprachfunktionen (rationales Verhalten).

Aber auch hier gilt wieder die Enkapsis, in der kognitiven Ebene sind in veränderter Qualität auch die anderen mit eingeschlossen. Wir haben die Grenze erreicht, jenseits der ein Verhaltensbiologe sich nur in Gesellschaft anderer Disziplinen bewegen sollte. Aber er könnte sich in den folgenden Feststellungen von W. Ostwald (1887) durchaus bestätigt finden:

„In der Entwicklung jeder Wissenschaft lassen sich drei Stufen unterscheiden. Die erste besteht in dem Kennenlernen der Objekte, die zweite in der systematischen Ordnung derselben und die dritte in der Ermittlung der allgemeinen Gesetze, denen sie unterworfen sind."

Wir würden nach unserem aus der Verhaltensbiologie abgeleiteten Modell noch eine vierte hinzufügen: Die Weitergabe des Wissens.

4. Zusammenfassung

1. Verhalten wird als Steuerung und Regelung der Organismus-Umwelt-Beziehungen über den Informationswechsel definiert. Damit können beim Organismus Eingangsverhalten (aktive Informationsaufnahme), Zustandsverhalten (Informationsverarbeitung) und Ausgangsverhalten (Motorik im weitesten Sinne) unterschieden werden. Das Zustandsverhalten wird durch spezielle Motivationen determiniert, die im Zusammenhang mit Umweltansprüchen stehen. Beim Menschen erfahren die Umweltansprüche einen Qualitätsumschlag, der mit dem Begriff „Bedürfnisse" ausgewiesen werden sollte. Die Verhaltensdynamik kann durch drei Phasen in Form von „Ereignisfeldern" beschrieben werden: Appetenzfeld I (Suchphase), Appetenzfeld II (orientierte Phase) und Terminalfeld (Handlungsvollzug). Die beiden ersten Phasen dienen der Optimierung, die dritte der Bewertung. In der Evolution entstanden sie in umgekehrter Reihenfolge; die Ontogenese rekapituliert diesen Vorgang im allgemeinen. In Verbindung mit diesen drei Ereignisfeldern entwickelten sich drei Klassen von Umweltanforderungen (körperbezo-

gen, verhaltensbezogen, kollektivbezogen); eine vierte übergreifende basiert auf Traditionen, sie gewinnt erst beim Menschen eine zentrale Bedeutung.

2. Die Evolution wird durch die unter (1) genannten Elementar-Parameter des Verhaltens bestimmt. Zahlreiche Selektions-Mechanismen wurden dabei wirksam, die Einsichten in die genetischen Grundlagen sind gegenwärtig noch unbefriedigend. Die Bedeutung der Sippen-Selektion ist noch umstritten, ihr würde bei der Evolution der Biosozietäten eine besondere Valenz zukommen. In der Ontogenese kommt obligatorischen Lernvorgängen und damit den „sensiblen Perioden" ein besonders evolutiver Wert zu.

3. Die Bedeutung des Verhaltens für die Anthropogenese kann im Sinne eines „Schlüsselcharakters" eingeschätzt werden. Grundlage liefert dabei das Biosozialverhalten. Die Rückschlüsse über paläontologische Befunde sowie mittels der „biogenetischen Grundregel" sind sehr begrenzt; den höchsten heuristischen Wert hat hier die vergleichende Verhaltensforschung unter besonderer Berücksichtigung der Primaten. Die Feldforschung der letzten Jahre hat hier zu wichtige Befunde erbracht. Das allgemeine Verhaltensmodell (1) und die sich zwingend daraus ableitenden Evolutionsprinzipien (2) erlauben einige Rückschlüsse auf die Anthropogenese, wobei drei Stufen unterschieden werden können: Koordination, Kooperation und Koinformation, die insgesamt durch Tradition beim Menschen in eine neue Qualität überführt wurden.

Literatur

ADLER, J.: Chemoreceptors in bacteria. Science **166** (1969), S. 1588–1597.

BATESON, P., and P. KLOPFER (Hrsg.): Perspectives in Ethology. Vol. 3, Social Behavior. New York and London 1978.

BÖHME, H., R. HAGEMANN und R. LÖTHER (Hrsg.): Beiträge zur Genetik und Abstammungslehre Berlin 1976.

CIZEK, F., und D. HODANOVA: Evolution als Selbstregulation. Jena 1971.

CROOK, J.: Problems of inferences in the comparison of animal and human social organizations. Soc. Sci. inform. **14** (1976), S. 89–112.

DARLINGTON, P. J.: Nonmathematical models for evolution and altruism, and for group selection. Proc. Natl. Acad. Sci. **69** (1972), S. 293–297.

DAWKINS, R.: Das egoistische Gen. Berlin, Heidelberg, New York 1976.

EHRMAN, L., and P. A. PARSONS: The Genetics of behavior. Sunderland 1976.

EISENBERG, J. F., N. A. MUCKENBEIN, and R. RUDRAM: The relations between ecology and social structure in primates. Science **176** (1972), S. 863–874.

FRANCK, D.: The genetic basis of evolutionary changes in behaviour patterns. In: The genetics of behaviour. Ed. by J. van ABEELEN. Amsterdam 1974, S. 119–140.

GANDOLFI, G.: Sexual selection in relation to the social status of males in *Poecilia reticulata*. Bull. Zool. **38** (1971), S. 35–48.

GLATZEL, H.: Verhaltensphysiologie der Ernährung. München 1973.

GOUSTARD, M.: Le psychisme des Primates. Paris 1975.

GRANT, V.: The origin of adaptations. New York 1963.

HARCOURT, A. H., and H. J. STEWART: New Scientist **76** (1977), S. 160 (zit. nach Naturwiss. Rundschau **78**, S. 116).

HEBERER, G. (Hrsg.): Die Evolution der Organismen. 3. Auflage, Stuttgart, Jena 1967–1974.

HESS, E. H.: Prägung. München 1973.

HINDE, R. A.: Die ethologische Untersuchung sozialer Beziehungen. In: Die Psychologie des XX. Jahrhunderts, Bd. **XI**. Hrsg. von R. STAMM u. H. ZEIER. Zürich 1978, S. 429–443.

IMMELMANN, K.: The evolutionary significance of early experience. In: Function and evolution in behaviour. Ed. by G. BARENDS, C. BEER and A. MANNING. Oxford 1975, S. 243–253.

JOLLY, A.: Die Entwicklung des Primatenverhaltens. Stuttgart 1975.

KLIX, F. (Hrsg.): Psychologische Beiträge zur Analyse kognitiver Prozesse. Berlin 1976.

KRUSHINSKI, L.: Biologische Grundlagen der Intelligenz (russ.). Moskau 1977.

KUMMER, H.: Sozialverhalten der Primaten. Berlin, Heidelberg, New York 1975.

LEGEWIE, H.: Organismus und Umwelt. In: Forschungen zur Völkerpsychologie und Soziologie, hrsg. von R. THURNWALD, Leipzig 1931, Bd. 10.

LEWONTIN, R. C.: Selection in and out of population. Ideas in modern biology **6** (1965), S. 299 to 311.

LÖTHER, R.: „Mensch". In: Philosophie und Naturwissenschaften. hrsg. von H. HÖRZ, R. LÖTHER, S. WOLLGAST. Berlin 1978, S. 585–587.

LUNDBERG, U.: Zur Klassifikation von Lernprozessen. Biol. Rundsch. **17** (1979), S. 15–24.

MCCLEARN, G. E., and J. C. DEFRIES: Introduction to behavioral genetics. San Francisco 1973.

MCGILL, T. E.: Genetic factors influencing the action of hormones on sexual behaviour. In: Biological determinants of sexual behaviour. Ed. by J. B. HUTCHISON, Chichester, New York, Brisbaine, Toronto 1978, S. 7–28.

PICKFORT, M.: New Scientist **76** (1977), S. 578 (zit. nach Naturwiss. Rundsch. 78, S. 163).

ROGOFF, W. M., G. H. GRETZ, M. JACOBSON, and M. BEROZA: Conformation of (Z)-9-tricosene as a sex pheromone in house fly. Ann. Entomol. Soc. Am. **66** (1973), S. 739–741.

SCHMALHAUSEN, I. I.: Grundlagen des Evolutionsprozesses vom kybernetischen Standpunkt. Probleme der Kybernetik 4, Berlin 1964.

SCHILCHER, F. v.: Verhaltensgenetik: Eine kritische Übersicht. Biol. Zbl. **97** (1978), S. 641–665.

SATINDER, K. P.: Reactions of selectively bred strains of rats to a cat. Anim. Learn. & Behav. **4** (1976), S. 172–176.

STUGREN, B.: Grundlagen der allgemeinen Ökologie. 3. Aufl. Jena 1978.

SUZUKI, A.: An ecological study of chimpanzees in a savanne woodland. Primates **10** (1969), S. 103 to 148.

TEMBROCK, G.: Grundlagen der Tierpsychologie. 1. Aufl. Berlin 1963.

TEMBROCK, G.: Biokommunikation. Berlin 1971.

TEMBROCK, G.: Parameter tierischen Verhaltens im Organismus-Umwelt-Kontext. Biol. Zbl. **93** (1974), S. 513–527.

TEMBROCK, G. (Hrsg.): Verhaltensbiologie. Wörterbücher der Biologie. Jena 1978a.

TEMBROCK, G.: Kommunikation und Verhaltenssteuerung. In: Philosophische und ethische Probleme der modernen Verhaltensforschung. Herausgegeben von G. TEMBROCK, E. GEISSLER, W. SCHELER. Berlin 1978b, S. 133–149.

TEMBROCK, G.: Verhalten und Evolution — philosophische Probleme der Verhaltensforschung. (im Druck, Arbeitstagung des Bereichs Philosophie/Wissenschaften der Humb.-Univ.)

TIMOFEEFF-RESSOVSKY, N. V., N. N. VORONCOV und A. N. JABLOKOV: Kurzer Grundriß der Evolutionstheorie. Jena 1975.

VOGEL, C.: Ökologie, Lebensweise und Sozialverhalten der Grauen Languren in verschiedenen Biotopen Indiens. Fortschr. d. Verhaltensforsch. 17, Berlin, Hamburg 1976.

WADE, T. D.: Status and hierarchy in nonhuman primate societies. In: Perspectives in ethology. Ed. by P. BATESON and P. KLOPFER. New York, London 1978, Vol. 3, S. 109–134.

WICKLER, W.: Über den taxonomischen Wert homologer Verhaltensmerkmale. Naturwiss. **52** (1965), S. 335–341.

WICKLER, W.: Evolution-oriented ethology, kin selection, and altruistic parasites. Tierpsychol. **42** (1976), S. 206–214.

WILSON, E. O.: Sociobiology. Cambridge Mass. 1975.

WIND, J.: Methoden zur Erforschung des Sprachursprungs. Acta Teilhardiana **12** (1975), S. 41–55.

WRIGHT, S. Modes of selection. Amer. Nat. **90**, (1956), S. 5–24.

WYNNE-EDWARDS, D. S. V. C.: Animal dispersion in relation to social behaviour. London 1962.

Aspekte des Tier-Mensch-Vergleichs in der Verhaltensbiologie

Karl MEISSNER

1. Einleitung

Der Erkenntniszuwachs über biologisch begründete Merkmale und Systemeigenschaften des gesellschaftlich existierenden Homo sapiens hält an. Damit formt und verändert sich auch das Bild, das wir mit den Interpretationen der naturwissenschaftlichen Sachverhalte von uns gewinnen. Die biologische Disposition findet Ausdruck im Körperbau, im Stoffwechsel und im Verhalten. Die Diskussion darüber interessiert nicht nur Biologen, sie dringt in viele Bereiche des gesellschaftlichen Lebens vor, in Pädagogik und Psychologie ebenso wie in Medizin, Ökonomie oder Philosophie, wird aber auch von dort mit Denkorientierungen, Bedürfnissen, mit anderen Modellvorstellungen, Hypothesen und Wissenschaftskonzepten konfrontiert (vgl. VOGEL 1977).

Naturwissenschaftliche Erkenntnis über die Natur des Menschen soll zu unserem Selbstverständnis ebenso beitragen wie zur Optimierung der gesellschaftlichen Existenzweise. Der wesentliche Beitrag einer Verhaltensbiologie des Menschen zur Entwicklung des bewußten Seins besteht darin, Kenntnisse über den biologischen Anteil, über die biologische Basis im gesellschaftlich lebenden Menschen zu gewinnen und in Kooperation mit anderen Wissenschaftsdisziplinen in Theorie und gesellschaftlicher Praxis wirksam zu machen. Sie kann schon heute z. B. für die Menschwerdung, für die optimale Entwicklung des Säuglings, für das medizinische Verständnis von psychisch Erkrankten oder für die Organisation von funktionierenden Gemeinschaften Kriterien und Bedingungen nennen, die es zu nutzen gilt und die sich mehren lassen, wenn Forschung und Lehre auf diesem Gebiet weiter optimiert werden. Wesentliche Impulse erhält eine Verhaltensbiologie des Menschen dabei aus der vergleichenden Verhaltensforschung.

2. Das Vergleichen als Erkenntnismethode

Das Vergleichen wird zu den wichtigsten Methoden menschlichen Erkenntnisgewinns gezählt, mit ihm stellen wir „gleich" und „ungleich" fest, Identität und Unterschied in Strukturen und Prozessen, in der Welt außer uns und an uns selbst. Das Vergleichen von Umweltparametern gehört darüber hinaus zu den grundlegenden Verfahren der Verhaltensregulation tierischer Organismen überhaupt: Es ist eines der wesentlichen Verfahren des Informationsgewinns (vgl. LEHR 1973, VOGEL 1975). Es ist auf ganz verschiedenen Organisationsstufen des Nervensystems als analytisches Verfahren entwickelt worden und findet sich besonders auch dort, wo Daten über Lern- und Speicherprozesse bewahrt und zu späterer Zeit abgerufen werden können.

Von besonderem Interesse sind dabei die Leistungen der uns nächsten lebenden Verwandten. Die Abstraktionsleistungen sind bei Menschenaffen und anderen Primaten außerordentlich komplex und gewissermaßen ein lebenswichtiges Element in ihrem biologisch-sozialen Umfeld und in ihren Beziehungen zum Lebensraum (u. a. VAN LAWICK-GOODALL 1975). Im Labor zeigen sie auch Leistungen, die unter Freilandbedingungen nach derzeitigen Kenntnissen nicht genutzt werden. Während die Schimpansin Washoe der GARDNERS die Zeichen der amerikanischen Taubstummen-Zeichensprache ASL erlernte und anwendet, beherrscht Sarah den Umgang mit farb- und formmarkierten Haftscheiben als Zeichensprache für Begriffe und gelangt im Austausch mit ihren Betreuern auch zu neuartigen und sinnvollen Satzkonstruktionen und Aussagen in der Art: „Wenn Sarah nehmen Apfel, Sarah bekommen Schokolade" oder „Wenn Sarah nehmen Banane, Sarah bekommen nicht Schokolade" (PREMACK und PREMACK 1973).

Das Problem besteht eigentlich nicht darin, daß wir dieselben Lösungen oder Ergebnisse finden wie die betreffenden Schimpansen oder Vertreter anderer Arten, sondern darin, daß sie zu den gleichen Ergebnissen gelangen wie wir.

Vergleichende Forschung als wesentliches, weil wissenschaftliches Mittel des Erkenntnisgewinns hat bei Biosystemen , bei Pflanzen ebenso wie bei Tieren und beim Menschen, die genetische Determination der evolutiven Freiheitsgrade zu beachten. Dies gilt für vergleichende Verhaltensforschung ebenso wie für alle anderen einschlägigen Wissenschaftsdisziplinen, die Strukturen und Funktionen der Organismen untersuchen. Das heißt, sowohl der methodische Ansatz als auch die Interpretation oder die Anwendung der Ergebnisse können ohne Berücksichtigung der genetischen Basis und der historischen Bedingung des Gegenstandes ebenso wenig erfolgreich sein wie ohne Berücksichtigung seiner Komplexität.

Die Bewertung von Umweltinformationen durch die Organismen, ihre internen Zustände und die motorischen Ausgänge (= Verhalten im engeren Sinne) zeigen im Vergleich zwischen bestimmten Arten und dem Menschen jeweils Verschiedenheit und Ähnlichkeit, das erste häufiger, das zweite seltener. Aber die Ursachen, Bedingungen und biologischen Wertigkeiten der ähnlichen Muster können bei den verglichenen Arten durchaus sehr verschieden sein; sie sind es — evolutionsbedingt — sehr häufig, und der Tier-Mensch-Vergleich darf deshalb nicht vereinfacht werden. So schreibt z. B. JOLLY (1975, S. 3): „Wo der Mensch anderen Primaten *ähnelt*, ist die Folgerung klar: wir können sehen, wie sich unsere gegenwärtigen Fähigkeiten in der Ökologie oder Gesellschaft eines Primaten-Ahns entwickelt haben. Wo sich der Mensch *unterscheidet*, können wir nur rückwärts spekulieren, unseren abweichenden Weg entlang". VOGEL (1977, S. 248) dagegen betont in einer Studie zum biologischen Selbstverständnis des Menschen, der „bloße Nachweis einer formalen oder funktionalen ‚Ähnlichkeit' (‚Entsprechung') im Verhalten ... reicht keineswegs für den sicheren Schluß aus, daß dieses Verhalten in beiden Fällen die gleiche biologisch-evolutive Wurzel hat. Dazu bedarf es sehr viel detaillierterer Belege und schwieriger zu führender Beweise, für die das methodische Rüstzeug der jungen ‚Humanethologie' zum großen Teil noch gar nicht hinreichend entwickelt ist".

Während der Vergleich auf der einen Seite dazu dient, Menschenverhalten mit Daten zu interpretieren, die an ganz unterschiedlichen Objekten gewonnen wurden, geht es in zunehmendem Maße auf der anderen Seite um die Ableitung von Funktionsprinzipien, von Hypothesen und Modellen, die am Menschen geprüft bzw. auf ihn im gesellschaftlichen Kontext angewendet werden können (vgl. HINDE und STEVENSON-HINDE 1976).

Insbesondere können die Forschungsergebnisse nicht von einer Primatenart auf die andere übertragen werden, auch nicht vom Rhesusaffen, vom Pavian oder Schimpansen auf den Menschen. Dennoch sind solche Untersuchungen im Labor, Zoo und Freiland außerordentlich wichtig, denn unser Verhalten ist offensichtlich komplexer und komplizierter strukturiert, aber es ist in vielen Bereichen nicht grundsätzlich anders strukturiert. Jeder eigene Weg in der Evolution basiert auf Entwicklung des Vorhandenen, nicht auf totaler Neukonstruktion des Ausgangsmaterials.

Obwohl die sozialen Beziehungen des Menschen u. a. durch Psychologie und Soziologie schon recht lange und vielseitig untersucht werden, haben die Komplexität des Gegenstandes und auch die verschiedensten theoretischen Ausgangspositionen den raschen Fortschritt sehr behindert. „Gerade weil Tiere einfacher sind als der Mensch, weil sie keine Wortsprache und keine sozialen Institutionen ... haben, kann sich ihre Erforschung lohnen. Ihre relative Einfachheit ermöglicht die Erhellung von Problemen und die Klärung von Prinzipien, die in der Komplexität des menschlichen Beispiels untergehen" (HINDE 1978, S. 429). Dennoch bleiben die betreffenden Arten für das jeweilige Problem Modell; aber mit ihnen kann man experimentieren, an ihnen sind die Ursachen und Beziehungen zumeist leichter zu ermitteln. Modelluntersuchungen liefern deshalb intraspezifische Ergebnisse, interspezifisch anwendbare Methoden und interspezifisch nutzbare Hypothesen, deren Gültigkeit für den Menschen schließlich am Menschen selbst überprüft werden muß, wenn man sich nicht mit plausiblen Erklärungen von unterschiedlicher Dimension begnügt.

In der vergleichenden biologischen Verhaltensforschung war (anders als in der vergleichenden psychologischen Verhaltensforschung und in der Polemik bei der Bewertung des Tier-Mensch-Vergleichs) *das Tier* weder als *Abstraktum* noch als einzige Spezies ein *Modell* für die Art Homo sapiens. Das läßt ein evolutionsorientierter Ansatz auch nicht zu.

So ist z. B. die geschlossene Zahnreihe ein hominides Merkmal, die Zahnformel 2 1 2 3 (Schneidezähne, Eckzahn, vordere Backenzähne, Backenzähne) ist für Primaten typisch. Der Bau unseres Innenohres ist nicht anders als bei den ersten Säugern aus der Jurazeit, der Jochbogen findet sich bei den Sauriern während des Perm zum ersten Mal, die fünfstrahlige Extremität hatten die ersten Lurche (Devon) und Lunge, Nasenöffnungen und Tränengang sind seit den Fischen des Erdaltertums nachweisbar.

Saugverhalten und Pendelbewegungen zum Auffinden der Nahrungsquelle sind für die Säuglinge der Mammalia typisch, Traglinge (HASSENSTEIN) sind z. B. die Jungen der Primaten und der Fledermäuse, es gibt primatenhafte Mutter-Kind-Interaktionen und außerdem schimpansenspezifische Gruppenstrukturen.

Die analogen oder homologen Ähnlichkeiten „zwischen dem Verhalten bestimmter Tierarten unter bestimmten sozialen, ökologischen und ontogenetischen Bedingungen auf der einen Seite und menschlichem Verhalten und vergleichbaren Bedingungen auf der anderen Seite regen zur Erforschung der vergleichbaren (interspezifischen) und zugleich der unterschiedlichen (intraspezifischen) Bedingungen an. Die vergleichende Verhaltensforschung ist im Begriff, Vorurteile abzubauen, unbewiesene Vorentscheidungen zu überwinden und universelle Erklärungsansprüche als Teilaspekte in einem umfassenderen Zusammenhang zu integrieren" (GROSSMANN 1978, S. 523)

3. Methoden der Erforschung

Vor den kognitiven Verfahren der Datenauswertung und -interpretation stehen auch im Tier-Mensch-Vergleich zwei grundlegende Methoden, die systematische Beobachtung und das Experiment. In der vergleichenden Psychologie, noch mehr in der eigentlichen Humanpsychologie (Entwicklungspsychologie) spielten Einzelfallstudien oder Längs- und Querschnittanalysen eine besondere Rolle, in der vergleichenden Verhaltensbiologie dagegen stand bisher weit mehr das arttypische Verhaltensinventar und seine Ontogenese (Ethogramm, TINBERGEN) im Vordergrund, kaum die individuelle Variabilität im Verhalten.

Die Beschreibung und *systematische Beobachtung* erfolgen überall dort, wo die Phänomene, Ereignisse, Beziehungen überschaubar sind oder als Komplex untersucht werden, ohne in den normalen (natürlichen) Ablauf des Geschehens einzugreifen. Die Ergebnisse bestehen in identifizierbaren Ereignissen oder in Beziehungen zwischen Veränderlichen (Korrelationen) unter bekannten Bedingungen.

Das *Experiment* ermöglicht über die Beobachtung hinaus die Analyse der Ursachen, weil bei definierten, kontrollierten und systematisch variierbaren Bedingungen (unabhängige Variable) auf der Basis gemessener und gezählter Daten Ereignisse und Beziehungen (abhängige Variable) ermittelt werden können. Experimente sind zugleich wiederholbar, die Gültigkeit der daran geknüpften Aussagen läßt sich überprüfen, wenn die Gewinnung der Daten wie auch ihre Analyse objektiv und zuverlässig erfolgt. Außerdem sind über das räumliche und zeitliche Meß- und Auflösungsvermögen unserer Sinnesorgane und die aktuellen sprachlichen Identifizierungsmöglichkeiten hinaus technische Systeme einsetzbar, die als Ereignisschreiber, Tonband, Video oder Film die wiederholte Auswertung der Daten in verschiedenen Raum- und Zeitbeziehungen ermöglichen. (Zur detaillierten Bewertung dieser Verfahren und der mit ihnen verbundenen methodischen Schwierigkeiten und Erkenntnisprobleme vgl. ABELMANN 1972, MEISSNER 1976, SIMONS und PAPOUŠEK 1978).

Zwei Beispiele für die Auswertung von Beobachtungen sollen den Vergleich illustrieren.

Nicht nur beim Rhesusaffen, auch bei Pavianen oder Schimpansen (van LAWICK-GOODALL 1975, van DE RIJT-PLOOIJ und PLOOIJ 1978) und vielen anderen untersuchten Arten ist die Mutter räumlicher und zeitlicher Bezugspunkt: Hat sie das Kind nicht bei sich, weil es sich bereits frei bewegen kann und spielt oder erkundet oder weil sie selbst sich entfernt hat, so hält das Junge regelmäßig Blickkontakt und fährt dann in seinen Tätigkeiten fort oder es kehrt zeitweise zur Mutter zurück. In völlig identischen Zusammenhängen sind solche Verhaltenselemente und Beziehungen beim Kleinkind des Menschen nachweisbar und mit größter Wahrscheinlichkeit liegen dieselben Verhaltensmuster und dieselbe Verhaltensstrategie vor.

Im Alter von 60 bis 80 Tagen zeigen Rhesusjunge Angst vor unbekannten Individuen, Schimpansen im Alter von 5 bis 6 Monaten und Menschenkinder im Alter von etwa 6 bis 8 Monaten. Sie suchen und halten alle intensiven Körperkontakt mit der Mutter und das Schimpansenkind schaut, während es Bauch an Bauch klammert, oft zuerst in die entgegengesetzte Richtung, bevor es das sich nähernde Tier intensiv beobachtet. Das weitere Verhalten des Jungen wird vor allem vom Verhalten der Mutter mitbestimmt und ist so durch Interaktionen gekennzeichnet.

Der Schluß aus dem Vergleich heißt nicht: Das Menschenkind verhält sich in einer bestimmten Phase seiner Entwicklung *genau so* wie das Schimpansen- oder Rhesuskind, sondern: es verhält sich *auch wie* die Jungen der betreffenden Arten in solchen Situationen. Damit wird im Gegensatz zur *Identität* die *Ähnlichkeit* im Verhalten markiert, denn trotz aller Übereinstimmung ist der evolutorische Abstand zu beachten und weitere Arten sind noch nicht genügend geprüft. Die Ergebnisse sind beim Menschen außerdem auf ihre Abhängigkeit von kulturellen Traditionen und ihre zeitliche Lage untersucht worden: Das sog. Fremdeln reift zeitlich fixiert und ist an das Bekanntsein und an den Kontakt mit betreuenden Personen gebunden (vgl. den Beitrag von V. JOHST).

Neben dem *Attrappenversuch* wird im Tier-Mensch-Vergleich auch der *Kaspar-Hauser-Versuch* (*Deprivationsexperiment*) eingesetzt. Bei Experimenten mit Attrappen werden zur Analyse der Existenz, Funktion und Wirksamkeit einzelner Kennreize, Antriebssysteme und anderen Komponenten nachgebildete, vereinfachte Reizkonstellationen benutzt. Das Kaspar-Hauser-Experiment ist generell dadurch gekennzeichnet, daß den Individuen spezifische Informationen aus der Umwelt vorenthalten werden. Das Verfahren dient insbesondere der Abschätzung der Beteiligung und des Anteils von Erb- und Erwerbinformationen für jeweils bestimmte Verhaltensmuster, die sich durch ihre spezifische Angepaßtheit von anderen abheben.

Natürlich hindern uns ethische Einstellungen, zur wissenschaftlichen Klärung von Ursachen und Zusammenhängen Menschen in solche Situationen zu bringen, in denen ihnen wie Versuchstieren bestimmte Informationen zu bestimmten Zeiten der Ontogenese vorenthalten werden. Es besteht aktuell oder potentiell immer die Gefahr von (negativen) Auswirkungen auf die weitere Individualentwicklung, z. B. beim Aufbau des sozialen Kontaktfeldes, wenn Bindungsfähigkeit durch fehlende Bindungsmöglichkeit gestört wird.

Dennoch wurden mehrere historische Fälle bekannt, in denen durch wissentlichen Entzug von informatorischen Eingängen die weitere Entwicklung beeinflußt wurde, um daraus bestimmte Schlüsse zu ziehen. Dies geschah in vorwissenschaftlicher Zeit z. B. mehrfach im Zusammenhang mit der Aufklärung von Herkunft und Entwicklung der Sprachen (vgl. HERZKA 1967).

So berichtet u. a. VIERODT (1879) nach der Chronik des Franziskanermönches Salimbene über eine Untersuchung von Friedrich II. von Hohenstauffen (1194—1250, seit 1212 deutscher Kaiser), mit der er „erfahren wollte, welche Sprache und Ausdrucksweise Knaben bei ihrer weiteren Entwicklung zeigen, die mit Niemendem sprechen würden. Daher gab er Wärterinnen und Ammen die Vorschrift, daß sie den Kindern Milch reichen und die Brust geben, sie waschen und baden sollten, ohne sie zu liebkosen oder mit ihnen zu reden. Denn er wollte ersehen, ob sie hebräisch als die älteste Sprache, oder griechisch oder arabisch, oder etwa die Sprache ihrer Eltern sprechen würden. Aber er bemühte sich vergeblich, weil sie alle im Kindes- oder vielmehr Säuglingsalter starben. Sie konnten ja nicht leben ohne den Beifall, die Gebärden, freundlichen Mienen ...“!

Wissenschaftliche Auswertungen des Verhaltens von Kindern bei mehr oder weniger lange eingeschränktem Sozialkontakt und fehlenden Bindungsmöglichkeiten durch Aufenthalt im Hospital bzw. Krankenhaus und schlecht geführten Säuglings- und Kinderheimen (vgl. BOWLBY 1951, SPITZ 1945, 1946) zeigten an, daß mit spezifischen Deprivationen spezifische Störungen zusammenhängen. Später anschließende Untersuchungen an subhumanen Primaten (z. B. MITCHELL et al. 1967, SUOMI, HARLOW und DOMEK 1970) liefern Modelle für das, was man am Menschen nicht experimentell analysiert. Die Ergebnisse erzwingen bestimmte und nicht beliebige Wahrscheinlichkeitsaussagen und liefern sowohl Elemente für das wissenschaftlich-theoretische System der Erklärung und Interpretation als auch für die praktische Gestaltung des gesellschaftlichen Zusammenlebens oder für die Behandlung von Störungen. Das Modell und die moderne Behandlung des psychogenen Autismus aufgrund von Ergebnissen der tierethologischen und der humanpsychologischen Forschung (TINBERGEN und TINBERGEN 1973) gaben gerade davon ein eindrucksvolles Bild. Beim Autismus haben Außenfaktoren sozialer Art einen besonderen Einfluß auf die Spät- und Rückentwicklung der Sprache und die Anschlußschwäche von Kleinkindern, die sich im Konflikt von Abstandhalten und Anschlußsuchen in dem zugeordneten Verhaltensfeld widerspiegelt (vgl. die Beiträge von V. JOHST und H. GEBELT).

Bei Störungen der intrauterinen Entwicklung werden gelegentlich Kinder blind, taub oder taubblind geboren. Im Sinne der experimentellen Methoden der Verhaltensforschung handelt es sich dann um den Ausschluß spezifischer Umweltinformation, die in Reifungsprozessen des Verhaltens und in seiner internen Codierung (Motivation, Emotionen, Bereitschaften) fehlt. Eine Kontrolle des Eigenverhaltens und der Aktionen anderer ist über die jeweiligen Sinnessysteme dann nicht möglich. Die notwendig biologische Interpretation der Daten steht dabei mit dem Entzug von Eingangsdaten im Zusammenhang und läßt erkennen, daß der Mensch nicht durch ein tabula-rasa-Konzept charakterisiert werden kann, nach dem in der Ontogenese durch Lernen und Erziehung alles „eingeschrieben“ wird: nicht wenig ist schon vor der Geburt „aufgeschrieben“, anderes wird auf Zeilen aktiv „eingelesen“ und bildet die Voraussetzung für neue Notizen. Seit den bahnbrechenden Untersuchungen von HARLOW (HARLOW 1959, HARLOW und HARLOW 1962, HARLOW und HARLOW 1965, HARLOW, GLUCK und SUOMI 1972) gehören Rhesusaffen zu den Primaten, an denen die Verhaltensontogenese, die Organisation des Sozialverbandes, Mutter-Kind-Beziehungen und andere Elemente des sozialen Verhaltens sowie Deprivationsexperimente und ihre Folgen besonders umfassend untersucht wurden. Dazu dienten auch Attrappenversuche.

Junge Rhesusaffen wurden ohne Mutter aufgezogen und konnten im Wahlversuch zwischen dem Aufenthalt 1. an harten und 2. an weich gepolsterten Drahtattrappen wählen, deren Rhesusaffenähnlichkeit — der Funktion eines Kaspar-Hauser-Experiments entsprechend — weitgehend abgebaut war.

Die Tiere bevorzugten eindeutig des Merkmal „pelzig-weich" auch dann, wenn sie nur auf der benachbarten Drahtattrappe die Milch erlangen konnten. Bis dahin galt die Lehrmeinung, der Menschen-Säugling wende sich spontan oder über Lernprozesse der Mutter zu, weil hier sein Nahrungsverlangen gestillt wird. Aus den experimentellen Befunden ergab sich eine neue Hypothese und weitere detaillierte Untersuchungen folgten mit dem Ergebnis, daß Affensäuglinge und Menschensäuglinge durch aktiv-reaktives Verhalten über bestimmte Merkmale Mutter-Kind-Bindungen realisieren, die für das Erkundungsverhalten, für die weitere Entwicklung des Sozialverhaltens und für die individuelle Konstitution von *grundlegender* Bedeutung sind.

4. Methoden der Auswertung

Das Homologisieren als naturwissenschaftliche Methode gründet sich auf ein Basisverfahren menschlichen Erkenntnisgewinns, auf den Vergleich. Dadurch werden Gesetzmäßigkeiten sichtbar, die bei Untersuchung eines Sachverhaltes, eines Objektes, einer Art nicht zutage treten und die zum anderen die Ordnung und Systematisierung im Bereich alltäglicher oder wissenschaftlicher Erkenntnis ermöglichen. Homologie-Erforschung als Methode wird genutzt, um die durch Evolution gewordene Mannigfaltigkeit zu ordnen und auf die internen Zusammenhänge zurückzuführen. Es hat u. a. folgende Leistungen zur Grundlage: die Fähigkeit zur sensoneuralen und kognitiven Bestimmung von Objekteigenschaften, die Fähigkeit zur Identifizierung und Unterscheidung, die Fähigkeit zur Abstraktion und Generalisation, die Fähigkeit zum Erkennen von Relationen, die Fähigkeit zur Klassenbildung in Objektmengen, die Fähigkeit der Begriffsbildung und der Benennung.

Die realen und objektiven Ähnlichkeiten sind dabei das Ausgangsmaterial für die homologen und analogen Ähnlichkeiten (Homologien, Analogien), die durch den Informationsfluß in der Hologenese (Phylogenese, Ontogenese und Aktualgenese des Verhaltens) zustande kommen. Mit drei Homologiekriterien (Remane 1956, Wickler 1967, Meissner 1976, 1978; vgl. auch G. Tembrock und H.-D. Schmidt in diesem Band) werden wesentliche Übereinstimmungen in Merkmalsstrukturen erfaßt.

Bei der Anwendung des Kriteriums der speziellen Qualität der Struktur, des Kriteriums der Lage im Gefügesystem und des Kriteriums der Verbindung durch Zwischenformen ist vor allem zu beachten, daß die Homologiekriterien unabhängig von der phylogenetischen Basis funktionieren, die für Homologien, Analogien und die jeweiligen Möglichkeiten der Erb- und Erwerbinformation erst nachgewiesen werden muß, wenn phylogenetische Interpretationen erfolgen sollen. Auf die damit verbundenen objektiven Schwierigkeiten wurde in einer umfassenden Darstellung bereits eingegangen (Meissner 1978). Aufgrund solcher mit der Methodik verbundener Erkenntnisschwierigkeiten ist nach Gutmann (1973, S. 172) „zu bezweifeln, ob es überhaupt möglich sein könnte, mit dem begrifflichen Instrumentarium und den Konzepten der Homologieforschung sinnvolle theoretische Aussagen zu machen, Homologieforschung erscheint ... auch als theoretisch und sachlich nicht zu rechtfertigende Behinderung phylogenetischer Problematisierung und Theorienbildung". Nach Bonik und Gutmann (1980, S. 1) dreht sich „die in Deutschland endemische Homologieforschung ... in der Angel des immer Gleichen". Die bisherigen Ergebnisse der Homologieforschung machen deutlich, daß auf den Homologienachweis bei der Erforschung und Interpretation des Verhaltens ebensowenig verzichtet werden kann wie bei der Erforschung und im Vergleich der morphologischen und physiologischen Parameter von Organismen.

Der Vergleich und die Bewertung von Funktionsprinzipien dagegen sind an den Aufgaben des Verhaltens, nicht an seiner Herkunft orientiert. Dieser Vergleich hat also nicht den phylogenetisch bestimmten Verwandtschaftsgrad zur Voraussetzung, und es ist für ihn nicht von Bedeutung, ob es sich um Erb-Homologien oder um mehrfach unabhängig voneinander ausgebildete analoge Funktionsprinzipien handelt.

Ein Beispiel soll das illustrieren:
Junge Meerschweinchen erkunden in einer bisher unbekannten open-field-Situation, indem sie die Fläche belaufen, an den Haltepunkten die Laufrichtung ändern und mit den Sinnesorganen Informationen aufnehmen, die mit dem Erkunden zusammenhängen. Ist zugleich das Muttertier anwesend oder sind Geschwister dabei, dann erkunden junge Meerschweinchen weit mehr, als wenn sie allein sind.

Menschen-Säuglinge erkunden bei Anwesenheit der Mutter oder anderer bekannter Personen ebenfalls mehr. Sind sie allein, so mindert sich ihr exploratives Verhalten erheblich. Vergleichbare Untersuchungsergebnisse liegen auch für einige Affenarten vor. Das Funktionsprinzip lautet offenbar: das Ausnutzen der Anwesenheit oder der Nähe vertrauter Sozialpartner mindert das Erkundungsrisiko; es ist biologisch sinnvoll, wenn in der Situation des Verlassenseins gar nicht oder nur wenig erkundet wird. (Daraus ergibt sich wiederum für den Menschen in seinem spezifisch gesellschaftlichen Umfeld, das Explorationsverhalten von Säuglingen und Kleinkindern durch individuell bekannte — vertraute — Bezugspersonen zu aktivieren.)

An diesem Beispiel wird offensichtlich, daß nicht „vom Meerschweinchen auf den Menschen" geschlossen wird, sondern daß am Meerschweinchen ein Funktionsprinzip untersucht und beschrieben wird, dessen Gültigkeit für andere Organismen einschließlich Homo sapiens nachfolgend zu prüfen ist.

In entsprechender Weise kann aus den Familienstrukturen der rezenten Menschenaffen nicht auf die Familie der Primaten geschlossen werden, von denen wir abstammen; sie sind sehr verschieden voneinander und von der des heutigen Menschen. Aber die Menschenaffen haben *auch* eine Familienstruktur, und in ihr gehört die besondere Stellung männlicher Tiere im Verband, die lange Entwicklungszeit der Jungen, ihre Lernfähigkeit, die langdauernde Mutterbindung und die allmähliche Sozialisation zu den Allgemeinmerkmalen (vgl. Breuer 1979).

Die rezenten Arten stehen aber nun in einem historischen Diskontinuum zueinander. Gerade deshalb ist es so wichtig, die Übertragbarkeit der Daten aus Beobachtungen und Experimenten an anderen genau und immer wieder zu prüfen. Plausibilität der Erklärung und Analogieschluß dürfen dabei nicht mit Analogie und Homologie verwechselt werden. Wie auch Grossmann (1978, S. 507) hervorhebt, „sind an Tieren gewonnene Aussagen ... zwar als Hypothesen für die humanpsychologische Forschung oft brauchbar und auch hilfreich. Als ungeprüfte Analogieschlüsse sind sie hingegen oft nichtssagend und gelegentlich sogar irreleitend". Das gilt auch für die Erforschung des Menschen mit den Methoden und theoretischen Positionen der Verhaltensbiologie.

5. Der Tier-Mensch-Vergleich

Wissenschaften haben spezielle Untersuchungsgegenstände, ihre Objekte und Probleme unterscheiden sich voneinander. Manche werden vergleichende Wissenschaften genannt, und so gibt es im biologischen Bereich eine vergleichende Embryologie, die vergleichende

Anatomie und Morphologie, die vergleichende Ethologie. Zahlreiche Wissenschaften wie Persönlichkeitspsychologie, Pädagogik, Ökonomie und andere Gesellschaftswissenschaften befassen sich (vorzugsweise) mit dem Menschen allein, Ergebnisse aus der Verhaltensbiologie sind für sie offensichtlich von geringer Bedeutung. Auch die klinisch-praktische Medizin sieht den Menschen als biologisch-gesellschaftliches Wesen vor allem im gesellschaftlichen Kontext.

Die experimentelle Medizin und noch mehr die vergleichende Psychologie und die Lernpsychologie oder die physiologische Psychologie nehmen dagegen Tiere als Modelle für den Menschen (vgl. Froese 1978, Grossmann 1978, Zeier 1978): bestimmte physiologische, psychologische und verhaltensbiologische Eigenschaften, Parameter, Leistungen oder Reaktionen von Tieren und Menschen werden zueinander in Beziehung gesetzt. Aber die Auswahl der betreffenden Arten — vor allem Ratten in verschiedenen Zuchtstämmen, Meerschweinchen, Tauben, Goldhamster usf. — ist nur selten und erst in jüngster Zeit von phylogenetisch-vergleichenden Gesichtspunkten bestimmt (siehe Ploog 1975a, 1975b).

Der Verhaltensbiologe sieht dagegen in den Tieren und Menschen auch das Ergebnis einer artspezifischen Evolution. Diese Evolution schließt neben der Phylogenese (Stammesgeschichte) auch die Ontogenese (Individualgeschichte) ein, und sie hat neben evolutionsbedingten Unterschieden auch evolutionsbedingte Gemeinsamkeiten hervorgebracht. Diese Unterschiede treffen morphotypische, physiotypische und ethotypische Merkmale in gleicher Weise, und deshalb kann kein Bereich von vornherein aus dem Tier-Mensch-Vergleich ausgeschlossen werden. Was die Verhaltensparameter betrifft, so geht es bei ihnen auch gar nicht nur um die sog. angeborenen, also genetisch extrem determinierten Merkmalseinheiten allein; es geht in gleicher Weise auch um Funktionsstrukturen im Verhalten, die den Organismus-Umwelt-Zusammenhang sichern. Dazu gehören auch artspezifische Lernstrategien oder Formen des obligatorischen und fakultativen Lernens (Tembrock), die die Ontogenese des Verhaltens mit der Aktualgenese verbinden.

Die Orientierung auf die sog. angeborenen Elemente im Verhalten und auf ein enges (bei Nicht-Biologen wie bei wissenschaftlichen Laien häufiges und naives) „das Tier-der Mensch-Konzept" behindert offensichtlich die ausreichende Beschäftigung mit den Ergebnissen und Möglichkeiten und mit dem naturwissenschaftlichen sowie erkenntnistheoretischen Hintergrund des Tier-Mensch-Vergleichs.

Andererseits sind die Anfänge einer vergleichenden, auf den Menschen bezogenen Verhaltensbiologie dadurch gekennzeichnet, daß die in der Evolution entwickelten Artunterschiede weniger als qualitativer Unterschied aufgefaßt und die Gemeinsamkeiten mehr als die Unterschiede beachtet wurden. Das ist natürlich auch eine Frage des wissenschaftlichen Ansatzes und kam deshalb nicht von ungefähr: In Auseinandersetzung mit den Konzeptionen vom „Lernwesen Mensch" wurde verstärkt nach evolutiv-phylogenetisch bestimmten Dispositionen und Merkmalen gesucht. Diese Ergebnisse wurden durch den guten Entwicklungsstand der Verhaltensforschung an Tieren im allgemeinen und durch die Freilanduntersuchungen an Primaten im besonderen gefördert. Im Verlaufe der Entwicklung sind die Fragen und Probleme weiter spezifiziert und präzisiert worden, und neben die Rechtfertigung des Tier-Mensch-Vergleichs im allgemeinen trat eine Präzisierung der Aufgabenstellung: Für welche Funktionen und in welchen Zusammenhängen können Verhaltensmuster von Tieren, ihre Strukturen und Ablaufformen, ihre innere Steuerung und Regelung und die aus ihnen gewonnenen Hypothesen und Theorien förderlich sein für die Vertiefung und die Erweiterung des Wissens über die biologischen Grundlagen menschlichen Verhaltens.

Die Berücksichtigung verhaltensbiologischer Daten bei der allumfassenden Charakteristik des gesellschaftlich lebenden Menschen ist noch immer ungenügend. Das hat verschiedene Gründe, auch erkenntnistheoretische und methodologische, und zu diesen Gründen zählt auch der Entwicklungsstand einer Wissenschaft im System der Wissenschaften.

Die Untersuchungen von Papoušek und Mitarbeitern (Papoušek 1967, Schoetzau und Papoušek 1977, Papoušek 1979, Papoušek und Papoušek i. Dr.) zeigen im Rahmen der Entwicklungspsychologie, wie die Analyse der Informationsflüsse und der kognitiven Entwicklung in den ersten Phasen unserer Ontogenese mit dem evolutions- und verhaltensbiologischen Ansatz gewinnt.

Verhaltensbiologie ist natürlich nicht die einzige Wissenschaft, die tierische Organismen mit dem Menschen zu vergleichen sucht. Für morphologisch-physiologische Disziplinen und für den medizinisch-physiologischen Bereich sind diese Vergleiche seit langem akzeptiert, gleich ob es um die Auswirkungen von Pharmaka geht, die Wirkung der experimentellen Ausschaltung von Hirngewebe oder um Immunreaktionen. Aber mit dem Verhalten befaßt sich — an Tierversuchen orientiert und unter Einbeziehung des Menschen — auch die Lernpsychologie. Sie hat in einer nicht mehr zu übersehenden Fülle von Experimenten Lernstrategien verschiedenster Tierarten untersucht und lange ohne jegliche Beachtung artspezifischer, evolutionsbedingter Lerninhalte, Lernstrategien und Lernziele frei weg auf den Menschen übertragen. Die Interpretation menschlichen Lernverhaltens und die Lerntheorien amerikanischer Schulen aus der zweiten Hälfte unseres Jahrhunderts basieren zum größten Teil auf minutiösen Experimenten mit Haustauben und Laborratten ohne Wahlmöglichkeiten in den Versuchsanlagen, ohne die Möglichkeit von Verhaltensanwahlen, aber mit viel Durst und wenig Futter. Grossmann (1978, S. 511) nennt das den „Anspruch auf eine speziesunabhängige Universalität der Lerngesetze"

Gerade der phylogenetische, der evolutionsbiologische, der ökologische und der populationsgenetische Ansatz der verhaltensbiologischen Forschung insgesamt verhinderten die Spekulation eines phylogenetischen Kontinuums, in der auch jeder mit jedem und alle mit allem auf derselben Ebene vergleichbar sind. Wenn Verhalten von Tier und Mensch in Ablauf, Bedingungen und Ursachen verglichen wird, dann muß differenziert nach spezifischen Elementen und Beziehungen im Sinne von „Was — wann — wo — wie — warum — wozu" gefragt werden: Empirische Forschung und wissenschaftstheoretische Konzeptionen können dann dazu beitragen, die Komplexität des Menschen-Verhaltens zu erfassen und die gewonnenen Erkenntnisse in der gesellschaftlichen Praxis zu nutzen. Zugleich muß beachtet werden, daß neben genetisch programmierten neuromotorischen Mustern, neben Handlungsbereitschaften und neurosensorischen Filtermechanismen auch artspezifische Lerndispositionen (-fähigkeiten) entwickelt wurden. Sie alle ermöglichen die stabilen und adaptiven Basisprozesse, auf denen Gedächtnis und Erfahrung, Kommunikation, Lernstrategien, gesellschaftliches Verhalten, Bewußtsein (bewußtes Sein), kognitive Planung und menschliche Intelligenz individuell und gesellschaftlich-sozial realisiert werden.

Eine wichtige Grundlage für die Verhaltensbewertung liefern auch medizinische Befunde bei Operationen und anderen Formen klinischer Behandlung. So berichtete z. B. Hasler (1967), daß bei Hirnreizungen am bewußten Patienten von bestimmten oralen Ventralkernen des Thalamus Lächeln und Lachen ausgelöst werden. Diese Antworten sind willentlich nicht zu unterdrücken und zeigen die neuronale Basis von komplexen Verhaltensmustern an. (Entsprechende mimische Muster blindgeborener Kinder untersuchten Freedman 1965 und Eibl-Eibesfeldt 1973).

Dort, wo die Aufklärung der Interaktionen von Hirnfunktionen und Verhalten experimentell nicht am Menschen erfolgt, steht wieder der tierische Organismus als Modell. Hierbei spielt es eine besondere Rolle, daß das Gehirn des Menschen (wie das der Primaten und der Säuger überhaupt) ein System ist, das aus phylogenetisch sehr verschieden alten Anteilen besteht. Das ermöglicht den Vergleich zwischen denselben Regionen verschiedener Arten und den zugeordneten Verhaltensleistungen (vgl. PLOOG 1972, PLOOG 1977). Obwohl Mimik und Stimme des Menschen in so außerordentlichem Maße mit dem Neocortex unter bewußter Kontrolle stehen, ist in unserer averbalen und sprachlichen Kommunikation eine emotionale Basis meßbar enthalten, die durch die Kerngebiete und Bahnen des limbischen Systems vermittelt wird (vgl. den Beitrag von G. WOLF).

Stammesgeschichtliche Radikale (PILLERI) in der Hirnstruktur des Menschen zeigen sich damit nicht nur im Aufbau und in den Anteilen des Gehirns, sondern auch in den Struktur-Funktions-Beziehungen, die sich im Verhalten widerspiegeln. Mandelkern und Archicortex z. B., die für Antriebssysteme und spezifische Bewegungsabläufe wie orales Greifen, Kauen, Schmatzen, Schlucken und andere mimische Aktionen zuständig sind, sind phylogenetisch außerordentlich alte Regionen.

Die soziale Organisation der Primaten im besonderen und die sozialen Organisationsformen bei Tierarten überhaupt werfen immer mehr Licht auf die *allgemeinen* und die *speziellen* Merkmale und Bedingungen der sozialen Organisationsformen des Menschen. Ihre Unterscheidung berechtigt uns, von einer *biologisch-sozialen* und einer *gesellschaftlich-sozialen* Organisation zu sprechen, von denen die zweite Form auch bei den höchstorganisierten Tierprimaten nicht vorkommt, von denen die erste Form aber in der gesellschaftlich-sozialen Existenzweise des Homo sapiens aufgehoben, d. h. enthalten ist. In zunehmendem Maße bemühen sich Vertreter der Verhaltenswissenschaften um die *multidisziplinäre* Aufklärung der Elemente und Interaktionen.

So wie die Verhaltensbiologie mit ihren Fragen und Methoden wissenschaftsspezifisch ist und wissenschaftsspezifische Antworten erhält, so hat jede andere Wissenschaft ein spezifisches Verhältnis zum selben Gegenstand und damit auch eigene Fragen und eigene Antworten. Das bedeutet, zur Abbildung der Realität und bei der Reflexion über die Realität kann keine Wissenschaftsdisziplin eine andere ersetzen, jede aber ist potentiell zur Interaktion, zur Verständigung, zur Optimierung fähig, und das geht nur in multidisziplinärer Arbeit.

Literatur

ABELMANN, X.: Der Erkenntniswert von Beobachtung und Experiment in Biologie und Landwirtschaft. Jena 1972.

BONIK, K. und W. F. GUTMANN: Evolution, Naturphilosophie und die Konsequenzen für die Physiologie. Natur und Museum **110**, 1, (1980), S. 1–8.

BOWLBY, J.: Maternal care and mental health. WHO Genf (1951), S. 355–534 (dtsch. Ausgabe: Mütterliche Zuwendung und geistige Gesundheit. München 1973).

BREUER, G.: Mann und Frau bei Tier und Mensch. Naturwiss. Rdschau **32**, 11 (1979), S. 451–455.

EIBL-EIBESFELDT, I.: Taubblind geborenes Mädchen. Homo **24**, (1973), S. 39–48.

FEUSTEL, R.: Abstammungsgeschichte des Menschen. Jena 1976.

FREEDMAN, D.: An ethological approach to the genetical study of human behavior. In: Methods and goals in human behavior genetics. Ed. by S. G. VANDENBERG. New York 1965, S. 141–161.

FROESE, A.: Ethologie und vergleichende Psychologie heute. In: Die Psychologie des 20. Jahrhunderts, Bd. VI: Lorenz und die Folgen. Hrsg. v. R. A. STAMM. Zürich 1978, S. 111–118.

GROSSMANN, K.: Das Tier als Modell: Biologische und psychologische Verhaltensforschung. In: Die Psychologie des 20. Jahrhunderts, Bd. VI: Lorenz und die Folgen. Hrsg. v. R. A. STAMM. Zürich 1978, S. 505–527.

GUTMANN, W. F.: Phylogenetik ist Rekonstruktion und nichts als dies. In: Phylogenetisches Rekonstruieren — Theorie und Praxis. Hrsg. v. W. SCHÄFER. Frankfurt/Main 1973, S. 170 bis 172.

HARLOW, H. F.: Love in infant monkeys. Scient. Amer. **200** (1959), S. 68.

HARLOW, H. F., and M. K. HARLOW: Social deprivation in monkeys. Scient. Amer. **207** (1962), S. 136.

HARLOW, H. F., and M. K. HARLOW: The affectional system. In: Behaviour of nonhuman primates. Ed. by A. M. SCHRIER. London 1965, S. 287—334.

HARLOW, H. F., J. P. GLUCK, and S. J. SUOMI: Generalization of behavioral data between nonhuman and human animals. Amer. Psychologist **27** (1972), S. 709—716.

HASLER, R.: Funktionelle Neuroanatomie und Psychiatrie. In: Psychiatrie der Gegenwart, Forschung und Praxis. Bd. I/1 A, Teil A: Grundlagenforschung zur Psychiatrie. Hrsg. v. R. JUNG. Berlin (W) 1967.

HERZKA, H. S.: Die Sprache des Säuglings. Basel und Stuttgart 1967.

HINDE, R. A.: Die ethologische Untersuchung sozialer Beziehungen. In: Die Psychologie des 20. Jahrhunderts, Bd. VI: Lorenz und die Folgen. Hrsg. v. R. A. STAMM. Zürich 1978, S. 429—443.

HINDE, R. A., and J. STEVENSON-HINDE: Towards understanding relationships: dynamic stabillity. In: Growing points in ethology. Ed. by P. P. G. BATESON. Cambridge 1976, S. 451—479.

JOLLY, A.: Die Entwicklung des Primatenverhaltens. Stuttgart 1975.

LAWICK-GOODALL, J. van: Wilde Schimpansen. Reinbek 1975.

LEHR, E.: Visuelle Orientierung bei Primaten und damit verbundene Lern- und Abstraktionsleistungen. Fortschr. Zoologie **21** (1973) 2/3, S. 334—348.

MEISSNER, K.: Homologieforschung in der Ethologie. Jena 1976.

MEISSNER, K.: Homologiekriterien als Mittel des Erkenntnisgewinns. In: Philosophische und ethische Probleme der modernen Verhaltensforschung. Hrsg. v. G. TEMBROCK. Berlin 1978, S. 179—206.

MITCHELL, G. D., H. F. HARLOW, G. A. GRIFFIN et al.: Repeated maternal separation in the monkey. Psychonomic Science **8** (1967), S. 197—198.

PAPOUŠEK, H.: Experimental studies of appetitional behavior in human newborns and infants. In: Early behavior: Comparative and developmental aproaches. Ed. by H. W. STEVENSON. New York 1967, S. 249—277.

PAPOUŠEK, H.: Verhaltensweisen der Mutter und des Neugeborenen unmittelbar nach der Geburt. Arch. Gynaecol. **228** (1979), S. 26—32.

PAPOUŠEK, H., und M. PAPOUŠEK: Die Frühentwicklung des Sozialverhaltens und der Kommunikation. In: Neuropsychologie des Kindesalters, Bd. 2. Hrsg. v. H. REMSCHMIDT. Stuttgart (im Druck).

PILLERI, G.: Instinktbewegungen des Menschen in biologischer und neuropathologischer Sicht. In: Beiträge zur Verhaltensforschung. Hrsg. v. R. BILZ. Basel 1971, S. 1—37.

PLOOG, D.: Kommunikation in Affengesellschaften und deren Bedeutung für die Verständigungsweisen des Menschen. In: Neue Anthropologie. Hrsg. v. H.-G. GADAMER. Stuttgart 1972, S. 98 bis 178.

PLOOG, D.: Verhaltensbiologische Aspekte in der psychiatrischen Forschung. Dt. med. Wochenschr. **100** (1975), S. 2108.

PLOOG, D.: Biologische Grundlagen aggressiven Verhaltens. In: Psychiatrische und ethologische Aspekte abnormen Verhaltens. Hrsg. v. H. KRANZ. Stuttgart 1975, S. 49.

PLOOG, D.: Sozialverhalten und Hirnfunktion beim Menschen und seinen Verwandten. Klin. Wochenschr. **55** (1977), S. 857—867.

PREMACK, A. J., und D. PREMACK: Sprachunterricht für einen Affen. In: Vergleichende Verhaltensforschung. Hrsg. v. W. WICKLER. Hamburg 1973, S. 414—430.

REMANE, A.: Die Grundlagen des natürlichen Systems, der vergleichenden Anatomie und der Phylogenetik. 2. Aufl. Leipzig 1956.

RIJT-PLOOIJ, H. van de, und F. X. PLOOIJ: Schimpansen. In: Die Psychologie des 20. Jahrhunderts, Bd. VI: Lorenz und die Folgen. Hrsg. v. R. A. STAMM. Zürich 1978, S. 177—188.

SCHOETZAU, A., und H. PAPOUŠEK: Mütterliches Verhalten bei der Aufnahme von Blickkontakt mit dem Neugeborenen. Z. Entwicklgspsychol. u. pädag. Psychol. **11**, 4 (1977), S. 231—239.

SIMONS, G., und H. PAPOUŠEK: Methoden der Kleinkindforschung: Beobachtung und Experiment. In: Handbuch der Früh- und Vorschulpädagogik, Bd. 2. Hrsg. v. R. DOLLASE. Düsseldorf 1978, S. 93—110.

SPITZ, R. A.: Hospitalism. Psychoanalytic study of the child **1** (1945), S. 53—74.

SPITZ, R. A.: Hospitalism: a follow-up report. Psychoanalytic study of the child **2** (1946), S. 113 to 117.

SUOMI, S. J., H. F. HARLOW, and C. J. DOMEK: Effect of repetitive infant-infant separation of young monkeys. J. abnormal Psychol. **76** (1970), S. 161–172.

TINBERGEN, E. A., and N. TINBERGEN: Early childhood autism — an ethological approach. Berlin (W) 1972.

TEMBROCK, G.: Grundriß der Verhaltenswissenschaften 2. Aufl. Jena 1973.

VIERODT, K.: Die Sprache des Kindes. Dt. Rev. **4** (1879), S. 29–46 (zit. nach HERZKA 1967).

VOGEL, Chr.: Praedispositionen bzw. Praeadaptationen der Primaten-Evolution im Hinblick auf die Hominisation. In: Hominisation und Verhalten. Hrsg. v. G. KURTH. Stuttgart 1975, S. 1–31.

VOGEL, Chr.: Zum biologischen Selbstverständnis des Menschen. Naturwiss. Rdschau **30**, 7 (1977), S. 241–250.

WICKLER, W.: Vergleichende Verhaltensforschung und Phylogenetik. In: Die Evolution der Organismen, 1. Teil Hrsg. v. G. HEBERER. 3. Aufl. Stuttgart 1967, S. 420–508.

ZEIER, H.: Entwicklung von Physiologischer Psychologie und Psychophysiologie. In: Die Psychologie des 20. Jahrhunderts, Bd. VI: Lorenz und die Folgen. Zürich 1978, S. 563–576.

Über einige Probleme der menschlichen Kommunikation aus der Sicht der Verhaltensforschung

Jochen OEHLER

1. Einleitung

Eines der wichtigsten Bestimmungsstücke organismischer Verhaltensprozesse ist die Informationsübertragung bzw. der Informationsaustausch zwischen dem Organismus und seiner belebten und unbelebten Umwelt, allgemein auch als Kommunikation bezeichnet. Die Erkenntnisse der vergleichenden Verhaltensforschung und speziell der Zoosemiotik (SEBEOK, 1965), der Lehre von den tierischen Zeichen, haben in letzter Zeit viele Fragen biologischer Informationsaustauschprozesse auf interindividueller Ebene aufgeklärt, die auch für die Kommunikationsformen des Menschen bezüglich ihrer Bedeutung, phylogenetischen Entstehung und Funktionsweise im Gesamtrahmen des menschlichen Verhaltens von großem Erkenntniswert sind (PLOOG, 1972b, LENNEBERG, 1967).

Obwohl die sprachliche Kommunikation des Menschen und die davon abgeleiteten Verständigungsmittel wie Schrift, geschichtliche Überlieferung, künstlerische Darstellung aufgrund der Willkürlichkeit und der Universalität des Einsatzes in weiten Bereichen des menschlichen Daseins dominierend sind, so können sie doch vom verhaltenswissenschaftlichen Standpunkt niemals von den nichtverbalen Kommunikationsformen losgelöst betrachtet werden, da sie diese und die damit verbundene soziale Integration des Individuums als unbedingte Voraussetzung hat. Es hat sich gezeigt und läßt sich im täglichen Umgang stets beobachten, daß den nichtverbalen Kommunikationsformen in ihrer Gesamtheit für die normale ontogenetische und soziale Entwicklung des Einzelmenschen, sowie für das unmittelbar zwischenmenschliche Verhalten Erwachsener eine nicht zu unterschätzende Bedeutung zukommt. Sie gleichen in ihrem Wirkungsgefüge und in ihren Beziehungen zum Verhalten vielfach den Kommunikationsformen der höheren Säuger, besonders der Primaten, und sind vielfach phylogenetisch von diesen ableitbar. Zum großen Teil ist ihre Funktionsweise und Situationsspezifik sende- und empfangsseitig mehr oder weniger deutlich genetisch determiniert bzw. vorprogrammiert, hingegen ist der Spracherwerb weitgehend an obligatorische und fakultative Lernvorgänge gebunden.

Die Untersuchung der Entwicklung menschlicher Kommunikationsformen wird durch mehrere Faktoren erschwert: 1. Auf fossile Funde kann kaum oder nur sehr bedingt zurückgegriffen werden (PLOOG, 1976), da die Fossilien höchstens Rückschlüsse auf bestimmte morphologische Zusammenhänge erlauben. 2. Biologische Kommunikationssysteme leiten sich meist aus Strukturen und Mechanismen ab, die primär anderen Funktionskreisen zuzuordnen sind (Ritualisation und Semantisierung, vgl. WICKLER, 1967). 3. Positiven Selektionswert gewinnen Kommunikationssysteme besonders bei der Herausbildung sozialer Verhaltensweisen. Diese unterscheiden sich jedoch innerhalb engster Verwandtschaftsgruppen oft sehr stark. 4. Große Unterschiede zeigen auch die Kommunikationsformen eng miteinander verwandter sympatrischer Arten (z. B. bei Vögeln), weil sie auch als Isolationsmechanismen dienen.

Informationen dienen zur Steuerung und Regelung des Verhaltens des Organismus gegenüber seiner Umwelt. Man spricht vom Informationswechsel als der Voraussetzung für die Steuerung und Regelung der Organismus-Umweltbeziehungen (Tembrock, 1971).

In den einfachsten Fällen nimmt der Organismus Informationen von Umweltgegebenheiten, z. B. Nahrungsquellen, Feindsituationen, Partnerverhalten über die Sinnesorgane auf, bewertet sie nach seinem augenblicklichen Status (z. B. Hunger, Durst) im Rahmen seines artspezifischen Umweltbezuges und richtet sein Verhalten danach, z. B. durch Ansteuerung der Nahrungsquelle oder Flucht u. a. Man sagt, er bildet Informationen über bestimmte Umweltgegebenheiten. Von seinem augenblicklichen Status und eingespeicherten Informationen (im Genom gespeichert oder durch Lernen erworben) hängt es ab, in welcher Form die Informationen für ihn Bedeutung erlangen. Man spricht von aktiver Informationsbildung (Klix, 1973) oder auch Informationsaggregation (Tembrock, 1972,). In diesen Fällen entnimmt der Organismus selektiv für ihn relevante Informationen aus seiner Umwelt.

Bei Interaktionen zwischen zwei oder mehreren Artgenossen kommt es dagegen zum Informationsaustausch, der eine funktionsbezogene Synchronisation der beteiligten Individuen ermöglicht. Die Partner nehmen jeweils Informationen voneinander auf und richten ihr Verhalten danach. Sie sind in der Lage, aus den empfangenen Signalen die artspezifisch verschlüsselten Informationen zu entnehmen. Die durch die empfangene Information bewirkte Verhaltensänderung eines Empfängers kann entweder als solche für den Sender rückkoppelnde Information sein, oder er kann durch eine darauf folgende Signalisation des Empfängers (der jetzt Sender ist) eine Bestätigung seiner Signalisation erhalten (z. B. Kontaktlaute), oder aber durch vom Empfänger seinerseits signalisierte Zustände bzw. Absichten (Affektlaute, Warnrufe) informiert werden. In beiden Fällen ist die Informationsabgabe vom Sender inhaltlich bestimmt, d. h. semantisch belegt. Nur bei solchen Prozessen ist vorgeschlagen worden, von Nachrichten zu sprechen (Tembrock, 1973) und nur solche Prozesse als Kommunikationsprozesse zu bezeichnen.

Signale

$S_1 \rightarrow E_1$

S_1 E_2		S_2 E_1

Signale

$S_2 \rightarrow E_1$

Im einfachsten Falle sind die vom Sender abgegebenen Nachrichten und die Antworten des Empfängers mit Gebrauchshandlungen identisch. Es entstehen Handlungsablaufketten — Verhaltens-Interaktionen — wie z. B. bei der Balz. Ein weiterer Fall wäre Informationsabgabe über nur der Informationsübermittlung dienende Handlungen — Signalhandlungen—, durch die gezielte Nachrichten bzw. Informationen übermittelt werden, die mit dem Signalträgerprozeß nichts zu tun haben müssen (Zeichen). Sie können unmittelbar oder auch verzögert eine spezifische Verhaltensreaktion des Partners zur Folge haben (z. B. Annäherung), so daß diese Handlung für den Sender gleichzeitig wiederum eine Nachricht darstellt. Es kann aber auch der Empfänger seinerseits mit einer Signalhandlung in obigem Sinne reagieren, so daß sich der Informationsaustausch beidseitig nur über Signale (Zeichen) abspielt, wie wir es z. B. im Gespräch (Dialog) vor uns haben.

Eine optimale Informationsübertragung ist nur möglich, wenn sich Signale von der Umgebung deutlich abheben, da erst dann die Wahrscheinlichkeit ausreichend groß ist, daß das Signal den Empfänger auch erreicht. Daher sind das Prinzip der Kontrastverstärkung, d. h. die deutliche Abhebung der Signalstruktur von der Umgebung und das Prinzip der redundanten Übertragung, worunter man eine Erweiterung der Signalstruktur über das notwendige informationstragende Element hinaus versteht, immer wiederkehrende analoge Mechanismen, die auch für die Verständigung des Menschen kennzeichnend sind. Vielfach werden zwei oder mehrere Kanäle gleichzeitig benutzt, um die Informationsübertragung gegen Störungen abzusichern. Die Notwendigkeit des sicheren und unmißverständlichen Funktionierens der Kommunikation hat zweifellos einen starken Selektionsdruck auf die Ausprägung derartiger analoger Funktionsprinzipien ausgeübt.

Zum großen Teil sind tierische Kommunikationsformen vollständig genetisch determiniert, d. h. die Angehörigen einer Art brauchen weder die Signalerzeugung noch deren Empfang und Decodierung zu erlernen. Sie beherrschen diese von Geburt an oder nach einer vorprogrammierten ontogenetischen Reifungsphase. Diesem Prinzip können auf der Senderseite die Vielzahl der artspezifischen Schlüsselreize und auf der Empfängerseite die Angeborenen Auslösemechanismen (AAM) zugeordnet werden.

Bei Vögeln z. B. kommen aber neben streng angeborenen Rufsignalen und Gesängen auch solche vor, deren artspezifische Ausbildung als Signalkomplex innerhalb des Fortpflanzungsverhaltens an bestimmte sensible Entwicklungsperioden gebunden ist. Ohne spezifische Informationsaufnahme in Form des arttypischen Gesangs adulter Vögel kann kein normaler Gesang ausgebildet werden. Unterbindet man z. B. bei Buchfinken diesen obligatorischen Lernvorgang dadurch, daß man sie akustisch isoliert aufzieht, so sind sie später nicht in der Lage, den arttypischen Gesang vollständig zu äußern — und zwar auch dann nicht, wenn man ihnen nachträglich Gelegenheit bietet, den normalen Buchfinkengesang zu perzipieren (THORPE, 1961).

Ähnliches ist im optischen Bereich etwa bei der Erkennung des Geschlechtspartners nachgewiesen worden. So waren Enten, denen in einer bestimmten sensiblen Phase die Informationen über das Aussehen der artrichtigen Geschlechtspartner vorenthalten bzw. denen falsche Informationen in Gestalt von Individuen anderer Arten geboten wurden, nach der Geschlechtsreife nicht in der Lage, mit arteigenen Partnern sexuellen Kontakt aufzunehmen. Sie versuchten vielmehr mit den Angehörigen der Art zu balzen, auf die sie optisch geprägt worden waren (SCHUTZ, 1965).

Das artspezifische Funktionieren dieser Kommunikationsformen hängt also von einer genetischen Disposition, die sich in KASPAR-HAUSER-Versuchen nachweisen läßt, und von einem obligatorischen, zeitlich begrenzten und spezifischen Informations-Input ab. Fehlt dieser, so zeigt das betreffende Individuum in seiner sozialen Kommunikation irreparable oder nur schwer reparable Störungen.

Die hier nur kurz skizzierten generellen Fragenkomplexe kommunikativen Verhaltens sind unter Berücksichtigung der Spezifik des Menschen auch für seine Verständigungsformen und ihre Bedeutung im Rahmen seines Verhaltens zutreffend.

2. Die Kommunikationsformen der Primaten — Quellpunkte der Evolution menschlicher Verständigungsformen

Ein entscheidender Quellpunkt für die hochentwickelten Kommunikationsformen (und schließlich für die Entwicklung des Menschen überhaupt) ist die Ausbildung komplexer Sozialbeziehungen. Daher ist verständlich, daß die Kommunikation der Primaten, zumindest in bestimmten Bereichen, Aufschluß über die Entwicklung, Bedeutung und Funktion einiger menschlicher Kommunikationsformen zu geben vermag.

Differenzierte soziale Bindungen innerhalb mehr oder weniger geschlossener Gesellschaften sind neben den generellen mentalen Leistungen die entscheidenden Merkmale aller Primaten-Arten. Innerhalb der Gruppen, die ein ausgeprägtes Revierverhalten zeigen können, aber auch herumwandernde Verbände bilden, bestehen bestimmte soziale Hierarchien, die sich teils aus Geschlechter-, Alters- oder auch aus Familiengruppen zusammensetzen. Die Beziehungen der einzelnen Individuen zueinander ergeben sich aus der sozialen Stellung, dem Alter und den verwandtschaftlichen Bindungen. Generell unterscheidet man: 1. Gruppen mit vielen Männchen, in denen zahlreiche männliche Tiere ohne stabile heterosexuelle Bindungen zusammenleben (Makaken, Languren, Paviane), 2. Einmann-Gruppen, die aus einem ausgewachsenen Männchen und mehreren Weibchen bestehen — meist bei in offener Savannenlandschaft lebenden Arten (Dscheleda, Mantelpaviane, Husarenaffen) und 3. Gruppen, bei denen ein Erwachsenenpaar (monogam) den Gruppenkern bildet. Alle Gruppenformen schließen natürlich Jungtiere und Säuglinge mit ein. Daneben bestehen männliche Einzelgänger, eingeschlechtliche Männchengruppen, die abseits der heterosexuellen Gruppen leben (KUMMER, 1975). Primaten können zwar Beziehungen zu allen Mitgliedern der Gruppe haben, jedoch hat jedes Individuum ein ganz spezifisches Beziehungsgefüge zu einigen Gruppenmitgliedern, während zu anderen wiederum selten oder gar keine Beziehungen bestehen. Zum Teil können solche Differenzierungen durch verwandtschaftlich und altersgruppenbedingte Präferenzen gegeben sein. Aufgrund der sehr langen Kindes- und Jugendphase der Primaten (bei Schimpansen bis zu 9 Jahren) und sich ändernder Rangordnungen innerhalb des Verbandes ist das einzelne Individuum im Laufe seiner Ontogensese einem kontinuierlichen Wechsel seiner sozialen Beziehungen unterworfen. Der Geschlechtsunterschied zeigt sich bei Primaten nicht nur im Sexualverhalten. So sind männliche Tiere in der Regel aggressiver als weibliche, und nur sie verlassen die Gruppe.

Spezifische Beziehungen bestehen lebenslang zu den Muttertieren, wodurch analoge Erscheinungen zum Inzesttabu erklärt werden können. Die soziale Ordnung innerhalb einer Primatengruppe, in der quasi jeder jeden kennt, ist keinen jahreszeitlichen Schwankungen — z. B. durch Brunftzeiten usw. — unterworfen. Es gibt keine spezifischen Zeiten für Rivalenkämpfe, für die Begattung, die Aufzucht der Jungen oder für Wanderungen, d. h., sämtliche dieser Funktionen laufen ständig ab und sind daher an ständige, sehr komplexe Interaktionen innerhalb der Gruppe gebunden (KUMMER, 1975). Das erfordert vom Einzeltier, daß es sich im ständigen Wechsel den verschiedensten Zusammenhängen zuwenden muß. Es ist permanent in eine komplexe soziale Situation eingebunden und muß nicht nur auf isolierte soziale Stimuli, sondern auf ein ganzes soziales Feld reagieren. Eine „Privat-Sphäre“ gibt es bei Affen nicht. Der Einzelne muß die gesamte Komplexität und Dynamik des sozialen Beziehungsgefüges einer Gruppe erfassen und in sein wechselndes momentanes Handeln und schon in seine Handlungsplanung einbeziehen. Ja, er muß sogar vorausschätzen (und tut es auch), wie sein momentanes und zukünftiges Handeln von den anwesenden Gruppenangehörigen aufgenommen bzw. beantwortet werden könnte (VOGEL, 1975). Es ist sogar der Nachweis der direkten Verwendung komplexer sozialer Konfigurationen für das eigene Handeln erbracht worden (KUMMER, 1957, 1968).

So gesehen ist jeder einzelne Gruppenangehörige in ein „kompliziertes Netzwerk von Rang- und Rollenbeziehungen, von Bündnissen und Konkurrenzverhältnissen, engen Verbindungen zwischen nahen Verwandten und loseren Zusammenschlüssen zwischen Tieren, die in der Mitte der Gruppe und solchen, die zeitweise am Rande der Gruppe leben“ (KUMMER, 1978, S. 519) integriert. Die hochgradige Vernetzung der einzelnen Individuen innerhalb der Gruppe existiert nur aufgrund sehr differenziert funktionierender Kommunikationssysteme. Nur durch den kontinuierlichen Informationsaustausch zwischen den einzelnen Gliedern kann das soziale Gefüge bestehen und können die Funktionen des Verbandes realisiert werden, an die Lebensfähigkeit des Einzeltieres sowie der Gruppe bzw. Population gebunden ist. Die ständig zwischen den Individuen ablaufenden Informationsaustauschprozesse sind äußerst vielschichtig und nur schwer zu analysieren, da sie sich parallel zu verschiedensten Handlungen und Verhaltensweisen mit hoher Dynamik vollziehen. Sofern es sich um diskrete Signale in Form mimischer Ausdrücke oder Vokalisationen handelt, lassen sich klare Klassifikationen und Zuordnungen zu bestimmten Situationen (Pragmatik) bzw. Bedeutung (Semantik) durchführen. Doch weit schwieriger ist die Analyse von Signalhandlungen, die eine Kombination von Intentionsbewegungen, Körperhaltungen, Präsentieren verschiedener Körperregionen — insbesondere Anal- und Genitalregionen — in Kombination mit Mimik und Vokalisation darstellen. Ein sehr auffallendes Merkmal vieler Signalisationen, zumindest der höheren Affen, ist das der kontinuierlichen Abstufung, d. h., ein mimischer Ausdruck kann mehr oder weniger deutlich intendiert sein, oder aber ein bestimmter Laut kann mit unterschiedlicher Intensität abgegeben werden.

Als Gegensatz dazu seien die sehr konstanten Rufe von Vögeln oder aber sehr formstarren Signalhandlungen anderer Tiergruppen erwähnt. Die Möglichkeit der kontinuierlichen Abstufung hat für eine differenzierte Nachrichtenübermittlung große Bedeutung. Sie ist auch eine entscheidende Eigenschaft der nichtverbalen Verständigungsmittel beim Menschen.

Wie schon angedeutet, werden verschiedene Informationskanäle von den Primaten — teils auch gleichzeitig — benutzt. Welche jeweils vorrangig sind, hängt von der Entwicklungshöhe und Lebensweise (offene Landschaft, dichter Regenwald) und natürlich vom jeweiligen Kontext ab. Der noch bei den Prosimiern eine relativ große Rolle spielende Geruchssinn (olfaktorischer Kanal) spielt scheinbar bei den Simiern (echten Affen) eine geringere Rolle (MARLER, 1973). Neben der Umweltexploration (Nahrungsidentifizierung) spielen olfaktorische Signale besonders im sexuellen Kontext (Nahkommunikation) eine Rolle. Es ist aber leicht einzusehen, daß der olfaktorische Kanal wegen seiner Trägheit (Luftbewegung) und der geringen Quantifizierbarkeit den höheren Leistungsanforderungen in den komplexen Sozialgefügen nicht entsprechen kann. Daher treten die Kanäle in den Vordergrund, die eine größere Übertragungsstabilität und eine größere Dynamik in der zeitlichen Auflösung und sichere Übertragung auf Entfernung garantieren. Dies sind der visuelle und akustische und für die unmittelbare Kontaktkommunikation der taktile Kanal. Alle drei Kanäle haben bei den Affen eine überragende Bedeutung, einzeln und auch in Kombination. Daß vielfach mehrere Kanäle gleichzeitig eingesetzt werden, hat zweierlei Bedeutung: Einmal zur Kommunikationssicherung im Sinne von Redundanz, zum anderen für die Übertragung komplexer Informationen durch Kombination.

Taktile Kommunikation nimmt innerhalb der Gruppen einen breiten Raum ein. Wenn es auch noch schwer ist, diese Mechanismen heute vollständig zu analysieren und zu verstehen, läßt sich durch statistische Beobachtungen nachweisen, daß sie 1. sozial positive, d. h. bindende und befriedigende Funktionen; 2. distanzierende bzw. agonistische Funktionen und 3. Hierarchie erhaltende bzw. bestätigende Funktionen besitzen. Die differenzierte taktile Signalisationsmöglichkeit, die erst bei den Affen auftritt, ist durch die enorme Beweglichkeit der Hände, die ihr hirn-physiologisches Korrelat in den ausgeprägten sensorischen und motorischen Hirnarealen haben, gegeben. Tatsächlich wird in der Mehrzahl der Fälle mit den Händen zumindest taktile Kommunikation eingeleitet. Darüber hinaus spielen Zähne, Lippen, Zunge, Nase, wenn vorhanden, der Schwanz und ganze Körperpartien, die Beckenregion und der Penis eine wesentliche Rolle. Weit verbreitet ist die soziale Hautpflege, die mit Händen und Mund ausgeführt, neben der tatsächlichen Reinigungsfunktion, deutlich sozial positiven Verständigungswert hat.

Vielfältig sind weiterhin die taktilen Grußzeremonien, die Hand-Hand-Berührungen, Beschnüffeln, Küssen und Handberührungen verschiedener Körperteile umfassen. Man kann sich leicht vorstellen, daß durch die taktilen Signale die Möglichkeit einer kontinuierlichen Abstufung der Interaktionen durch Intensität und Zeitdauer der Bewegung, z. B. bei der sozialen Fellpflege, gegeben ist.

Die visuelle Kommunikation nimmt einen sehr großen Raum ein. Ihr dient insbesondere der gesamte Gesichtsbereich, der durch die komplexe und feingliedrige Gesichtsmuskulatur mit ihrer cerebralen Repräsentation eine Vielzahl von Ausdrucksmöglichkeiten bietet (Abb. 1). Bei verschiedenen Affenarten sind bestimmte Klassifizierungen vorgeschlagen, die auch Homologien zwischen den Arten und auch zwischen Primaten und und Mensch aufzeigen (Van HOOFF, 1972). Das betrifft insbesondere die Mundpartie, über die sowohl drohende als auch bindende Signale übermittelt werden können, je nach dem, ob der Mund offen ist, mit oder ohne Sichtbarwerden der Zähne, oder aber mit bestimmten Bewegungen der Lippen kombiniert wird. Weiterhin spielt der Augenbereich (mit und ohne Blickzuwendung) eine große Rolle. Die verschiedensten Abstufungen und

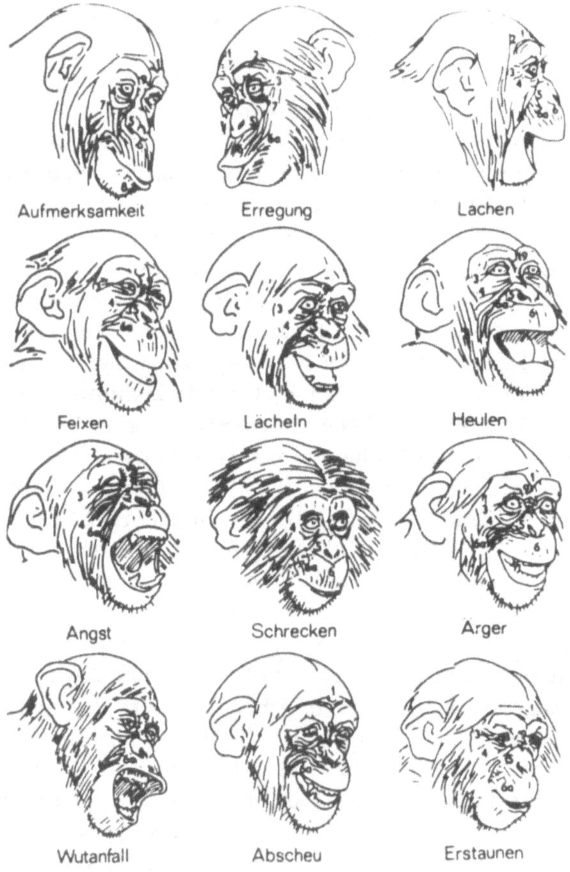

Abb. 1. Gesichtsausdrücke eines jungen Schimpansen nach Ladygina-Kohts (aus PLOOG 1972).

Kombinationen sind auch hier möglich. Daneben spielen eine unübersehbare Anzahl verschiedenster Körperhaltungen (Präsentieren) eine wesentliche Rolle, ohne daß hier darauf noch im einzelnen eingegangen werden kann.

Als letztes soll die akustische Kommunikation der Affen charakterisiert werden. Die Anzahl der laryngeal erzeugten vokalen Signale bei Affen ist relativ groß. Ihre eindeutige Klassifizierung ist bei den meisten Arten nur bedingt möglich, da es wiederum kaum formstarre Signale gibt, sondern gerade die gleitenden Übergänge der einzelnen Lautgruppen typisch sind (ROWELL u. HINDE, 1962, für Rhesusaffen; REYNOLDS u. REYNOLDS für Schimpansen; WINTER et. al., 1966, für Totenkopfaffen; PLOOG, 1972). Pragmatisch lassen sich daher zwar Laute bestimmten Funktionen und sozialen Bezügen zuordnen, doch ist es zutreffender, von bestimmten Lautgruppen und ihren Funktionsbereichen zu sprechen. So teilt PLOOG (1972) die bis zu 30 verschiedenen Laute des Totenkopfaffen in 5 Gruppen ein, die jeweils einer allgemeinen Funktion zugeordnet und durch die einzelnen Lauttypen näher spezifiziert werden können (Abb. 2). Pieplaute haben demnach Funktion beim Zusammenhalt der Gruppenmitglieder (Kontaktlaute). Eine zweite Gruppe dient der individuellen Distanzregulation, die dritte Gruppe drückt generelle Erregung mit Aggressionsbereitschaft aus, während eine vierte Gruppe direkt auf ein Gruppenmitglied gerichtete Aggression ausdrückt. Die fünfte Gruppe enthält Laute hoher Erregung, wie sie Kämpfen vorangehen oder auch begleiten.

Neben diesen Gruppen besteht eine weitere, die den verschiedensten Motivationen zuzuordnen ist und die sich aus Lautkombinationen aller zuvor genannten Gruppen zusammensetzt. Diese generelle Möglichkeit der Kombination verschiedener Lauttypen und der gleitenden Abwandlungen ist offenbar eine der Voraussetzungen für die Evolution der menschlichen Sprache.

In ähnlicher Form ist ein entsprechendes Repertoire bei Rhesusaffen (ROWELL u. HINDE, 1963) und auch bei den Menschenaffen, besonders bei Schimpansen (REYNOLDS u. REYNOLDS, 1965) festgestellt worden. Bleibt zu betonen, daß die Lautsignale in vielfältigster Weise mit visuellen und taktilen Signalisationen kombiniert auftreten können und alle speziell im sozialen Kontext eingesetzt werden. Dagegen sind die kommunikativen Möglichkeiten, Informationen über die belebte und unbelebte Umgebung weiterzugeben, bei allen Affen nach unserem heutigen Erkenntnisstand relativ gering (PLOOG, 1972).

Untersuchungen zur Ontogenese und zum Erkennen von vokalen Signalen, sowie hirnphysiologische Experimente haben weitere Erkenntnisse über die Physiologie der Kommunikation bei Primaten erbracht. Bei Totenkopfaffen, Rhesusaffen und anderen Arten ließ sich zeigen, daß ganz bestimmte Laute gleich nach der Geburt vorhanden sind und, da diese im sozialen Umfeld des Erwachsenen überhaupt nicht vorkommen, angeboren sein müssen.

Die Anzahl der Laute nimmt mit zunehmendem Alter zu, teilweise werden einige abgewandelt, andere verschwinden wieder. Derselbe Entwicklungsgang ist auch bei elternlos aufwachsenden Jungaffen festzustellen. Dies und die Tatsache, daß Affen trotz des Nachahmungslernens auf anderen Gebieten nicht in der Lage sind, vokal nachzuahmen, berechtigt zu dem Schluß, daß sowohl die Lauterzeugung als auch ihr Verstehen angeboren sind und in einer genetisch determinierten Weise in der Ontogenese nacheinander in Erscheinung treten. Nur der Einsatz dieser Systeme bei der Einordnung in das Sozialgefüge und bei der Rollenbehauptung scheint durch Lernprozesse bestimmt zu werden. Nur insofern können wir annehmen, daß angeborene Mechanismen im sozialen Kontext voluntativ kontrolliert verwendet werden können.

Das über die genetische Determination bei Vokalisation Gesagte gilt im weitesten Sinne auch für den visuellen und taktilen Bereich.

Da das aufwachsende Jungtier praktisch ständig innerhalb der Gruppe von sämtlichen Kommunikationsformen „umgeben“ ist, erfährt es in allen Ausreifungsphasen auch ständig die soziale Bekräftigung seiner eigenen sich entwickelnden Fähigkeiten, was im Sinne obligatorischer Lernprozesse unbedingte Voraussetzung für den relevanten Einsatz dieser Mechanismen ist.

Eindrucksvoll konnte das in Experimenten von SACKETT (1966) an von Geburt isoliert aufgezogenen Rhesusaffen belegt werden. Diese Versuchstiere hatten die Möglichkeit, wahlweise durch Knopfdruck Bilder von Artgenossen mit unterschiedlichen Gesichtsausdrücken, sowie neutrale Kontrollbilder in ihren Käfig zu projizieren. Anhand der Wahlhäufigkeit ließen sich bestimmte Be-

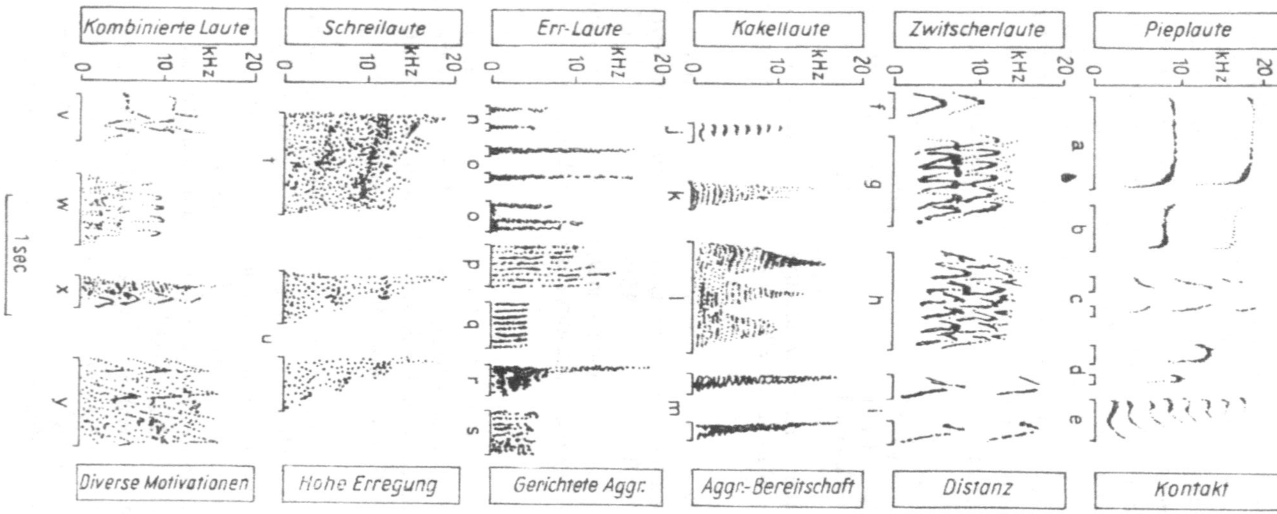

Abb. 2. Das vokale Repertoire des Totenkopfaffen (Saimiri sciureus), gezeichnet nach Klangspektrogrammen. a) Fiepen, b) Piepen, c) Piepsen, d) Alarmpieps, e) Quieken, f) Twit, g) Trillern, h) Zwitschern, i) Tschacks, j) Eh, k) Kakeln, l) Gackern, m) Bellen, n) Err, o) Fauchen, p) Tschörr, q) Quarren, r) Grunzen, s) Ächzen, t) Schreien, u) Schrei, v) Tschirpen, w) Keckern, x) Oink, (Baubylat), y) Kreischen (aus WINTER, P., D. PLOOG, J. LATTA 1966).

vorzugungen feststellen. Im ersten Lebensmonat wurden sämtliche Bilder gleichhäufig gewählt, im zweiten Lebensmonat wurden alle Affenbilder und schließlich die Affenbabybilder bevorzugt. Im Alter von etwa 2,5 Monaten fiel plötzlich die Wahlhäufigkeit der Bilder drohender erwachsener Artgenossen bis unter die Wahlhäufigkeit der Kontrollbilder (Abb. 3) ab. Projizierte der Experimentator dennoch in dieser Phase die Bilder mit Drohmimik, so reagierten die Tiere mit Angst- und Fluchtverhalten und schrien. Etwa nach 5,5 Monaten war die Wahlhäufigkeit der Bilder mit Drohmimik wieder gleich der der anderen Bilder. PLOOG (1972, S. 128) schreibt dazu: „Nach Anlage des Experimentes besteht kein Zweifel, daß die in einem bestimmten begrenzten Zeitraum einsetzende heftige Reaktion auf das Drohgesicht angeboren ist. Das mimische Signal löst Flucht aus. Es bekommt zu einem prädeterminierten Zeitpunkt eine Bedeutung, die es vorher nicht gehabt hat. ohne daß für diesen Bedeutungswandel äußere Gründe vorhanden sind. Im Verhalten ändert sich

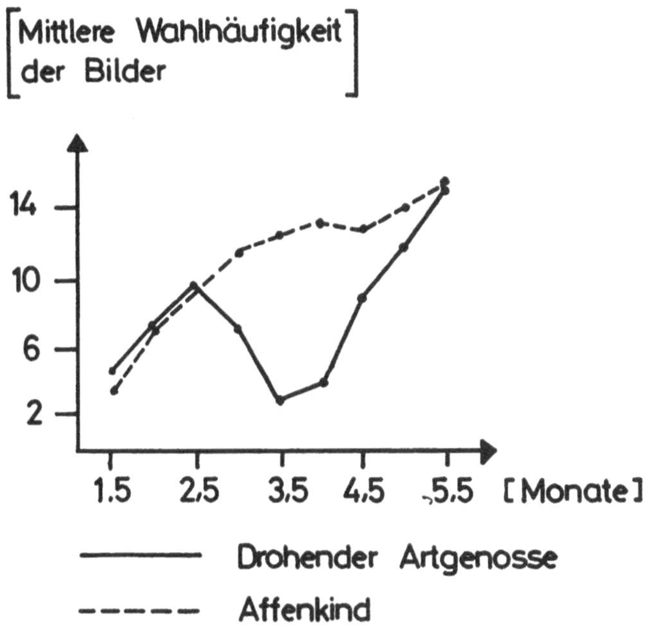

Abb. 3. Reifung des Mimikerkennens bei isoliert aufgezogenen Rhesusaffen (nach SACKETT 1966, nähere Erläuterungen im Text).

etwas, das nicht gelernt worden ist. Eine derartige Reaktionsbereitschaft ist in anderen entwicklungsbiologischen Bereichen durchaus bekannt.“ Man hat derartige Entwicklungsabschnitte auch als sensible Phasen bezeichnet. Die während dieser Phase ablaufenden Lernprozesse stellt man funktionell in die Nähe der z. B. bei Vögeln beschriebenen Prägung (Prägungslernen). Bei diesen Prozessen muß zum Zeitpunkt des Reifens genetisch prädeterminierter Mechanismen eine obligatorische soziale Reaktion der Partner (obligatorischer Informations-Input), in unserem Falle die mit der Drohmimik verbundene Aggressivität des Erwachsenen, verbunden sein, damit das gesamte Interaktionsmuster funktionsfähig werden kann.

In ähnlicher Weise sind die von HARLOW und HARLOW (1962 und 1965) und HINDE et al. (1966) durchgeführten Isolationsexperimente an Rhesusaffen zu interpretieren. Auch hier zeigte sich, daß die isolierten Affen später nicht in der Lage waren, ein normales Sozial- und Sexualverhalten auszubilden.

Ein artspezifischer Sozialkontakt in der frühen Entwicklungsphase ist eine grundlegende Voraussetzung, daß sämtliche genetisch präformierten Kommunikationsmechanismen (Signalisation und Erkennen) durch obligatorischen sozialen Informations-Input ausgeformt und vervollkommnet werden. Sie sind unbedingte Voraussetzung dafür, daß der einzelne Gruppenangehörige in fakultativer Weise diese Mechanismen zur Erlangung und Stabilisierung seiner sozialen Stellung einsetzen kann. Daß dabei auch Ansätze voluntativer Prozesse eine Rolle spielen, ist, wie schon angedeutet, in hohem Maße wahrscheinlich und aus der Vielzahl von Beobachtungen über einsichtiges Handeln besonders bei Menschenaffen in anderen Bereichen (z. B. Werkzeuggebrauch) ableitbar. Dieser Zusammenhang zwischen genetischer Prädisposition und ontogenetischer Ausreifung ist offenbar sowohl für den akustischen wie auch für den visuellen und taktilen Kommunikationskanal zutreffend.

Die differenzierten Kommunikationsprozesse der Affen sind nach unserer heutigen Kenntnis meist an augenblickliche Absichten, Motivationen, emotionale Zustände im sozialen Kontext gekoppelt. Hirnreizexperimente haben das hinreichend bewiesen. Die Auslösung von Signalisationen war immer mit dem dazugehörigen motivationalen Zustand gekoppelt, und nur jene Hirnstrukturen zeigen solche Reizerfolge, die für motivationelle und affektive Prozesse zuständig sind (Thalamus, zentrales Höhlengrau des Mittelhirns, ältere Stammhirnbereiche). Niemals aber lassen sich vollständige Signale in den kortikalen Bereichen auslösen, die in erster Linie für die höheren mentalen Funktionen verantwortlich sind. Man ist heute der Ansicht, daß Affen im natürlichen Kontext von sich aus auch noch keine Gegenstände oder Klassen von Gegenständen mit Vokalisationen oder anderen Signalen bezeichnen, d. h. bestimmten, von den Gegenständen unabhängigen Zeichen zuordnen. Es fehlen offenbar noch die zentralnervösen Verbindungen, die eine dem Menschen ähnlichen voluntativen Einsatz vokaler Signale ermöglichen. Anders scheint es diesbezüglich mit den anderen Kanälen zu sein, worauf im letzten Abschnitt noch eingegangen wird.

3. Die averbalen Verständigungsformen des Menschen

Wie einleitend schon erwähnt, haben in der Vergangenheit eine Reihe von Schwierigkeiten und eine fehlende wissenschaftliche Basis dazu geführt, daß der Stellenwert der averbalen Verständigungsformen im Gesamtsystem menschlicher Kommunikation nicht richtig erkannt wurde. Vor allem durch die moderne Verhaltensforschung (vgl. die Beiträge von V. Johst und G. Tembrock) ist eine naturwissenschaftliche Basis zu diesen Fragen geschaffen worden. Durch die vorwiegende Beschäftigung mit der Wortsprache und die Betonung der Sprache als die Besonderheit des Menschen (die ja außer Frage steht) gerieten die nichtverbalen Mechanismen aus dem Blickfeld. Dazu kam, daß ihre räumliche und zeitliche Permanenz im zwischenmenschlichen Beziehungsgefüge eine quantitative Erfassung zu erschweren schien. Weitere Probleme hängen mit der teilweise engen Verflechtung und Überschichtung durch die Sprachkommunikation zusammen, eine Eigenschaft, die natürlich die Stellung dieser Verständigungsformen bei Menschen gegenüber denen bei Primaten relativiert. Heute ist ein deutlicher Trend zu erkennen, daß man das Wirkungsgefüge und die biologische Bedeutung dieser Mechanismen besonders in den Bereichen aufklärt, in denen ihnen eine dominierende Rolle zukommt. Dies ist beispielsweise die vorsprachliche Periode des Kleinkindes mit den während dieser Zeit ablaufenden Interaktionen zwischen Kleinkind und Betreuungsperson. Weiterhin gibt es aber auch Untersuchungen über bestimmte angeborenermaßen vorhandene Ausdrucksformen und Erkennungsmechanismen (Eindrucksmechanismen) bei Erwachsenen.

Methodisch kommt besonders dem Vergleich zwischen Kulturen, die nachweislich keinen Kontakt miteinander gehabt haben (Keiter, 1969, Eibl-Eibesfeldt, 1972), sowie den Vergleichen mit den im vorausgegangenen Abschnitt beschriebenen Verständigungsformen der Primaten im Hinblick auf Homologien besondere Bedeutung zu (vgl. auch den Beitrag von K. Meissner). Eine weitere Möglichkeit besteht in der Beobachtung der Entwicklung nichtverbaler Mechanismen an blinden und taubblinden Kindern im Vergleich zu normalen Kindern (Eibl-Eibesfeldt, 1972), da sich auch hier Hinweise auf genetisch vorprogrammierte Reifungs- und Entwicklungsprozesse nichtverbaler Kommunikation ergeben. Eine immer größere Rolle spielen auch psychophysiologische und psycholinguistische Untersuchungen, die, obwohl primär, mit anderer Zielstellung angelegt, auch Hinweise über die funktionelle Organisation bestimmter im nichtverbalen Bereich liegender Erkennungsmechanismen bzw. kognitiver Strukturen erbringen (Klix, 1979). Wertvolle Hinweise werden nicht zuletzt durch mehr zufällige Untersuchungen im Zusammenhang mit hirnchirurgischen Eingriffen und pathologischen Hirnausfällen erhalten, bei denen im Vergleich zu hirnexperimentellen Untersuchungen an Primaten über die Lokalisation und Auslösbarkeit z. B. von Vokalisationen sowie mimischen und genetischen Ausdrucksweisen die Anders- oder Gleichartigkeit nachgewiesen werden kann. Diese Untersuchungen haben gezeigt, daß beim Menschen in weitaus stärkerem Maße als bei Affen auch kortikal vollständige nichtverbale Signalisationen auslösbar sind (Ploog, 1976). Das deutet darauf hin, daß beim Menschen averbale Kommunikationsmechanismen mehr und mehr unter voluntative Kontrolle geraten können, was aber keineswegs bedeutet, daß subkortikale Strukturen bezüglich der Kommunikation bedeutungslos werden. Wie bei den Primaten und höheren Säugern sind auch beim Menschen die für motivationale und emotionale Prozesse verantwortlichen subkortikalen Hirnstrukturen in gleicher Ausprägung vorhanden (Limbisches System, Thalamus). Während aber bei den Primaten meist die Kommunikationsprozesse engstens mit den durch diese Strukturen gesteuerten motivationalen und emotionalen Handlungsabsichten zusammenfallen, kommt es beim Menschen durch die verstärkte spezifische neokortikale Verarbeitung der sensorischen, motorischen und aus dem Stammhirn stammenden antriebs-, emotions- und motivationsrelevanten Informationen zu einer stärkeren voluntativen, also bewußtseinsmäßigen Kontrolle auch der nichtverbalen kommunikativen Prozesse, was jedoch eine relativ unbewußte Funktion nichtverbaler Mechanismen, besonders in stark emotional gefärbten Situationen sende- als auch empfangsseitig nicht ausschließt. Beweise für die differenzierten Wechselwirkungen zwischen neokortikalen und subkortikalen Informationsverarbeitungszentren lassen sich in verschiedensten Bereichen finden. Es gibt Menschen mit bestimmten kortikalen Ausfallerscheinungen unterschiedlichster Genese, die in verstärktem und auch pathologisch verzerrtem Maße neben dem Mangel an intellektueller Leistungsfähigkeit zu mimisch-gestischen oder nicht-verbal-vokalen Äußerungen neigen. In diesen Fällen fehlt die kortikal-voluntative Kontrolle, und die Stammhirnmechnismen überwiegen. Andererseits kann auch ein sehr starkes Ansprechen motivationaler und emotionaler Bereiche, insbesondere in extremen Situationen wie z. B. bei Panik und starker Frustration, dazu führen, daß die Aktionen und Reaktionen des Menschen nur in geringem Maße voluntativ kontrolliert werden und nun tatsächlich auch die nichtverbalen Ausdrucksweisen Übergewicht erhalten. Das wäre in etwa mit den affektiven Mechanismen der Psychologie zu vergleichen. Am deutlichsten lassen sich solche Phänomene vielleicht an Kindern beobachten, bei denen sich die voluntativen Mechanismen erst langsam entwickeln.

Eine beim Spielen erfahrene Frustration durch Spielgefährten, vielleicht durch Zerstörung des gerade Gebauten, ruft aggressive Stimmung hervor, der zunächst durch verbale Äußerungen Ausdruck verliehen wird. Weitere Zerstörungen steigern die aggressive Stimmung — es kommt zu entsprechenden Gesichtsausdrücken, die die verbalen Äußerungen unterstützen, bis schließlich geschlagen wird, obwohl man vielleicht einen viel stärkeren Gegner vor sich hat. Hierbei wird auch das Prinzip der kontinuierlichen Abstufung, also der intensitätsmäßigen Variabilität nichtverbaler Äußerungen deutlich, einer Parallele zur Verständigung der Primaten.

Fraglos besitzen die nichtverbalen Mechanismen beim Menschen hauptsächlich im mikrosozialen Bereich, worunter wir wie bei den Primaten die unmittelbaren interindividuellen Interaktionen verstehen wollen, große Bedeutung.

Nun zu speziellen Funktionsweisen. Entgegen früheren Vorstellungen verfügt auch das Neugeborene sehr wohl über eine Reihe von Signalisationsmöglichkeiten, die dazu dienen, Kontakt mit der unmittelbaren Bezugsperson herzustellen, bzw. eine dem Entwicklungsstand angepaßte soziale Integration zu gewährleisten (Bowlby 1973, Spitz 1965, Schmidt 1977, Johst 1978, Hassenstein 1973). Die dabei auftretenden Signale sind vielfältiger Natur und umfassen vor allem akustische, visuelle und taktile Kundgaben. Wasz-Höckert et al. (1968), Sirviö und Michelsson (1976) haben anhand sonagraphischer Analysen vier verschiedene Schreie gesunder Neugeborener nachweisen können, die spezifischen Situationen zuzuordnen waren (Hunger, Schmerz, Verlassensein, Wohlbefinden) und eine erstaunliche Formkonstanz aufwiesen, was schließlich auf ihr Angeborensein hinweist. In jüngster Zeit haben weitere akustische Analysen von Morath (1979) gezeigt, daß außer den Schreien noch mindestens vier weitere, in der Regel kürzere und leisere akustische Signale im ersten Lebenshalbjahr nachzuweisen sind, die wiederum spezifischen Verhaltenszuständen zuzuordnen sind. Selbstverständlich variieren sowohl die Schreie als auch die zuletztgenannten akustischen Signale interindividuell, worauf z. B. das individuelle Erkennen durch die Mutter beruht. Auch Intensitätsänderungen als Ausdruck der unterschiedlichen Motivationsstärke ist in gewissen Grenzen möglich. Zu diesen hauptsächlich in den ersten Tagen und Wochen auftretenden Mechanismen kommen sehr bald visuelle durch den aktiven Blickkontakt und die Entwicklung des Lächelns mit seinen späteren rhythmisch-vokalen Begleitungen hinzu. Alle diese Signale haben in erster Linie soziale Funktionen im Sinne elementarer Bedürfnisbefriedigung durch eine Pflegeperson. Gleichzeitig wird das angeborenermaßen vorhandene Kontaktbedürfnis befriedigt, das wesentliche Grundbedingung für alle weiteren sozialen Entwicklungen ist. All diese Signale, die „ein ungebrochener Spiegel seiner Stimmungen (des Babys, Verf.) sind, aus denen man seine Motivationen ablesen kann" (Ploog, 1972a, S. 11), bewirken bei den Erwachsenen — in erster Linie der Mutter — Zuwendungen mit den entsprechenden sozialen Bezügen. Das richtige Reagieren der Bezugsperson setzt ein situationsspezifisches Erkennen bzw. Verstehen voraus, was offenbar zu großen Teilen ebenfalls genetisch prädisponierte Mechanismen zur Voraussetzung hat, wofür auch mehr und mehr Beweise erbracht werden. Die Natur hat, offenbar zur Absicherung all dieser Mechanismen, noch einen weiteren, alle frühkindlichen Signale bekräftigenden hinzugefügt, nämlich das, was Lorenz als das sogenannte „Kindchenschema" bezeichnet (Lorenz, 1943). Darunter sind die spezifischen Konstitutionsmerkmale (visuelle Signale) des typischen Babykopfes (und schließlich auch der gesamten Körperproportionen) zu verstehen, die bei Erwachsenen erfahrungslos die unverwechselbare Emotion des „Herzigen" bzw. Niedlichen und oft sogar mehr oder weniger unwillkürlich Pflegehandlungen auslösen (Aufnehmen, Streicheln). Untersuchungen von Hückstedt (1965; Abb. 4), Fullard und Reiling (1976), sowie Sternglanz et al. (1977) haben dafür eindeutige Beweise erbracht.

Von der Mutter oder Pflegeperson wird die Interaktion mit dem Kind durch eine Vielzahl von für das Kind Signalcharakter tragenden Bewegungen und Ausdrücken vervollständigt. Dies sind Augen-, Mund-, Arm- und Handbewegungen, Mimik, Hautkontakt und taktile Stimulation durch Streicheln („Schmusen"), sowie nichtverbale Lautäußerungen (SCHMIDT, 1977). Schon vor, aber besonders ab 2. Lebensmonat werden die ererbten sozialen Kompetenzen des Kindes durch obligatorische Lernprozesse komplettiert. Dazu gehört das individuelle Erkennen und Binden an die Mutter (Pflegeperson unter Einsatz und Entwicklung weiterer Kontaktmöglichkeiten (Lächeln, Lachen Berühren, Objektübergabe, Anstarren, Anrufen u. a.). In ähnlicher Form, wie schon bei den Primaten erwähnt, gibt es sensible Phasen, so besonders zwischen dem 6./7. und 12.—16. Lebensmonat, die man auch als lernintensive Phasen der Sozialentwicklung bezeichnet. (SCHMIDT, 1977). Auch hier soll mit dem Begriff der sensiblen Phase zum Ausdruck gebracht werden, daß die in dieser Zeit reifenden prädisponierten Mechanismen sozialer Differenzierung nur dann für eine normale Weiterentwicklung und soziale Integration vervollständigt werden können, wenn eine beständige, sozial kommunikative Umwelt gegeben ist. Ist das nicht der Fall, kommt es zu mehr oder weniger schweren

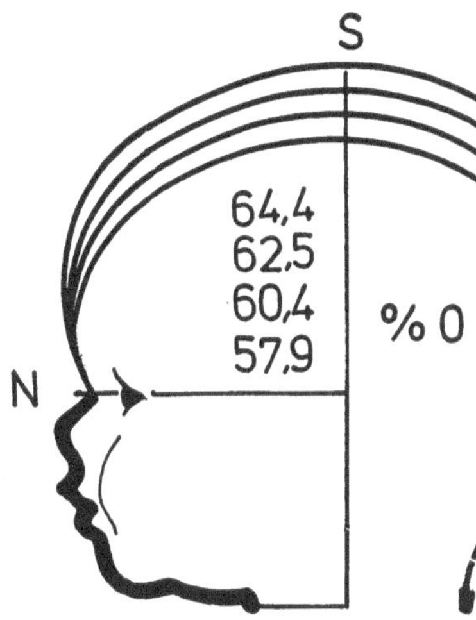

Abb. 4. Attrappen mit variierter Oberkopfhöhe zur Untersuchung des „Kindchen-Schemas" (nach HÜCKSTEDT 1965).

Entwicklungsverzögerungen und -schäden, die vielfach schwer reparabel sind (HASSENSTEIN, 1973). Es können Verhaltensstörungen entstehen, die unter den Begriffen psychogener Autismus und psychischer Hospitalismus zusammengefaßt werden (MEIERHOFER u. KELLER, 1970, SPITZ, 1972). Kinder mit derartigen Störungen sind nicht in der Lage, normale soziale Kontakte aufzunehmen. Sie sind verängstigt, zeigen keinen normalen Gesichtsausdruck, sind stereotyp in der Motorik und stark unterentwickelt in der Intelligenz- und Sprachentwicklung. So konnte beispielsweise ZDAŃSKA-BRINCKEN (1973) nachweisen, daß die Sprachentwicklung bei Kindern einer Warschauer Wochenkrippe trotz intensiver Bemühungen des betreuenden Personals hinter der von in Familien aufwachsenden Kindern zurückblieb, deren Ansprüche an emotionaler Zuwendung und Sicherheit meist besser befriedigt werden (Abb. 5). Schließlich sei erwähnt, daß mit dem Erwerb der Sprache und mit den sich langsam entwickelnden intellektuellen Fähigkeiten selbstverständlich die Sprachkommunikation mehr und mehr an Bedeutung gewinnt und das Kind auch die Fähigkeit gewinnt, sich der averbalen Mechanismen voluntativ zu bedienen, wie es beispielsweise im spielerischen „Grimassen-Schneiden" oder Kampfspielen zum Ausdruck kommt. Dennoch bleibt unbestritten, daß selbst im Schulalter beim Kontakt mit Kindern die nichtverbalen Mechanismen eine starke Wirkung haben. Erinnert sei an den „strafenden" Gesichtsausdruck des Lehrers, an die intensitätsmäßige Betonung verbalen Mißfallens, oder aber an die weiche Stimme bei Belobigungen und an den wohlwollenden Gesichtsausdruck, der oftmals durch Hand-auf-Schulter/Kopf-legen oder Ähnliches betont wird. Wie wichtig diese Mechanismen auch noch nach dem Spracherwerb sind, wird u. a. durch die „Double-bind"-Hypothese der Schizophrenie-Genese (SCHERER, 1976) unterstrichen. Danach geben vor allem Mütter schizophrenogener Kinder in den verbalen Äußerungen die kulturell geforderte mütterliche Zuwendung zu erkennen, lassen aber zugleich durch ihr nichtverbales Verhalten anmerken, daß sie das Kind nicht mögen, keinen Körperkontakt wünschen u. a. Der Empfänger solcher paradoxen Mitteilungen (verbal ‚komm zu mir', nonverbal ‚bleib da') steht vor einem nahezu unlösbaren Reaktionsdilemma, zumal er den Sender meist nicht wegen des Widerspruchs zur Rechenschaft ziehen kann, da die metakommunikativen, nichtverbalen Botschaften nicht eindeutig als vom Sender intendiert nachweisbar sind und er nicht reagieren kann." (SCHERER, 1976, S. 685).

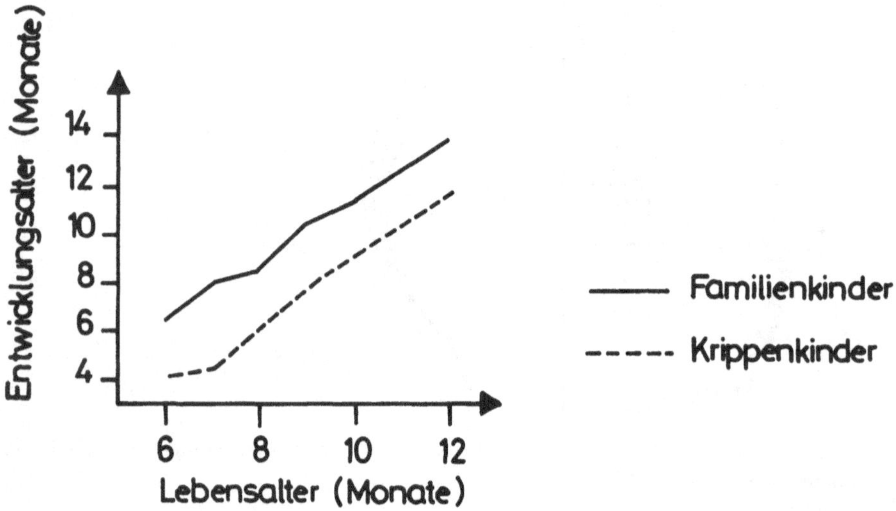

Abb. 5. Sprachentwicklung bei Krippen- und bei Familienkindern (nach ZDAŃSKA BRINCKEN 1973).

Bei den sozialen Interaktionen der Erwachsenen liegen die Dinge nur insofern anders, als durch die ausgebildete Sprachverständigung die Möglichkeit einer universellen voluntativ gesteuerten und detaillierten Informationsübermittlung gegeben ist und eine nichtverbale Kundgabe dadurch vertreten werden kann. Dennoch sind die meisten Sprachkommunikationen von einer differenzierten Gesichtsmimik begleitet, die, da sie in der Regel die verbalen Informationen unterstützt, nicht weiter auffällt. Aber nicht nur in der Sprachuntermalung, sondern in einer ganzen Reihe anderer sozialer Interaktionen spielt insbesondere die Mimik eine wesentliche Rolle. Schon DARWIN hat in „The expression of emotions in animals and man" (1872) darauf verwiesen, daß viele menschliche Ausdruckssignale nicht erlernt zu werden brauchen und vielfach weit zurückreichende phylogenetische Wurzeln haben. Tatsächlich lassen sich die wichtigsten mimischen Kundgaben des Menschen, z. B. das drohende Anstarren und Zähneentblößen, das unterwürfige Wegsehen, das hochmütige Naserümpfen, das mißmutige Mundverziehen, von denen der höheren Primaten ableiten. Das gilt auch für eines der auffälligsten menschlichen Kontaktsignale, für das Lächeln und auch das Lachen (VAN HOOF 1962,

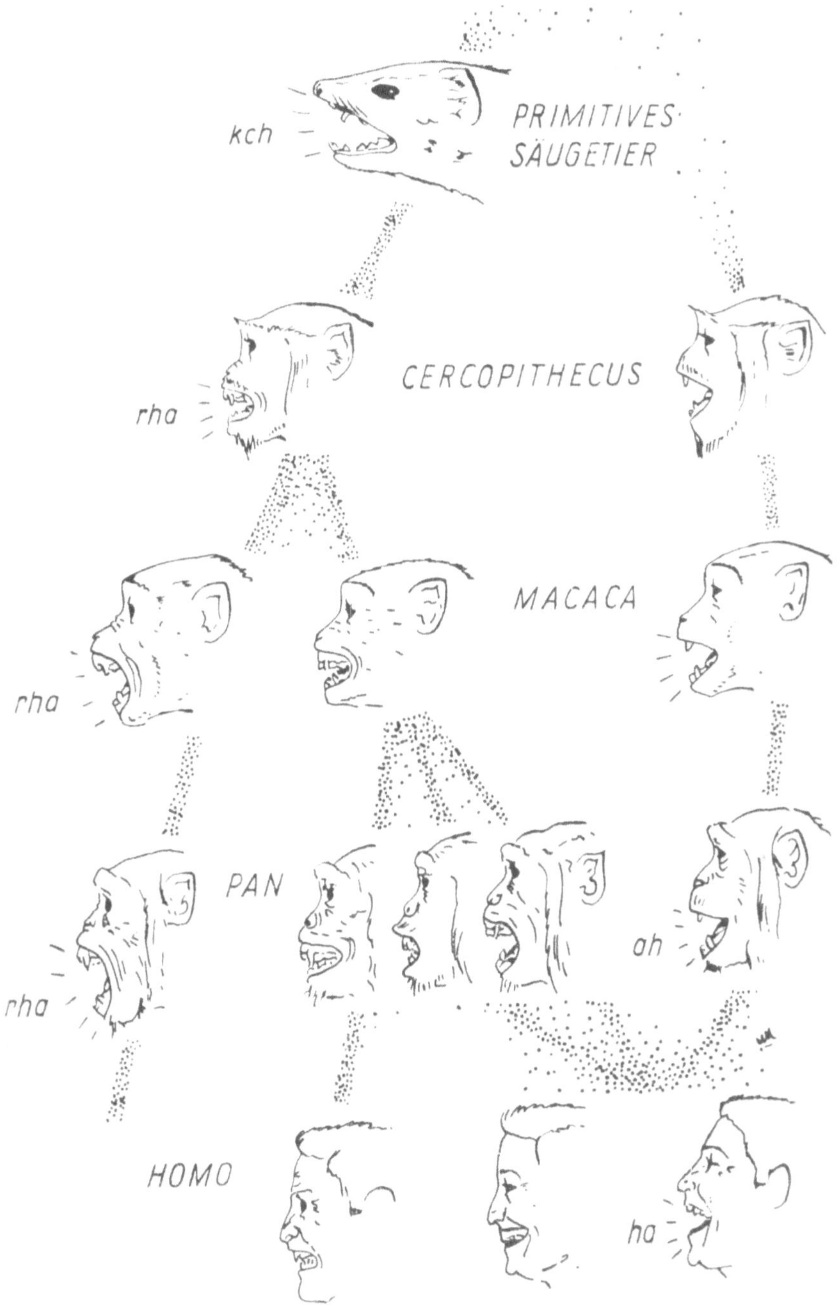

Abb. 6. Mögliche phylogenetische Ableitung des Lachens von Primaten bzw. primitiven Säugern (nach VAN HOOF 1972).

1972; Abb. 6). Das Heben der Augenbrauen als primärer Ausdruck der Überraschung (interkulturell nachweisbar) hat auch bei einigen Primaten die gleiche Bedeutung und ist ursprünglich wohl aus einer funktionslosen Begleiterscheinung des Augenöffnens entstanden. Beim Menschen hat sich die Ausdrucksfunktion des Brauenhebens sehr differenziert (Abb. 7) und erlangt in verschiedensten Situationen als soziales Signal Bedeutung (Eibl-Eibesfeldt, 1972). Es konnte nachgewiesen werden, daß auch die empfangsseitige Wirkung und Beurteilung der erwähnten mimischen Äußerungen interkulturell kaum variiert und somit offensichtlich auf genetisch vorprogrammierten Erkennungsmechanismen beruht (Ekman et al. 1969).

Die Informationen, die wir averbalen Kommunikationsformen teils unbewußt entnehmen, beeinflussen unser Verhalten dem Partner gegenüber auf vielfältige Weise. Welchen Informationsgewinn wir dadurch erhalten, wird besonders deutlich, wenn man einem Menschen mit ein- oder zweiseitiger Facialis-Lähmung gegenübersteht. Er

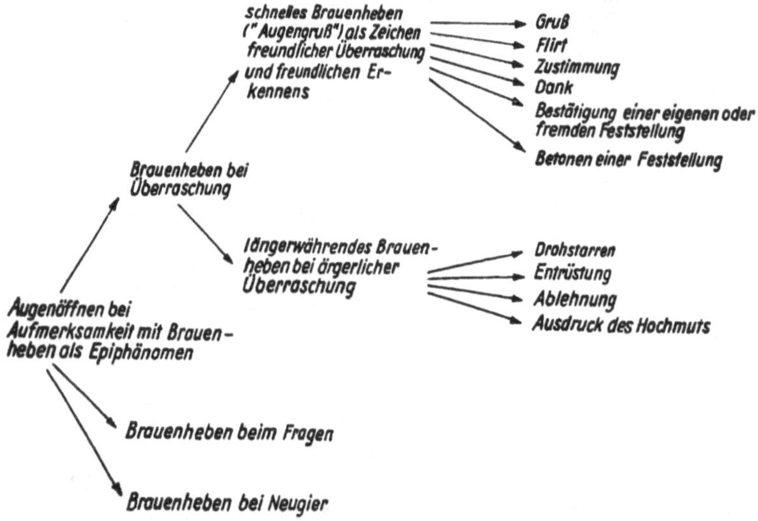

Abb. 7. Evolution der Ausdrucksfunktion des Brauenhebens beim Menschen (nach Eibl-Eibesfeldt 1972).

ist nicht mehr in der Lage seine feine Gesichtsmuskulatur mimisch zu gebrauchen, sein Gesicht bleibt ausdruckslos. Im täglichen Geschehen werden diese Informationen nicht unbedingt in den verbalen Bereich transformiert, sie modifizieren vielmehr unsere Entscheidungen und unser Verhalten oft mehr oder weniger unbewußt. Anders ausgedrückt: Unser Verhalten den Mitmenschen gegenüber ist nicht nur von der rein verbalen Information, die wir von ihnen erhalten, abhängig, sondern eben auch von den nichtverbalen Informationen, die wir durch die Mimik, die Gestik bzw. durch bestimmte Haltungen und Bewegungen der Partner, die der Sprache über- oder unterlagert sein können, erhalten. Und andererseits übermitteln wir vielfach je nach emotionaler Gestimmtheit außer rein verbaler noch eine Fülle nichtverbaler Informationen über unseren eigenen Zustand sowie über die Art der Beziehungen zum Partner. Keiter (1969, S. 151) hat diesen Sachverhalt sehr treffend beschrieben: „Überhaupt haben die mimischen, gestischen und phonischen Aktivitäten des Menschen in vieler Hinsicht den Charakter einer melodramatischen oder opern-orchesterhaften zusätzlichen Untermalung zum reifen und freien Gang unserer vernünftigen Taten und unserer erlernten Wortsprache." Dabei ist wiederum zu beachten, daß die intensitätsmäßige Variation möglich ist, woraus sich eine kontinuierliche Abstufung der Wirksamkeit auf den Empfanger ergibt. Das ist bei rein sprachlicher Kommunikation nicht ohne weiteres gegeben. Nur durch die Wahl bestimmter diskreter Bedeutungsträger (Wörter) läßt sich verbal ein spezifischer Sachverhalt bekräftigen oder abschwächen. Die kontinuierliche Abstufung nichtverbaler Äußerungen ist individuell sehr unterschiedlich, d. h., es gibt Menschen, die mimische Äußerungen und vokale Untermalungen möglichst vermeiden, und andere, die sich sehr stark und betont derartiger Signale bedienen. Der Mensch hat demnach die Möglichkeit, diese Ausdrucksformen auch willkürlich einzusetzen. Die Mimik kann aber in ihrer quantitativen Ausprägung auch kulturell variieren, wie der Vergleich zwischen Nord- und Südeuropäern deutlicht macht (Keiter, 1969). Stets aber bleiben die Grundstruktur und die Bedeutung konstant. Eine bewußte Ausnutzung unseres Ansprechens auf derartige Signale finden wir u. a. in der Werbung, auf Plakaten, im Schauspiel und auch in der Musik.

Da der Mensch von sozial zusammenlebenden Steppen-Primaten abstammt, überwiegen unter den genetisch vorprogrammierten Kommunikationsformen die optischen. Dagegen verlieren die selbständigen nichtsprachlichen Lautäußerungen, die bei den baumbewohnenden Affen stärker ausgebildet sind, an Bedeutung. Sie sind außerdem wahrscheinlich durch die Evolution der Wortsprache noch weiter zurückgedrängt worden. Angeborene Affektlaute zur Kundgabe emotionaler Zustände besitzen wir noch als Angst-, Schmerz- und Drohlaute, sowie in Form der schon erwähnten Babylaute.

Aber auch taktile, also Berührungssignale, spielen außerhalb des Interaktionssystems Mutter-Kind bei Erwachsenen in bestimmten interpersonellen Funktionskreisen eine wichtige kommunikative Rolle. Sie sind, sofern sie eine sozial bindende Bedeutung haben, vor allem an enge positive Kontakte gebunden. Hierher gehören zunächst Hand-zu-Hand-Kontakte bei Begrüßung, die häufig durch Umarmung, Gesicht-Gesicht-Kontakte (Drücken), Mund-Gesicht-, Mund-Mund-Kontakte (Kuß), verstärkt werden. Eibl-Eibesfeldt (1972) hat nachgewiesen, daß gerade auch diese Mechanismen interkulturell und bei Primaten zu beobachten sind und somit gleichen phylogenetischen Ursprungs zu sein scheinen. Diese Kontakte sind unmittelbarer Ausdruck der Intensität emotionaler Bindungen und werden als solche universell verstanden. Andererseits können derartige Signale im gesellschaftlichen Leben auch voluntativ eingesetzt werden, da das Verstehen der dadurch symbolisierten engen Bindungen bei den Betrachtern vorausgesetzt werden kann (z. B. Auszeichnungsakte, Begrüßung unter Staatsmännern).

Eine weitere Gruppe taktiler Mechanismen ist im unmittelbaren Intim- und Sexualbereich angesiedelt und offenbar auch phylogenetisch ableitbar bzw. angeborenermaßen prädisponiert, wie generell natürlich in diesem Bereich sehr stark nichtverbale Mechanismen bedeutsam sind. Es wird auch vermutet, daß die ausgesprochene Beliebtheit sozial hochstehender Personen nicht nur auf deren intellektuelle Fähigkeiten, sondern auch auf die persönlichkeitsbedingte Betonung sozial bindender, nichtverbaler Signale zurückzuführen ist. Umgekehrt kann ein Zuwenig solcher Signale oder das gehäufte Auftreten distanzierender Gesichtsausdrücke zur Unbeliebtheit bzw. zur Verarmung an interindividuellen Bindungen führen. Deutlich wird dies bei einer Reihe von Krankheiten. Als besonders charakteristisch sei hier die Depression und die Manie genannt. Im ersteren Fall kann es bis zur völligen Ausdruckslosigkeit im Gesicht und in der Stimme, sowie zur Bewegungsarmut (Stupor) kommen (Hermann, 1973), wodurch die Kontaktfähigkeit stark eingeschränkt ist. In manischen Phasen dagegen tritt genau das Gegenteil ein, was sich z. B. in einer Kontaktfülle äußert (Fieve, 1976). Eine andere Möglichkeit der

Beeinflußbarkeit averbaler Ausdrucksmöglichkeiten ist durch Pharmaka gegeben (HILL, 1974, MILLER, 1974), die bei Mensch und Primaten gleichartig verläuft. Leider gibt es nur wenige exakte Untersuchungen sogenannter affektiver Störungen und anderer psychiatrischer Erkrankungen vom Standpunkt der averbalen Kommunikation, obwohl die Relevanz eines solchen Vorgehens unbestritten ist (SCHERER, 1976). Vermutlich könnten sich daraus nicht nur für die Diagnose, Pathogenese und Ursachenforschung positive Valenzen ergeben, sondern auch für die Verhaltenstherapie, z. B. durch spezifischen Einsatz nichtverbaler Mechanismen in therapeutischen Verhaltensprogrammen, wie dies in Ansätzen durch das Ehepaar Tinbergen (E. A. TINBERGEN und N. TINBERGEN, 1972) im Falle des kindlichen Autismus mit Erfolg praktiziert wurde.

4. Zur Evolution und Bedeutung der Sprache

Die für das menschliche Verhalten wichtigste, wenn auch nicht, wie wir gesehen haben, ausschließliche Verständigungsform ist die Wortsprache. Ihre Beherrschung eröffnet ihm kommunikative Räume, ohne die die Entwicklung des Menschen und besonders seine gesellschaftliche Entwicklung wahrscheinlich unmöglich wären. Es ist aber klar, daß die Evolution der Sprache bzw. des Sprachverhaltens an ganz differenzierte biologische Prozesse gebunden ist — anders ausgedrückt, daß die Sprache biologische Grundlagen hat.

Sicherlich sind wir heute noch nicht in der Lage, das gesamte Bedingungsgefüge zu rekonstruieren, das zur phylogenetischen Sprachentstehung geführt hat, doch ist auch hier in den letzten Jahren einiges erkannt worden. Daß sich die Sprache in phylogenetisch sehr kurzer Zeit entwickeln konnte, lag mit Sicherheit daran, daß durch die große Komplexität der Sozialstrukturen der Prähominiden und aufgrund ihrer deutlichen Tendenz zu kollektivem Verhalten ein hoher Evolutionsdruck in Richtung auf immer wirkungsvollere Verständigungsweisen entstanden war. Die immer komplizierteren kollektiven Aktionen (gemeinsame Jagd, Werkzeugherstellung, frühe Arbeitsteilung) erforderten Mitteilungen, die über nichtverbale Formen nicht mehr möglich waren. Der Erfolg dieser Aktionen war vor allem an eine Darstellungsfunktion über Gegebenheiten gebunden, die nur mit Hilfe der Sprache möglich ist. Dazu sind verschiedene Voraussetzungen notwendig, die erst in ihrer Gesamtheit eine sprachliche Verständigung ermöglichen. Die immer wiederkehrende Frage, warum denn die Menschenaffen nicht zu sprachlicher Entwicklung fähig sind, ist eben dahingehend zu beantworten, daß diese Voraussetzungen hier noch nicht gegeben sind, andererseits aber schon mehr Praedispositionen vorhanden sind, als bisher angenommen wurde. Selbstverständlich sind bestimmte hirnstrukturelle Gegebenheiten eine der wichtigsten Voraussetzungen. Die neokortikalen Strukturen des Menschen ermöglichen mentale Funktionen, durch die Abstraktionen und Bezeichnungen von Gegenständen und Gegenstandsklassen möglich sind. Das ist Affen nur in gewissem Umfang möglich. Für die Bezeichnungen muß eine vielfältige Zeichenbildung gegeben sein. Wenn die Möglichkeit besteht, beliebig viel vokale Zeichen zu bilden, eignen diese sich aus drei Gründen besonders gut dafür: 1. Ihre Bildung ist mit relativ geringem Energieaufwand verbunden, 2. ihre Bildung hindert wenig am Ablauf motorischer Verhaltensweisen, 3. sind sie gut für die Übertragung geeignet, da sie keine visuelle Aufmerksamkeit zwischen Sender und Empfänger erfordern (Schall geht durchs Laub bzw. um die Ecke). Affen haben zwar ein mehr oder weniger großes Lautrepertoire, doch sind sie nicht in der Lage, neue Laute zu bilden, Laute nachzuahmen oder gar durch Laute etwas willkürlich zu benennen. Beim Menschen ist die variable Lautbildung an die Senkung des Kehlkopfes und die Differenzierung des supralaryngealen Traktes als eines „Resonanzrohres“ zur Modulation der Kehlkopflaute mit der entsprechenden zentralnervösen Steuerung gebunden. Die Affen dagegen sind nur in der Lage, laryngeale Laute zu bilden; eine differenzierte Bildung von Phonemen ist ihnen nicht möglich (GOERTTLER, 1972). Daher mußten alle Versuche fehlschlagen, Affen eine vokale Wortsprache beizubringen. Erfolgreich dagegen war die Zeichenbildung bzw. Gegenstandsbezeichnung mit Hilfe der amerikanischen Zeichensprache (ASL) oder verschiedener Plastikstücke (R. A. GARDNER u. B. T. GARDNER 1969, PREMARCK 1973). Schimpansen erlernten Bezeichnungen, die sie in verschiedenen, auch neuartigen Situationen sinnvoll anwendeten. Sie konnten sogar selbständig aus den Bedeutungsträgern sinnvolle situationsspezifisch komplexe Informationen, „Sätze“ zusammenfügen. Daraus folgt, daß Schimpansen durchaus eine Reihe mentaler Voraussetzungen auch im Sinne eines vorsprachlichen Denkens besitzen — was schließlich auch durch einsichtige Handlungen schon angedeutet ist — die zu gewissem Sprachlernen führen können, wenn ein Kommunikationskanal gewählt wird, der ihnen eine willkürliche Zeichenbildung erlaubt. Warum solche Informationsübermittlungen bei Affen nur im Lernexperiment erfolgen und nicht unter natürlichen Bedingungen auftreten und wo die Leistungsgrenze derartigen Spracherlernens liegt, muß noch erkannt werden. Sicher werden Experimente in dieser Richtung auch Hinweise über die Evolution der Sprache von den ersten Ansätzen bis zur heutigen Form der Sprachen erbringen, denn darüber kann heute nur Hypothetisches ausgesagt werden.

Die primär an den Stimm-Hör-Kanal gebundene Sprache ermöglicht es dem Menschen, komplexe Geschehen und Sachverhalte sowie nichtgegenständliche, abstrakte Vorstellungen darzustellen. Die Basis dafür sind allgemeine grammatikalische Verknüpfungsregeln, mit deren Hilfe einzelne Bedeutungsträger (Wörter) zu übergeordneten Bedeutungskomplexen zusammengefügt werden können. Die moderne Linguistik und insbesondere die strukturelle Linguistik sind auf dem Wege, die allgemeinen grammatikalischen Strukturen zu erkennen, die offenbar für alle Sprachen gleichen Entwicklungsniveaus gleich sind (KLEIN u. LEVELT, 1978). Es liegt nahe, daß diesen Regeln neurophysiologische Prozesse komplexester Art zugrunde liegen, die in den spezifischen menschlichen Hirnstrukturen ihr morphologisches und physiologisches Korrelat haben. Die zentralnervösen Strukturen, sowie die gesamten perzeptiven Bereiche für die Sprachmotorik und das Sprachverstehen bilden sich selbstverständlich in gleicher Weise auf der Basis eines genetischen Programms aus wie alle anderen Organsysteme und Funktionen auch. So gesehen kann auch die Sprache nicht mehr leisten, als durch das genetische Programm vorgegeben ist (LENNEBERG, 1972).

Aus den aufgezählten Eigenschaften läßt sich der produktive bzw. kreative Aspekt der Sprache ableiten. Darunter wollen wir die Darstellung völlig neuartiger Informationsinhalte und Zusammenhänge, sowie die raum-zeitliche Unabhängigkeit des zu Übermittelnden verstehen, d. h., wir können sowohl über Vergangenes als auch über Zukünftiges sprechen. Es sei jedoch darauf hingewiesen, daß die Möglichkeit der zeitlichen Unabhängigkeit in einigen primitiven Sprachen wie Buschmannsprachen und einigen Indianersprachen noch nicht besteht.

Es soll noch das Merkmal der Entwicklung und Weitergabe durch Tradition genannt werden, die DUBININ (1974) sehr zutreffend als „soziale Vererbung“ bezeichnet. Es wird im Gegensatz zum genetischen Programm durch Nachahmung und Erziehung „vererbt“, wofür die Evolution der sprachlichen Kommunikation eine entscheidende Voraussetzung war. Ihre Entwicklung verläuft somit in Abhängigkeit von der allgemeinen gesellschaftlichen Entwicklung. Die erforderliche Plastizität und die ständige Erweiterungsfähigkeit des Informationsmediums „Sprache“ sind aber nur gewährleistet, wenn es selbst Teil des sozialen Programms ist und tradiert wird.

Es wird deutlich, daß die hier aufgezählten Eigenschaften der Sprachkommunikation — sie sind bei weitem nicht vollständig — eng miteinander zusammenhängen. Der angedeutete evolutive Aspekt der Sprache ist sicher nicht oder doch nur in sehr geringem Maße mit einer genetischen Umstrukturierung der entsprechenden Anlagen verbunden, sondern realisiert die in den Anlagen vorhandenen Entwicklungspotenzen. Dabei geht die Entwicklung aus dem rein biologischen in den bio-sozialen Bereich über, es kommt zur Verschmelzung von Anthropogenese und Soziogenese und zu der Entstehung der spezifisch menschlichen Fähigkeiten der Umwelt- und Selbsterkennung, der Abstraktion, Klassifikation, Begriffsbildung, des Vermögens zu komplexen kognitiven und Problemlösungsprozessen, die man umgangssprachlich unter dem allgemeinen Begriff des Den-

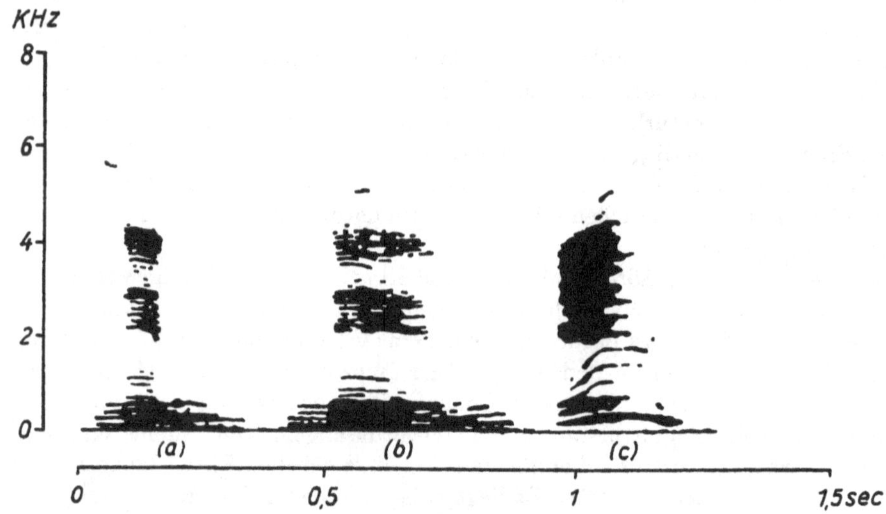

Abb. 8. Frequenz-Zeit-Diagramm des Wortes „Nimm“
a) ohne emotionalen Ausdruck, b) zärtlich lockend, c) aggressiv fordernd
(aus JÜRGENS u. PLOOG 1976).

kens zusammenfaßt und die eng mit der Evolution der Sprache korreliert sind. Dennoch besteht eine permanente Kopplung auch der Sprachfunktionen an das motivationelle und emotionale System, was sich nicht nur in der schon erwähnten Untermalung durch nichtverbale Äußerungen zeigt, sondern auch darin, daß bekanntlich Stimmhöhe, Melos und Tempo in hohem Maße vom emotionalen Zustand abhängig sind (Abb. 8). Schließlich belegen auch die verschiedenartigen Störungen des Sprachverhaltens hirn- und psychopathologische Genese, daß die normale Sprachkommunikation wichtige biologische Grundlagen in der komplexen Funktionshierarchie des Gehirns, in der normalen Ontogenese sozialen Verhaltens und in den nichtsprachlichen Mechanismen hat.

Literatur

BOWLBY, J.: Mütterliche Zuwendung und geistige Gesundheit, München 1973 (Engl. Originalausg. 1951).

DARWIN, C.: Der Ausdruck der Gefühle bei Mensch und Tier. Düsseldorf 1964 (Engl. Erstausg. 1872).

DUBININ, N. P.: Die Genetik und die Zukunft der Menschheit. In: Forschen, Vorbeugen, Heilen. Hrsg. v. R. LÖTHER, Berlin 1974, S. 63–90.

EIBL-EIBESFELDT, I.: Stammesgeschichtliche Anpassungen im Verhalten des Menschen. In: Neue Anthropologie. Hrsg. v. H.-G. GADAMER. Bd. 2, T. 2, Stuttgart 1972, S. 3–59.

EKMAN, P. E., R. SORENSON, and W. V. FRIESEN: Pan-cultural elements in facial displays of emotion. Science **164**, (1969), S. 86–88.

FIEVE, R. R.: Die Stimmungsschaukel. Zürich 1976.

FULLARD, W., and A. W. REILING: An Investigation of Lorenz's „Babyness". Child Development **47**, (1976) S. 1191–1193.

GARDNER, R. A., and B. T. GARDNER: Teaching sign language to a chimpanzee. Science **167** (1969), S. 664–672.

GOERTTLER, K.: Morphologische Sonderstellung des Menschen im Reich der Lebensformen auf der Erde. In: Neue Anthropologie. Hrsg. v. H.-G. GADAMER Bd. 2, T. 2, Stuttgart 1972, S. 215–257.

HARLOW, H. F., and M. K. HARLOW: Social Deprivation in monkeys. Sci. Amer. **207** (1962), S. 137 to 146.

HARLOW, H. F., and M. K. HARLOW: Reifungsfaktoren im sozialen Verhalten. In: Einfühlen, Erinnern, Verstehen. Festschrift für R. A. SPITZ. Stuttgart 1967, S. 193–210.

HASSENSTEIN, B.: Das spezifisch Menschliche nach den Resultaten der Verhaltensforschung. In: Neue Anthropologie. Hrsg. v. H.-G. GADAMER Bd. 2, T. 2, Stuttgart 1972, S. 60–97.

HASSENSTEIN, B.: Verhaltensbiologie des Kindes. München 1973.

HERMANN, H.: Psychobiologie der Depression. In: Die larvierte Depression. Hrsg. v. P. KIELHOLZ. Bern 1973.

HILL, D.: Non-verbal behaviour in mental illness. Brit. J. Psychiat. **124** (1974), S. 221–230.

HINDE, R. A., and R. E. ROWELL: Communication by postures and facial expressions in Rhesus monkey (*Macaca mulatta*). Proc. Zool. Soc. Lond. **138**, (1962).

HÜCKSTEDT, B.: Experimentelle Untersuchungen zum „Kindchen-Schema". Z. exper. angew. Psychol. **12** (1965), S. 421–450.

JOHST, V.: Zur Psychischen Entwicklung des Säuglings. Wiss. u. Fortschr. **28** (1978), S. 51–56.

JOLLY, A.: The evolution of primate behaviour. New York 1972.

JÜRGENS, U., and D. PLOOG: Cerebral representation of vocalization in the sqirrel monkey. Exp. Brain Res. **10** (1970), S. 532–554.

JÜRGENS, U., und D. PLOOG: Zur Evolution der Stimme. Arch. Psychiat. Nervenkr. **222** (1976), S. 117–137.

KEITER, F.: Über verhaltensbiologische Wurzeln der mimisch-physiognomischen und der ästhetischen Beeindruckbarkeit des Menschen. In: Verhaltensforschung im Rahmen der Wissenschaften vom Menschen. Hrsg. v. F. KEITER. Göttingen 1969, S. 142–156.

KLEIN, W., und W. J. M. LEVELT: Sprache und Kontext. Naturwissenschaften **65** (1978), S. 328 bis 335.

KLIX, F.: Information und Verhalten. Berlin 1972.

KLIX, F.: Das menschliche Gedächtnis als Träger und Resultat kognitiver Prozesse. Vortragsmanuskript Jahrestagung der Gesellschaft für Neurowissenschaften der DDR in Berlin, 21. 1. bis 1. 2. 1979.

KUMMER, H.: Soziales Verhalten einer Mantelpavian-Gruppe. Schweiz. Z. Psychol. Beih., Bern 1957.

KUMMER, H.: Sozial organization of hamadryas baboons. Chicago 1968.

KUMMER, H.: Aufbau und Funktionen der Primatengruppen. In: Grzimeks Tierleben Bd. 13, 1974, S. 519–533.

KUMMER, H.: Sozialverhalten der Primaten. Berlin (W) 1975.

LENNEBERG, E. H.: Biologische Grundlagen der Sprache. Frankfurt/M. 1972.

LIEBERMANN, G.: On the evolution of language: A unified view. Cognition **2** (1973), S. 59–94.

LORENZ, K.: Die angeborenen Formen möglicher Erfahrung. Z. Tierpsychol. **5** (1943), S. 235–409.

MARLER, P.: Kommunikation bei Primaten. In: Über die Evolution der Sprache. Hrsg. v. I. SCHWIDETZKY. Frankfurt/M. 1973, S. 39–90.

MEIERHOFER, M., und W. KELLER: Frustration im frühen Kindesalter. 2. Aufl. Bern 1970.

MILLER, R. E.: Social and pharmacological influence on the nonverbal communication of monkeys and of man. In: Nonverbal communication. Ed. by L. KRAMES. New York 1974, S. 77–101.

MORATH, M.: Inborn vocalizations of the human baby and communicative value for the mother. E. B. B. S. workshop „Audition and Speech", Göttingen 1979.

PLOOG, D.: Biologische Grundlagen der Verständigungsweisen bei Tier und Mensch. Regensburg 1972a.

PLOOG, D.: Kommunikation in Affengesellschaften und deren Bedeutung für die Verständigungsweisen des Menschen. In: Neue Anthropologie. Hrsg. v. H.-G. GADAMER. Bd. 2, T. 2, Stuttgart 1972b, S. 98–187.

PLOOG, D., K. HUPFER, U. JÜRGENS et al.: Neuroethologic Studies of vocalization in squirrel monkeys with special reference to genetic differences of calling in two subspecies. In: Growth and development of the brain. Ed. by M. A. B. BRAZIER. New York 1975, S. 231.

PREMACK, D.: Sprache beim Schimpansen. In: Über die Evolution der Sprache. Hrsg. v. I. SCHWIDETZKY. Frankfurt/M. 1973, S. 91–131.

REYNOLDS, V., and F. REYNOLDS: Chimpanzees of the Budongo Forest. In: Primate behaviour Bd. I. Ed by I. De VORE-HOLT. New York 1965, S. 368–424.

ROWELL, T. E. S., and R. A. HINDE: Vocal communication by Rhesus monkeys. Proc. Zool. Soc. Lond. 2 (1962), S. 279–294

SACKETT, G. P.: Monkeys reared in isolation with pictures as visual input. Science **154** (1966), S. 1468–1473.

SCHERER, K. R.: Nichtverbales Verhalten in der sozialen Interaktion. Med. Klin. **71** (1976), S. 683–688.

SCHMIDT, H.-D.: Soziale Kompetenzen des Säuglings und Kleinkindes. Z. ärztl. Fortbild. **71** (1977), S. 1061–1065.

SCHUTZ, F.: Sexuelle Prägung bei Anatiden. Z. Tierpsychol. **20** (1965), S. 50–103.

SEBEOK, T. A.: Zoosemiotics: Juncture of semiotics and the biological study behavior. Science **147** (1965), S. 492–493.

SIRVIÖ, P., and K. MICHELSON: Sound-spectrographic cry analysis of normal and abnormal newborn infants. Folia phoniat. **28** (1976), S. 161–173.

SPITZ, R. A.: Vom Säugling zum Kleinkind. 2. Aufl. Stuttgart 1969.

STERNGLANZ, S. H., J. L. GRAY, and M. MURAKAMI: Adult preferences for infantile facial features: an ethological approach. Anim. Behav. **25** (1977), S. 108–115.

TEMBROCK, G.: Biokommunikation T. I. u. II, Berlin 1971.

TEMBROCK, G.: Informationsübertragung bei der organismischen Kommunikation. Nova Acta Leopoldina N. F. **206** (1972), S. 251–269.

TEMBROCK, G.: Phonetische Eigenschaften von Primatenlauten im Evolutionsaspekt. Nova Acta Leopoldina N. F. **218** (1975), S. 343–355.

THORPE, W. H.: Bird song. Cambridge 1961.

TINBERGEN, E. A., and N. TINBERGEN: Early childhood autism — an ethological approach. Berlin (W) 1972. (Fortschr. Verhaltensforsch. 10.).

VAN HOOF, J. A. R.: Facial expression in higher primates. Symp. Zool. Soc. Lond. 8 (1962), S. 97 to 125.

VAN HOOF, J. A. R.: A comparative approach to the phylogeny of laughter and smiling. In: Nonverbal communication. Ed. by R. A. HINDE. Cambridge 1972, S. 209–269.

VOGEL, Ch.: Neue Aspekte zur Evolution des Menschen. Nova acta Leopoldina N. F. **42** (1975), S. 253–269.

WASZ-MÖCKERT, O., J. LIND, V. VUORENKOSKI, et al.: The infant cry. A spectrographic and auditory analysis. London 1968.

WINTER, P., D. PLOOG, and J. LATTA: Vocal repertoire of the squirrel monkey (Saimiri sciureus), its analysis and significance. Exp. Brain Research **1** (1966), S. 359–384.

ZDAŃSKA-BRINCKEN, M.: Dynamik der psychomotorischen Entwicklung Warschauer Kinder bei unterschiedlichen Erziehungsmethoden. Ärztliche Jugendkd. **64** (1973), S. 197–205.

Verhaltensforschung und Kinderpsychologie

Hans-Dieter SCHMIDT

1. Vorbemerkungen

Am 15. Juli 1835 notierte Friedrich HEBBEL in seinem Tagebuch den folgenden Satz:

„So wie der Physiologe nur durch die Anatomie des Tieres die Konstruktion des Menschen erfaßt hat, so sollte auch der Psycholog mit dem Tiere anfangen und durch die an diesem beobachteten geistigen Erscheinungen zum Menschen hinaufsteigen."

Dieser Satz des Dichters verrät etwas über den Zeitgeist der damaligen Epoche, er dokumentiert ein bereits vor DARWIN existierendes genetisch-historisches Bewußtsein (als gesellschaftliches Bewußtsein). Es wurde in der Philosophie der Aufklärung (man denke etwa an HERDERS „Ideen zur Philosophie der Geschichte der Menscheit", 1784), in der klassischen deutschen Philosophie (KANT, HEGEL), aber auch in der Philosophie der Romantik mehr oder minder explizit formuliert.

Eine Projektion des allgemeinen gesellschaftlichen Bewußtseins mit seinen Entwicklungsideen auf die Ebene wissenschaftlich-*psychologischen* Denkens entdecken wir zu gleicher Zeit (1831) bei Carl Gustav CARUS, wenn er darauf hinweist, „daß die meisten Eigentümlichkeiten des menschlichen Seelenlebens durch Äußerungen des Seelenlebens unter den Tieren vorbereitet werden" (1958, S. 92), oder in Bemerkungen des Anatomen und Physiologen BURDACH, die auf die Forderung hinauslaufen, eine vergleichende Psychologie zu schaffen (ein weitblickendes, kühnes Vorhaben!):

„Wie die Physiologie ihren Zuwachs an wissenschaftlichem Gehalte vornehmlich der Idee verdankt, ... daß die ganze organische Schöpfung ... sich als eine zur menschlichen Natur aufstrebende Evolution zeigt ...: so wird auch die Psychologie durch Verfolgung dieser Idee in ihrer wissenschaftlichen Ausbildung fortschreiten. — Wir besitzen eine comparative Anatomie: jetzt gilt es, eine comparative Psychologie zu gewinnen, dies ist eine Aufgabe unseres Zeitalters" (zit. n. CARUS 1958, S. 42).

CARUS hat etwa 30 Jahre später der zustimmenden Zitierung BURDACHS die Veröffentlichung einer eigenständigen Arbeit zu diesem Thema folgen lassen, seine „Vergleichende Psychologie oder Geschichte der Seele in der Reihe der Tierwelt" (Wien 1866). Sie hat keinen wesentlichen Einfluß auf die vergleichend-psychologische Forschung der Zukunft gehabt. Hier setzte sich das strengere materialistisch-naturwissenschaftliche Vorbild DARWINS durch.

Welche Funktion hat diese psychologiehistorische Reminiszenz im Kontext unseres Themas? — Sie soll darauf aufmerksam machen, wie früh sich die Humanpsychologie aufgeschlossen zeigte für die Grundidee und -methode des Tier-Mensch-Vergleichs. Diese Ansprechbarkeit schlug mit und nach DARWIN in die Erarbeitung vergleichend-psychologischer Konzeptionen um, deren Tragfähigkeit teilweise in der gleichzeitig entstehenden empirischen Kinderpsychologie erprobt wurde. Die Verflechtung beider Richtungen ist verständlich: Es durfte erwartet werden, daß die für Vergleichszwecke aussagekräftigste Nahtstelle zwischen tierischen und menschlichen Verhaltensbekundungen in den *Frühphasen* der menschlichen Ontogenese liegt.

Ein typisches Beispiel für diese Integration lieferte bereits DARWIN selbst, der sich in kinderpsychologischen Studien („Skizze einer Kinderbiographie“ 1877, in Auszügen abgedruckt und glossiert bei KESSEN 1965) eine gewisse Materialbasis für seine Theorie der Ausdrucksbewegungen schuf. Er führt z. B. die Entwicklung der kindlichen Motorik als Beweis für die Entstehung von Ausdrucksbewegungen aus ursprünglich „nützlichen Handlungen“ an (DARWIN 1873, BUYTENDIJK 1956). Die DARWINsche Ausdruckstheorie ist später von Ethologen als *ein* Ausgangspunkt ihrer Theorie der Ritualisierung tierischer Signalhandlungen wieder aufgegriffen worden (TINBERGEN 1952, EIBL-EIBESFELDT 1956, 1967, TEMBROCK 1967, WICKLER 1967).

Man kann also mit einem gewissen Recht sagen, daß im DARWINschen Denken zum ersten Mal in der Geschichte beider Disziplinen eine echte Wechselwirkung zwischen Kinderpsychologie und Verhaltensforschung stattgefunden hat. Die Verkettung tier- und kinderpsychologischer Ansätze reißt danach nicht mehr ab, vor allem bei denjenigen Pionieren der Kinderpsychologie nicht, die als Mediziner mit den Methoden der vergleichenden Anatomie und Physiologie vertraut waren (PREYER 1881, STERN 1914, GESELL 1960, PEIPER 1961). Einer der frühesten Versuche verallgemeinernder kinderpsychologischer Theoriebildung, den Karl BÜHLER 1918 vorgelegt hat, weist die engen Beziehungen zur damaligen Tierpsychologie in seinem genetischen Stufenschema Instinkt — Dressur — Intellekt nach.

2. Verhaltensforschung und Kinderpsychologie

Als LORENZ und TINBERGEN, anknüpfend an die Vorarbeiten von SPALDING, WHITMAN und HEINROTH, die vergleichende Verhaltensforschung unter dem Namen Ethologie als neuartige Wissenschaftsdisziplin theoretisch begründeten und zunächst deskriptiv, später experimentell untermauerten, gab es also bereits eine Tradition der Kommunikation von Kinder- und Tierpsychologie. An sie konnte man anknüpfen. Man tat es überall dort ausgiebig, wo keine mechanistisch-behavioristischen Vorurteile in Gestalt eines Tabula-rasa-Konzepts die Interaktion belasteten.

Ein solches Konzept läßt sich auf die Formel bringen, das menschliche Bewußtsein sei ein reines Produkt äußerer Umstände, also der ontogenetischen Lerngeschichte des Individuums auf der Grundlage von Lebensweise, Bildung und Erziehung. Die seinerzeitige Kontroverse zwischen dem Behavioristen LEHRMAN und LORENZ ist ein Beispiel für die erfolgreiche Auseinandersetzung der Ethologie mit mechanistischen Ansätzen (LEHRMAN 1953, LORENZ 1961).

Der Effekt fruchtbarer Wechselwirkungen zwischen Verhaltensforschung und Kinderpsychologie kann an seinem Niederschlag in der Fachliteratur abgelesen werden. Vom kinderpsychologischen Bewertungsstandpunkt aus lassen sich theoretische Grundeinsichten, methodologische Prinzipien, zukunftsträchtige Problemstellungen und natürlich eine Fülle von Fakten aufzählen, die den direkten oder indirekten Einfluß der Verhaltensforschung verraten. Die wesentlichen Quellen dieses Einflusses liegen auf folgenden Gebieten der ethologischen Empirie und Theoriebildung:

1. Bereitstellung exakter Kriterien für den Nachweis phylogenetisch erworbener, ererbter Verhaltensweisen oder -komponenten des Menschen;
2. Analyse der „Instinkt-Dressur-Verschränkung“ (LORENZ 1937) und — daraus folgend — die Systematik und Phylogenetik tierischer und menschlicher Lernformen (THORPE 1956);

3. Nachweis sensibler Lernphasen im Zusammenhang mit der Erforschung des Prägungslernens (Sluckin 1964);
4. Differenzierung *spezifischer* Appetenzen, die an Triebziele eines bestimmten Funktionskreises gebunden sind, und *unspezifischer* Orientierungsappetenzen, die unter den Namen exploratives Verhalten, Neugierverhalten und Informationsbedürfnis beschrieben werden;
5. Erkennen der „Traglings"-Natur des menschlichen Säuglings (Hassenstein 1973) und Akzentuierung der damit verbundenen sozialen Bindungsbedürfnisse des Kleinkindes.

In den folgenden Abschnitten sollen diese Einflußdimensionen mehr oder minder ausführlich charakterisiert werden.

2.1. Der Nachweis phylogenetischen Verhaltenserwerbs

Die von der Verhaltensforschung erarbeiteten Kriterien des phylogenetischen Erwerbs von Verhaltensweisen und -anteilen besitzen eine Schlüsselfunktion für die Klärung einiger Grundfragen des Verhältnisses von Biologischem und Sozialem beim Menschen, die sich auch im sog. Reifen-Lernen-Problem der Kinderpsychologie abbilden. Preyer (1881) hat das bereits erkannt, und Koffka (1921) hat es zum ersten Mal ausdrücklich formuliert.

Preyer unterscheidet, wie später die Verhaltensforscher, „Reflexbewegungen" und „Instinktbewegungen" des Kindes. Bei der Besprechung von Instinktbewegungen macht er auf die Notwendigkeit vergleichender Analysen aufmerksam: „Menschliche Instinctbewegungen sind nicht zahlreich und ... schwer zu erkennen, nachdem die erste Jugend vorüber ist. Um so aufmerksamer müssen die instinctiven Bewegungen des Neugeborenen und kleinen Kindes betrachtet werden. Um sie zu verstehen, ist die Beobachtung neugeborener Tiere nothwendig" (1900, S. 151). Ausführlich geht Preyer in diesem Zusammenhang auf Befunde von Spalding ein und befindet sich damit bereits ganz und gar in vergleichend-ethologischem Fahrwasser.

Die ethologischen Kriterien, die für einen phylogenetischen Erwerb sprechen, sind für die Kinderpsychologie — und allgemein für die Entwicklungspsychologie des Menschen — deshalb so bedeutsam geworden, weil sie die vorherigen unscharfen, oft nebulösen und mystischen Vorstellungen über instinktive Grundlagen des Verhaltens zu überwinden gestatten. Man denke hier beispielsweise an die psychoanalytische Entwicklungstheorie (vgl. dazu Ohlmeier 1973), in der ideologiebelastete Spekulationen und Vorurteile die Szene beherrschen (Schmidt 1979).

Es ist bezeichnend, daß in dem o.g. Buch von Ohlmeier nicht ein einziges tier- oder humanethologisches Untersuchungsergebnis genannt wird und das Personenverzeichnis keinen Verhaltensforscher aufführt, obwohl im Text sehr viel von Trieb und Instinkt die Rede ist. Im Gegensatz dazu zeichnet sich die experimentelle Kinderpsychologie durch ein starkes Interesse an der Präzisierung solcher Begriffe wie Instinkt oder Trieb aus. Bereits Preyers o. g. Standardwerk ist ein Beispiel dafür.

Den Arbeiten der Verhaltensforscher ist zu entnehmen, daß die Annahme des *phylogenetischen* Erwerbs einer Verhaltensweise, eines Verhaltensanteils, einer Verhaltensdisposition, also die Annahme ihrer Fixierung im Erbprogramm des menschlichen Organismus, um so eher gerechtfertigt ist, je klarer die folgenden Bedingungen zutreffen:

— Auftreten und Funktionstüchtigkeit des Verhaltens in frühen Entwicklungsstadien, in denen die Mechanismen für individuelles Lernen und Behalten nachweislich noch unentwickelt sind (weil z. B. das Langzeitgedächtnis nicht ausgebildet ist);

— Konstanz der Grundstruktur des Verhaltens trotz seiner lernabhängigen Erweiterung (z. B. Stabilität der motorischen Endhandlung beim Aufbau bedingter Reflexe);
— entwicklungstypische zeitabhängige Differenzierung und Organisation des Verhaltens ohne gezielte Bildungs- und Erziehungseinflüsse (z. B. Stadien der frühkindlichen Lokomotion); Entstehung gleichartiger Entwicklungsreihen mit einer geringen interindividuellen und interkulturellen Variationsbreite;
— Auftreten von funktionstüchtigen Verhaltensmustern, deren Niveau der Koordination und Regulation die Kapazität individueller Lernfähigkeit in der jeweiligen Entwicklungsphase nachweislich übersteigt, besser noch: deren Leistungsfähigkeit durch den Einsatz optimaler Lernmittel selbst der höchstentwickelten Phase überhaupt nicht erklärbar sind;
— Erfüllung der biologischen Homologiekriterien (spezielle Qualität der Struktur; Lage der Struktur im Gefügesystem), die es gestatten, an Hand von vergleichenden Untersuchungen (Tier-Mensch-Vergleich, Mensch-Mensch-Vergleich) den Verwandtschaftsbeziehungen im natürlichen System nachzuspüren (Remane 1956, Wickler 1967).

Die letztgenannte Verhaltenshomologisierung bedarf einer genaueren Erläuterung[1]).

In einer scharfsinnigen Diskussion des Homologiebegriffs, seiner logischen und ethologischen Implikationen und Konsequenzen, gelangt Wickler (1967, S. 426ff.) zu folgenden Resultaten: (a) Die Homologiekriterien müssen inhaltlich-semantisch präzise und eindeutig bestimmt sein, wenn sie aus ihrem Ursprungsbereich, der phylogenetischen *Morphologie*, auf vergleichende *Verhaltens*analysen übertragen werden. Wickler definiert das Kriterium der speziellen Qualität so: „Verhaltensweisen sind um so sicherer homolog, in je mehr Sondermerkmalen sie übereinstimmen und je komplizierter die Sondermerkmale und je größer die Übereinstimmungen sind .... Man berücksichtigt die sichtbare oder hörbare ... Ablaufsform, ferner eine Fülle zusätzlicher Sondermerkmale, wie Abhängigkeit von gleichen Außensituationen, Stimmungen, gleiche Bedeutungen (falls es sich um Signale handelt) usw. Von der zu untersuchenden Bewegungsweise muß man die variablen anhaftenden Orientierungselemente, die Taxien, abstreichen ...“ Das Lagekriterium beschreibt Wickler folgendermaßen: „Bei Verhaltensweisen bietet sich ... zunächst nur die Lagebeziehung innerhalb einer Dimension, der Zeit, zu voraufgehenden und nachfolgenden Verhaltensweisen an. Man berücksichtigt jedoch auch die Lage der betreffenden Verhaltensweise in bezug auf eine Reaktionsfolge des Partners oder bei Lautäußerungen den Rhythmus und die relative Lage der einzelnen Elemente in bezug auf einen Grundton ...“ (b) „Die Homologiekriterien greifen am Phänotyp an und geben keine Möglichkeit, angeborene und erworbene Eigenschaften zu trennen“. Genauer gesagt heißt das: „Das Homologisieren kann nur den Nachweis führen, ob Informationen weitergereicht wurden, nicht aber, auf welchem Wege das geschah.“ (c) Aus diesem Grunde müssen die Wege der Informationsweitergabe (eigene Erfahrungsbildung des Organismus durch individuelles Lernen — oder Traditionsübermittlung durch soziale Kommunikation — oder Vererbung) geprüft werden, ferner die Informationsquellen (externe Objekte oder interne Informationsspeicher) und die Spezifität der Informationsspeicher (Individualgedächtnis oder Genom) Gegebenenfalls müssen bestimmte Wege der Informationsweitergabe, Informationsquellen und. -speicher ausschließbar sein. (d) Die Annahme genischer oder extragenischer Informationsweitergabe läßt sich mit Hilfe des Kaspar-Hauser-Experiments testen, d. h. durch totalen oder partiellen Reiz- und Informationsentzug (Deprivation), der die internen Informationspotenzen freilegt. — Soweit Wicklers Argumentation. In neuerer Zeit ist die Diskussion über Ziel, Wert und Grenzen der Homologisierung weitergeführt worden; darauf sei hier lediglich verwiesen (vgl. Tobach 1976, v. Cranach 1976 und die dort zitierte Literatur).

---

[1]) Der folgende Kommentar hat auch die Funktion, eigene Bemerkungen älteren Datums zu diesem Thema (Schmidt 1970, S. 49ff., S. 126ff.) zu präzisieren bzw. zu korrigieren.

Wickler diskutiert diese Frage ohne direkten Bezug zum Tier-Mensch- oder Mensch-Mensch-Vergleich. Wenn seine erstgenannte Forderung erfüllt ist, die morphologischen Homologiekriterien für den Verhaltensvergleich zu konkretisieren, dürfte der positive Homologienachweis aus dem Ähnlichkeitsvergleich zahlreicher tierischer und frühkindlicher Verhaltensweisen ohne weiteres möglich sein. Denn auf den ersten Entwicklungsstufen, etwa im frühen Säuglingsalter, entfallen andere Wege der Informationsweitergabe als die Vererbung und andere Speicher als das Genom, dies u. a. deshalb, weil hinter den individuell erlernten Verhaltenskomponenten die phylogenetisch erworbene Grundstruktur mühelos erkennbar ist. Die Verifikation über das Deprivationsexperiment verbietet sich beim Menschen aus ethischen Gründen. Es gibt aber pathologische Entwicklungsbedingungen, aus denen eine Simulation der Kaspar-Hauser-Situation erwächst, z. B. bei blind-, taub- oder blindtaubgeborenen Kindern, deren Untersuchung Aufschlüsse über phylogenetische Erwerbungen bringen kann.

Für kinderpsychologisch-theoretische Fragen wesentlich ist der ethologische Befund, daß phylogenetisch erworbene Verhaltensmuster einen eigenständigen ontogenetischen Entwicklungsmodus besitzen, der mit Verhaltensänderungen auf der Basis individuellen Lernens nicht verwechselt werden darf. Er wird als „Verhaltens*reifung*" bezeichnet. Um einen Entwicklungseffekt zu erzielen, beanspucht er lediglich artspezifische, bauplanbezogene ökologische Minimalbedingungen („obligatorische Lernfaktoren" im Sinne von Tembrock 1973), damit das genetische Programm stufenweise im Verhaltensmerkmal manifest wird. Das schließt unbeabsichtigte oder gezielte akzelerierende bzw. retardierende Umgebungseinwirkungen keineswegs aus, da auch für ererbte Verhaltensmerkmale eine Modifikationsbreite existiert, innerhalb derer das Merkmal in Abhängigkeit von Anregungs- und Auslösungsmomenten variiert.

So ist es nicht verwunderlich — und es ist schon gar nicht ein Argument gegen das Konzept der Verhaltensreifung —, daß ein kontinuierliches Trainieren der Schreit- und Steigreflexe des Neugeborenen über die Zeit des Neugeborenenalters hinaus zu einer enormen Akzeleration der lokomotorischen Entwicklung führt (solche Kinder laufen zwei bis drei Monate früher als nichttrainierte). Hier wird die *quantitative* Intensität der Entwicklung gezielt verändert, nicht aber die *Qualität* der Zeitstruktur lokomotorischer Entwicklungselemente (vgl. die Befunde von Zelazo/Kolb 1972).

Mit Hilfe der genannten und beschriebenen Kriterien ist es gelungen, eine Vielzahl phylogenetisch erworbener Verhaltensmuster in der frühen Kindheit zu identifizieren (Peiper 1961, Eibl-Eibesfeldt 1967, Schmidt 1970, Blurton-Jones 1972). Dazu gehören zahlreiche Basismechanismen der Orientierung, Aktivation und Informationsverarbeitung, ferner viele der in der Kinderneurologie beschriebenen und diagnostisch verwendbaren Reflexe, außerdem mimische Aktionen (Weinen, Lachen), das Saugen und seine Koordinierung mit Schlucken und Atmen, das Syndrom des Rekelns — um einige Verhaltensweisen zu nennen. Es gibt Einzelbeispiele, die auf der Ausschließung von Individualerfahrung beruhen und darum sehr überzeugend sind. Das gilt für den Nachweis des sozialen Lächelns bei blindgeborenen Säuglingen und der phasenspezifischen Produktion erster Lall-Laute tauber Säuglinge. Auch der Beleg, daß ein durch Kaiserschnitt geborenes hydroanenzephales Kind im Alter von 13 Tagen die gleiche gut funktionierende, organisierte Koordination von Saugen, Atmen und motorischer Aktivität zeigte wie normale Kinder (Kessen 1967), spricht für das phylogenetische Alter dieses Verhaltenskomplexes.

2.2. *Phylogenetik und Systematik von Lernformen*

Die Ethologen haben niemals bestritten, daß und in welchem Ausmaß tierisches Verhalten durch individuelles Lernen bestimmt wird. Es war ein Ethologe, nämlich THORPE (1956), der das singularistische Konzept der PAWLOWschen Lernforschung — alles Lernen sei bedingte Reaktion — endgültig überwand, indem er die Vielfalt von Lernformen analysierte, klassifizierte und dem Gang der Evolution zuordnete. Seine Differenzierung von Habituation, bedingter Reaktion, instrumentalem Bedingen, Versuch-Irrtum-Lernen, latentem Lernen, Prägungslernen und einsichtigem Lernen wurde für die nachfolgende Lernforschung fundamental. Das Verständnis der Sonderstellung des einsichtigen Lernens, das Erkennen des spezifischen kognitiv-semantischen Moments darin (KLIX 1971), wäre ohne THORPES Vorarbeit kaum möglich gewesen. Der von THORPE geführte Beweis, daß das Auftreten der verschiedenen tierischen Lernformen etwa der Progression der Stammesgeschichte folgt, lieferte eine entsprechende Arbeitshypothese für die menschliche Ontogenese. Sie konnte verifiziert werden: Das zeitliche Erscheinen der Lernformen im 1./2. Lebensjahr entspricht ziemlich genau der THORPEschen Sequenz (SCHMIDT 1970). Dieses Vergleichresultat hat einen nicht unbedeutenden Erklärungswert. Da die Phylogenie der Lernformen unterschiedliche Niveaus der Informationsverarbeitung abbildet, ist eben das auch für die Ontogenie zu erwarten. Das Auftreten einer bestimmten Lernform in einer bestimmten kindlichen Entwicklungsphase zeigt eingrenzbare Fähigkeiten der Informationsverarbeitung an, die mit zusätzlichen psychologischen (oder auch psychophysiologischen) Hypothesen einer weiteren Aufklärung zugeführt werden können. Ein Beispiel dafür ist die Korrespondenz des Beginns einsichtigen Lernens im zweiten Lebensjahr und des Einsetzens der semantischen Entwicklung im Kontext des Worterwerbs. Beides basiert auf einem nun schon leistungsfähigen Langzeitspeicher und auf der internen Repräsentation strukturierten Bedeutungswissens.

2.3. *Sensible Lernphasen*

Die Entdeckung sensibler Lernphasen beim Prägungslernen wirkte sich in der Kinderpsychologie folgenreich aus. Wie HESS (1970) hervorhebt, ist diese Tatsache auch dadurch zu erklären, daß es schon vorher Theorien gab, die von der Annahme intensiver Stimulations- und Lernbereitschaften in bestimmten Lebensaltern ausgingen. Als Beispiele für diesen Bahnungseffekt nennt HESS die Namen FREUD und MONTESSORI. Es muß hinzugefügt werden, daß — ebenfalls vor LORENZ — sich WYGOTSKI 1934 (dt. 1964) auf die biologischen Forschungen von DE VRIES stützte, um sein Konzept sensibler Lernphasen in eine dialektisch-materialistische Entwicklungstheorie einzuarbeiten.

WYGOTSKI betont, „das Lernen (sei) nur dann fruchtbar, wenn es innerhalb einer gewissen, durch die Zone der nächsten Entwicklung bestimmten Periode erfolgt". Diese sensible Periode, so meint er, verleihe dem Lernen eine Art Schrittmacherfunktion für die Entwicklung, weil durch das Lernen „eine ganze Reihe von Funktionen, die sich im Stadium der Reifung befinden und in der Zone der nächsten Entwicklung liegen, geweckt und ins Leben gerufen" werden (WYGOTSKI 1964, S. 217; vgl. auch SCHMIDT 1970, S. 307).

Der Einfluß ethologischer Untersuchungen über sensible Lernphasen läßt sich zunächst an dominierenden Fragestellungen ablesen, die einen Teil der internationalen kinderpsychologischen Forschung bestimmen (s. dazu THOMPSON/GRUSEC 1970). Sie betreffen Phasen besonders schnellen Lernens, ferner die Aus- und Nachwirkung frühkindlicher Lerneffekte in späteren Lebensphasen und schließlich die (homologe oder analoge) Ähnlichkeit bestimmter kindlicher Entwicklungsphänomene mit der geprägten Bindungs- und Nachfolgereaktion von Nestflüchtern, die sich auf das Muttertier bezieht.

Gerade die letztgenannte Fragestellung ist in den letzten Jahren besonders intensiv verfolgt worden. Sie steht in engem Zusammenhang mit der Tatsache, daß unzweifelhaft Rudimente der prähumanen Primatenkonstitution, wie sie uns in der Traglingscharakteristik der Mutter-Kind-Beziehung und -Bindung begegnet, beim menschlichen Säugling und Kleinstkind existieren. In zahlreichen Untersuchungen (referiert von Thompson/Grusec 1970, Schaffer 1971, Johst 1978 a, b) wurden Daten erhoben, welche die Existenz einer sensiblen Phase für die primäre Sozialisation des Kindes im 1./2. Lebensjahr wahrscheinlich machen. Hier geht es um die Herstellung von emotional-sozialen Bindungen an erwachsene Bezugspersonen, um die ersten Grundlagen des Partner-, Person- und Sozialverständnisses, die den sozial vermitelten Erwerbsprozessen der Sprache und den sozialen Interaktionen (Kommunikation, Kooperation) zugrunde liegen. Sie sind für die emotionale Stabilität des Kindes, für sein Wohlbefinden, für seine normale, störungsfreie Entwicklung unerläßlich.

Vorbedingungen des Eintretens in die sensible soziale Lernphase sind die Kontaktfähigkeiten im Stadium des Neugeborenen. Sie bekunden sich in partnerbezogenen angeborenen Verhaltensweisen (Saugen, Greifreflexe, Lächeln auf stimmliche oder Streichelreize), in der Stimmungsübertragung (Ansprechen auf Lautäußerungen anderer Kinder; vgl. das „Chorweinen“ auf Säuglingsstationen), in der Fähigkeit, verschiedene Pflegepersonen geruchlich zu unterscheiden, und in frühen bedingten Reaktionen, auf deren Grundlage die Pflegepersonen einen Signalcharakter erhalten und sich dadurch aus der Umwelt des Kindes als besonders beachtetes Objekt mit positiver emotionaler Bewertung herausheben. Das alles belegt: Der Mensch wird als soziales Wesen geboren! Seine Natur, seine phylogenetisch angelegte Konstitution ist auf soziale Kommunikation apriori eingerichtet.

Im 2./3. Lebensmonat antwortet das Kind mit einer Lächelreaktion auf die menschliche Stimme und auf einen Blickkontakt. Dieses soziale Lächeln ist eine echte Instinkthandlung, weil sie zunächst auf wenige Schlüsselreize des menschlichen Gesichts anspricht und weil sie auf dieses Gesicht schlechthin, d. h. ohne Differenzierung von Bekannten und Fremden, gemünzt ist. Lernvorgänge ergänzen in den kommenden Monaten die Schlüsselreize, so daß es im 6./7. Monat eines wirklichen (nicht nur schematisch gezeichneten) — und zusätzlichen noch lächelnden — Gesichts bedarf, damit das Kind selbst ein Lächeln zeigt. Auf Gesichtsattrappen reagieren viele Kinder dieses Alters mit Erschrecken und Furcht.

Etwa im Zeitraum des 6.—8. Lebensmonats — mit großen interindividuellen Unterschieden — beginnt die eigentliche sensible Phase der primären Sozialisation. Das Kind reagiert auf Fremde mit einem Konflikt zwischen Annäherung (Informations-, Explorationsbedürfnis) und Meidung (Angstzustand, Fluchttendenz). In der älteren kinderpsychologischen Literatur spricht man vereinfachend von der „8-Monats-Angst“. Zu diesem Zeitpunkt existieren für das Kind also zwei Klassen von Menschen: bekannte, vertraute und unbekannte, ungewohnte, Unsicherheit erzeugende. Auf die bekannten Bezugspersonen wird in vielfältiger Weise positiv reagiert, wenn sie in das Gesichtsfeld des Kindes eintreten: das sensumotorische Aktivitätsniveau erhöht sich, das Kind strebt körperliche Berührung an, es sucht Blick- und Lächelkontakt. Einen Kontaktabbruch beantwortet das Kind oft negativ, durch Angstäußerungen (Trennungsangst). Bei langdauerndem Kontaktverlust kommt es jetzt und in den folgenden Monaten — bis etwa 1 1/2 Jahren — zu Verhaltensstörungen, die bisweilen schwer korrigierbar sind. Gegen Ende des ersten Lebensjahres werden auch erstmalig Eifersuchtserscheinungen beobachtet, wenn eine vertraute Person mit einer dritten Kontakt aufnimmt (Reaktion auf „Liebesentzug"). Der Umgang des Kindes mit Fremden ist offenbar davon abhängig, ob dem Kind die Lösung eines *kognitiven* Problems gelingt, das darin besteht, trotz der Fremdheit das Gemeinsame mit Bekannten — gleichsam das „Allgemein-Menschliche" — zu erkennen, also ein invariantes Bild des Mitmenschen aufzubauen (Kagan 1975). Je nachdem, wie die kognitiven Fähigkeiten des Kindes beschaffen sind — und wie stark seine allgemeine (wahrscheinlich angeborene) Angstneigung bei der Konfrontation mit neuen, ungewohnten Situationen ist —, wird es unterschiedlich reagieren: Mit Neugier, Interesse, Zuwendung oder mit Hemmung, Unsicherheit, Kontaktmeidung, Weinen. In Gegenwart vertrauter Pflegepersonen, die einen Spielraum von Schutz und Geborgenheit schaffen, sind die meisten Kinder eher in der Lage, sich durch Fremde nicht irritieren zu lassen. Die natürliche Existenz vieler fremder Menschen (im Haus, auf der Straße usw.) verstärkt zugleich das Bindungsbedürfnis, die Bindungsfähigkeit des Kindes, „kettet" es an seine vertrauten Bezugspersonen.

Alle beschriebenen Tatsachen sprechen dafür, daß die Zeit zwischen dem 6. und 18. Lebensmonat als sensible Phase eines besonders intensiven sozialen Lernprozesses zu gelten hat. Auf seiner Grundlage entsteht das kleinkindliche „Menschenbild" und die emotional-soziale Bindung des Kindes an wenige Bezugspersonen. Es ist klar, daß das Fehlen ausreichender sozialer Kontakte in dieser Altersspanne oder die Überforderung des Kindes durch einen permanenten Wechsel von Betreuungspersonen zu Störungen dieses Lernens führt. Ebenso wäre es für die Normalentwicklung abträglich, wenn nach erfolgter Bindung an einen überschaubaren Kreis von Pflegepersonen ein längerer Kontaktverlust entsteht oder zu diesem Zeitpunkt völlig neue Betreuer in den Lebensraum des Kindes eingeführt werden.

Es existieren entwicklungstheoretische Konzeptionen, die explizit die Annahme sensibler Lernphasen als heuristisches Element der Modellbildung verwenden. Dafür zwei Beispiele:

Thompson (1968) geht davon aus, daß die entwicklungstypischen Differenzierungsprozesse der Ontogenese zunächst die Inputseite (Sensorik, Perzeption, Kognition) betreffen, danach die Outputseite (motorische Operationen). Auf diese Weise lassen sich in der frühen Kindheit zwei Differenzierungsrichtungen unterscheiden. Sie definieren zugleich Möglichkeiten und Grenzen der Erfahrungsbildung mit Hilfe spezifischer Lernprozesse, d. h., sie gestatten die Lokalisation von „Alterszonen" des Lernens als sensible Phasen. Thompson beschreibt drei Zonen:

„*Temperament adaptation zone*". — Einpegeln des Organismus auf ein charakteristisches Niveau des Antwortverhaltens, bezogen auf die Umwelt als Ganzes. Habituation und Sensibilisierung gestatten kaum eine Input-Differenzierung.

„*Affective-meaning zone*". — Differenzierung des Inputsektors unter dem Aspekt von Objektvalenzen und Valenzklassen (Lernen von „cues"), dies über das Konditionierungslernen. Entstehen von Bindungen, Vorlieben usw.

„*Instrumental-meaning-zone*". — Zusätzliche Differenzierung des Outputbereichs durch instrumentales Lernen, so daß die zielgerichtete, spezifische Gestaltungsaktivität des Kindes entstehen kann.

Thompsons Modell hat gewisse Beziehungen zur kinderpsychologischen Nutzung der Lernformensystematik von Thorpe, die oben beschrieben wurde.

Elkonin (1972) versucht, auf der Basis kinder- und jugendpsychologischer Daten ein Spiralmodell der Entwicklung zu konzipieren, das von der Verkettung zweier Prozeßsphären ausgeht: der „Motivations-Bedürfnis-Sphäre" auf der einen, der „Erkenntnis-Sphäre" auf der anderen Seite. Der Entwicklungsprozeß werde durch Widersprüche zwischen diesen Sphären vorangetrieben. Da nun eine bestimmte Altersperiode durch die Dominanz eines der beiden Prozeßbereiche bestimmt werde, gebe dieses Modell auch eine Antwort auf die Frage der „Sensitivität der einzelnen Entwicklungsperioden ... gegenüber einem bestimmten Einwirkungstyp“. Daraus entstehen, wie ELKONIN hervorhebt, Konsequenzen bezüglich der Korrektur gegenwärtig praktizierter Bildungssysteme, -strategien und -prozesse, die auf diese unterschiedliche Sensitivität keine Rücksicht nehmen.

Diese beiden Modelle sollen hier nicht kritisch untersucht werden. Nur soviel sei gesagt: Sie verraten dem, der sich näher mit ihnen beschäftigt, das vergleichsweise niedrige Niveau der Theoriebildung. Viele Fragen bleiben offen, so die nach der genauen Definition der sensiblen Periode, nach der Bedeutung ererbter und/oder erworbener Prädispositionen für den nachfolgenden Lernprozeß, nach den validen Parametern einer bündigen Verifikation. Das methodologische und methodische Niveau der Identifizierung sensibler Perioden, das in der verhaltensbiologischen Erforschung des tierischen Prägungslernens mittlerweile erreicht wurde, finden wir in der kinderpsychologischen Forschung — auch in der zur primären Sozialisation — noch nicht vor. Man kann das als ernsten Mangel beklagen; man kann aber darin auch einen leistungsfähigen Aktivator künftiger Forschung sehen. Der Verhaltensforschung kommt hier die Funktion einer Führungsgröße zu.

2.4. Unspezifische Explorationsaktivität

Die Unterscheidung spezifischer (funktionskreisgebundener, im engeren Sinne instinktiver) Antriebe und unspezifischer Erkundungsantriebe bei Tieren, ferner der Nachweis, daß letztere ein immer stärkeres Gewicht im tierischen Antriebsreservoir mit aufsteigender Evolution erhalten (EIBL-EIBESFELDT 1967), ist für die Humanpsychologie allgemein und für die Kinderpsychologie speziell folgenreich gewesen. JOHST (1977) hat seine Aufmerksamkeit diesen Konsequenzen zugewendet und folgende Resultate dabei erzielt:

- Das Orientierungs-, Explorations-, und Erkundungsverhalten ist der eigentliche „Motor“ der kognitiven Entwicklung und als solcher in seinen Urformen phylogenetisch erworben;
- das diesem Verhalten zugrunde liegende Informationsbedürfnis ist die motivationale Basis des latenten (unbeabsichtigten) Lernens, das insbesondere für die Vorschulzeit wesentlich und dominierend ist;
- sowohl phylo- als auch ontogenetisch ist die Erkundungsaktivität zunächst, in den genetischen Frühstufen, wahrnehmend und mehr passiv-reaktiv und geht dann mehr und mehr in ein handelndes, aktives, oft manipulatives Explorieren über, in dessen Vollzug neue Informationen beschafft, erzeugt werden (vgl. dazu auch KLIX 1971);
- die unmittelbar nach der Geburt des Kindes einsetzende, erstaunlich leistungsfähige und außerordentlich schnell fortschreitende kognitive Entwicklung ist ohne die Basismotivation des Informationsbedürfnisses nicht erklärbar (vgl. dazu auch SCHMIDT/GRABOWSKI 1978).

Es sei noch hinzugefügt, daß sich daraus wichtige Schlußfolgerungen für das Pflege-, Bildungs- und Erziehungsregime — nicht nur im Vorschulalter — ergeben. Die Stichworte Reizanreicherung (Vermeidung reizarmer, gleichförmiger, langweiliger Umweltbedingungen, dies schon im Säuglingsalter), Anregung kindlichen Fragenstellens, geduldiges Beantworten kindlicher Fragen, Verfügbarmachen von Freiräumen kindlicher Eigenaktivität (z. B. Abenteuerspielplätze) mögen an dieser Stelle genügen.

3. Schlußbemerkungen

Die zahlreichen bisher aufgezählten Tatsachen und Argumente belegen fruchtbare Wechselwirkungen zwischen Kinderpsychologie und Verhaltensforschung. Die hier vorhandenen Möglichkeiten sind aber bei weitem noch nicht ausgeschöpft. Beispielsweise wissen wir noch zu wenig über die phylogenetisch erworbenen Grundlagen der kognitiven Repräsentation, der bildlichen, begrifflichen und sprachlichen Speicherung von Wissen (SCHURIG 1976, KLIX 1980). Auch die bemerkenswerte Labilität des menschlichen Ausscheidungssystems, das relativ schwere und späte Erlernen der bewußten und unbewußten Kontrolle von Harn- und Kotentleerung durch das Kleinkind könnten Anlaß sein, die Frage nach phylogenetisch erworbenen Prädispositionen dieser Phänomene aufzuwerfen.

Solche Forschungen bedürfen sorgfältiger kritischer Reflexion in Hisicht auf die Grenzen rein verhaltensbiologischer Annäherung an die Erscheinungen, Bedingungen und Ursachen menschlicher Entwicklung. Der vorliegenden Literatur ist zu entnehmen, wie schnell der Weg in die Irre endogenistischer, biologistischer, „naturalisierender" Vereinfachung und Verkürzung führt (TOBACH 1973, HOLZKAMP-OSTERKAMP 1975, SCHMIDT 1977a). Sogar sozialdarwinistische Gedanken sind zu finden (z. B. bei WILSON 1975; vgl. die Kritik von TOBACH 1976). Zu oft — und offensichtlich aus durchsichtigen ideologischen Gründen — wird der Mensch nur als Resultat der biologischen Naturgeschichte, nicht aber zugleich der gesellschaftlich-historischen Menschheitsentwicklung gedeutet; die menschliche Verhaltensontogenese erscheint dann als einfache Fortsetzung der Naturgeschichte, nicht als *neue Qualität* einer Sozialisation, die von der Dialektik von Vergegenständlichung und Aneignung beherrscht wird (SCHMIDT 1975, 1977b). Nur im theoretischen Kontext eines stringent als *humanspezifische Sozialisation* konzipierten Entwicklungsmodells sind verhaltensbiologische Untersuchungen aussagekräftig und für die Kinderpsychologie nützlich und hilfreich.

Literatur

BLURTON-JONES, N. G. (Hrsg.): Ethological studies of child behaviour. London 1972.

BÜHLER, K.: Die geistige Entwicklung des Kindes. Leipzig 1918.

BUYTENDIJK, F. J. J.: Allgemeine Theorie der menschlichen Haltung und Bewegung. Berlin (W) 1956.

CARUS, C. G.: Vorlesungen über Psychologie. Darmstadt 1958.

CRANACH, M. v. (Hrsg.): Methods of inference from animal to human behaviour. Chicago 1976.

DARWIN, Ch.: The expression of emotions in man and animals. London 1873.

EIBL-EIBESFELDT, L.: Einige Bemerkungen über den Ursprung von Ausdrucksbewegungen. Z. Säugetierk. **21** (1956), S. 29.

EIBL-EIBESFELDT, I.: Grundriß der vergleichenden Verhaltensforschung. München 1967.

ELKONIN, D. B.: Zum Problem der Periodisierung der psychischen Entwicklung des Kindes. In: Psychologische Probleme der Entwicklung sozialistischer Persönlichkeiten. Konferenzbericht. Berlin 1972, S. 212—229.

GESELL, A.: The ontogenesis of infant behavior. In: Manual of child psychology. Hrsg. v. L. CARMICHAEL. 2. Aufl. New York, S. 335—374.

HASSENSTEIN, B.: Verhaltensbiologie des Kindes. München 1973.

HESS, E. H.: Ethology and developmental psychology. In: Mussen 1970, a.a.O. S. 1—38.

HOLZKAMP-OSTERKAMP, U.: Grundlagen der psychologischen Motivationsforschung I. Frankfurt/Main 1975.

JOHST, V.: Die Funktionsprinzipien des Erkundungsverhaltens in ihrer Bedeutung als biologische Grundlage der menschlichen Kognition. Wiss. Z. HU Berlin, Math.-Nat. R. **26** (1977), S. 393 bis 397.

JOHST, V.: Zur psychischen Entwicklung des Säuglings. Wiss. u. Fortschr. **28** (1978a), S. 51–57.

JOHST, V.: Modelle und Methoden der Verhaltensbiologie am Beispiel „Erfahrungsentzug". In: Philosophische und ethische Probleme der modernen Verhaltensforschung. 6. Kühlungsborner Kolloquium. Hrsg. v. G. TEMBROCK u. a. Berlin 1978b, S. 18–34.

KAGAN, J.: Das Auftreten von Angst während der frühen Kindheit. In: Entwicklung und Persönlichkeit. Hrsg. v. U. M. LEHR u. a. Stuttgart 1975, S. 89–101.

KESSEN, W.: The child. London 1965.

KESSEN, W.: Sucking and looking: Two organized congenital patterns of behaviour in the human newborn. In: Early behaviour. Hrsg. v. H. W. STEVENSON. New York 1967, S. 147–179.

KLIX, F.: Information und Verhalten. Berlin 1971

KLIX, F.: Erwachendes Denken — eine Entwicklungsgeschichte der menschlichen Intelligenz. Berlin 1980

KOFFKA, K.: Grundlagen der psychischen Entwicklung. Osterwieck 1921.

LEHRMAN, D. S.: A critique of Konrad Lorenz's theory of instinctive behavior. Quart. Rev. Biol. **28** (1953), S. 337–363.

LORENZ, K.: Der Kumpan in der Umwelt des Vogels. J. Ornith. **83** (1937), S. 137–213, 289–413.

LORENZ, K.: Phylogenetische Anpassung und adaptive Modifikation des Verhaltens. Z. Tierpsychol. **18** (1961), S. 139–187.

MUSSEN, P. H. (Hrsg.): Carmichael's manual of child psychology. 3. Aufl. Vol. 1. New York 1970.

OHLMEIER, D. (Hrsg.): Psychoanalytische Entwicklungspsychologie. Freiburg 1973.

PEIPER, A.: Die Eigenart der kindlichen Hirntätigkeit. 3. Aufl. Leipzig 1961.

PREYER, W.: Die Seele des Kindes. 5. Aufl. Leipzig 1900.

REMANE, A.: Die Grundlagen des natürlichen Systems, der vergleichenden Anatomie und der Phylogenetik. 2. Aufl. Leipzig 1956.

SCHAFFER, H. R. (Hrsg.): The origins of human social relations. London 1971.

SCHMIDT, H.-D.: Allgemeine Entwicklungspsychologie. Berlin 1970.

SCHMIDT, H.-D.: Die psychische Entwicklung des Menschen als Sozialisationsprozeß. Probl. Erg. Psychol. **52** (1975), S. 47–84.

SCHMIDT, H.-D.: Einige Bemerkungen zum Problem der biologischen Grundlagen der Persönlichkeit. Z. Psychol. **185** (1977a), S. 214–224.

SCHMIDT, H.-D.: Methodologische Probleme der entwicklungspsychologischen Forschung. Probl. Erg. Psychol. **62** (1977b), S. 5–27.

SCHMIDT, H.-D.: Kritische Anmerkungen zum psychoanalytischen Entwicklungskonzept. In: Klinische Psychologie — theoretische und ideologische Probleme. Hrsg. v. J. HELM u. a. Berlin 1979, S. 100–115.

SCHMIDT, H.-D., und M. GRABOWSKI: Zum gegenwärtigen Stand der Theorie der kognitiven Entwicklung. Probl. Erg. Psychol. **64** (1978), S. 7–20.

SLUCKIN, W.: Imprinting and early learning. London 1964.

SCHURIG, V.: Die Entstehung des Bewußtseins. Frankfurt/Main 1976.

STERN, W.: Psychologie der frühen Kindheit. Leipzig 1914.

TEMBROCK, G.: Ritualisation und Information. Z. Psychol. **173** (1967), S. 90–101.

TEMBROCK, G.: Grundriß der Verhaltenswissenschaften. Jena 1973.

THOMPSON, W. R.: Development and the biophysical basis of personality. In: Handbook of personality theory and research. Hrsg. v. E. BORGATTA u. W. W. LAMBERT. Chicago 1968, S. 149 bis 214.

THOMPSON, W. R., and J. E. GRUSEC: Studies of early experience. In: Mussen 1970, a.a.O. S. 565 bis 656.

THORPE, W. H.: Learning and instinct in animals. London 1956.

TINBERGEN, N.: Instinktlehre. Hamburg 1952.

TOBACH, E.: The four horsemen: Social Darwinism. New York 1973.

TOBACH, E.: Evolution of behavior and the comparative method. Intern. J. Psychol. **11**, 3 (1976), S. 185–201.

WICKLER, W.: Vergleichende Verhaltensforschung und Phylogenetik. In: Die Evolution der Organismen. 3. Aufl. Hrsg. v. G. HEBERER. Bd. 1. Stuttgart 1967, S. 420–508.

WILSON, E. O.: Sociobiology. Cambridge 1975.

WYGOTSKI, L. S.: Denken und Sprache. Berlin 1964.

ZELAZO, N. A., and S. KOLB: "Walking" in the newborn. Science **176** (1972), S. 314–315.

Verhaltensforschung und Psychiatrie

Klaus WEISE

Das in der Medizin bis in die Gegenwart hinein dominierende naturwissenschaftliche Verständnis von Krankheit und das hieraus ableitbare medizinische Krankheitsmodell ist vor allem durch folgende Annahmen gekennzeichnet. Krankheiten sind verursacht durch Veränderung der biologischen Prozesse des menschlichen Organismus. Die äußerlichen Erscheinungen von Krankheiten können als Symptome für die zugrunde liegenden organischen Krankheitsprozesse verstanden werden. Diese Auffassung hatte auch Konsequenzen für die Psychiatrie, die sich als Wissenschaft im engen Zusammenhang mit den anderen klinischen Disziplinen der Medizin entwickelte. Besondere Bedeutung hatte die Übertragung dieses medizinisch-naturwissenschaftlichen Krankheitsverständnisses auf die Psychiatrie für die Psychopathologie. Diese wurde damit zu einer formal deskriptiven Analyse der Manifestationsform psychischer Störungen als pathologische Abwandlungen psychologischer Prozesse und Funktionen im Gefolge pathobiologischen Krankheitsgeschehens. Psychopathologische Erscheinungsformen wurden in erster Linie kausal auf psycho-physische Zusammenhänge zurückgeführt, d. h. als Symptome interpretiert. Im Zusammenhang mit klinischen Erfahrungen, die eine Unspezifität psychopathologischer Syndrome (WEITBRECHT 1957) nachwiesen, erfolgten ein Verzicht auf die Ermittlung psycho-physischer Kausalbeziehungen und eine Ablehnung des Symptombegriffs für den Phänomenbereich psychopathologischer Prozesse. Er wurde ersetzt (JASPERS 1959, K. SCHNEIDER 1959) durch den Begriff des Merkmals, die in ihrer Gesamtheit zu Syndromen bzw. Zustands-, Verlaufseinheiten zusammengefaßt wurden. Kausalbeziehungen wurden allenfalls in hypothetischen Dimensionen, z. B. in einer Abwandlung des „Endogen“ (TELLENBACH 1961) gesucht. Auch als Merkmalsträger war der Patient Gegenstand einer distanzierend objektiven Betrachtung in einem kausalanalytisch leeren Raum. Der Patient mit seinen psychopathologischen Prozessen wurde losgelöst, isoliert vom biographischen, situativen und sozialen Kontext betrachtet. Den zuletzt genannten Bedingungen wurde allenfalls eine Bedeutung für die inhaltliche Abwandlung der psychischen Prozesse für das So-sein der Psychosen, nicht jedoch für ihr Dasein zugebilligt.

Wesentliche Fragestellungen, z. B. die Probleme des Umgangs mit dem Patienten, seiner psychotherapeutischen Beeinflussung, seiner sozialen Rehabilitation sowie kausalanalytische Fragestellungen, die im Zusammenhang mit der zunehmenden Erkenntnis über die Bedeutung psychologischer und sozialer Bedingungen in der Ätiopathogenese aktuell wurden, konnten mit dieser Betrachtungsweise nicht befriedigend angegangen werden. Es entwickelten sich deshalb in den letzten Jahrzehnten die verschiedensten psychiatrischen Konzeptionen, die psychopathologische Prozesse in ihrem psychischen Aspekt, d. h. als gestörte Verhaltens- bzw. Kommunikationsphänomene, als biographisch situativ bzw. sozial determinierte psychische Fehlentwicklungen oder Reaktionen betrachteten. So wird im anglo-amerikanischen Sprachgebrauch vielfach der Begriff „Verhaltenspathologie“ für den Bereich der Psychopathologie verwendet. Dabei vollzog sich dieser Entwicklungsprozeß in analogen Stadien wie die der Psychologie. Zunächst stand im Vordergrund im Sinne einer introspektionistischen Betrachtungsweise das subjektive Erleben des Patienten unter Bezugnahme auf phänomenologisch-anthropologische, existenzphilosophische oder psychoanalytische Persönlichkeitskonzepte, die als Bezugsebene der Deutung biographischer, situativer Sinnzusammenhänge psychotischen Geschehens dienten. In zunehmendem Maße erfolgte dann eine Einbeziehung sozialer Determinanten in die Betrachtungsweise psychopathologischer Prozesse und ihre Interpretation als Verhaltensphänomene, womit gleichzeitig eine stärkere Zuwendung zu den objektiven Zusammenhängen psychopathologischen Geschehens im sozialen Raum erreicht wurde; zwar nicht im Sinne einer formal deskriptiven Analyse, sondern einer kausalgenetischen Betrachtung psychopathologischer Prozesse in ihrem biographischen und sozialen Kontext. Diese Konzeption entwickelte sich allerdings meist als Alternativposition zu somato- und psychogenetischen Auffassungen in Form von soziologischen Theorien psychischer Erkrankungen (Labeling-Konzept u. ä.).

Diese Entwicklung der Psychiatrie brachte immer stärker das Bedürfnis nach interdisziplinärer Kooperation mit all den Disziplinen, die die Analyse der Determination menschlichen Verhaltens und der Persönlichkeit zum Gegenstand haben, der Psychologie vor allem mit ihren Spezialdisziplinen Entwicklungs-, Persönlichkeits- und Sozialpsychologie, Soziologie, Humangentik etc. hervor. In die Reihe dieser für eine ätiopathogenetische Forschung in der Psychiatrie notwendigen Disziplinen ist auch die Ethologie, die sich mit der Erforschung angeborener Verhaltensmuster, mit den biologischen, phylogenetischen Grundlagen des Verhaltens befaßt, einzuordnen.

Von der Ethologie in der tierexperimentellen Forschung entwickelte Gesetzmäßigkeiten, Mechanismen und Kausalzusammenhänge des Verhaltens sind verschiedentlich von der Psychologie und Psychiatrie aufgegriffen und zur Hypothesenbildung sowie zur Interpretation normaler, neurotischer wie auch psychotischer Verhaltensweisen verwendet worden. Ein solches Vorgehen ist allerdings nach unserer Auffassung im Hinblick auf die qualitativ neue Komplexität und Determination menschlichen Verhaltens mit Vorsicht und Kritik zu betrachten. So ist es sicher nicht ohne weiteres zulässig, neurotische Symptome wie das Bettnässen (Lincke 1955) oder den Waschzwang als Übersprungsphänomene zu deuten oder — hieran hat Helm (1959) berechtigte Kritik geübt — nervöse Unruhebewegungen in der gleichen Weise einzuordnen. Ebenso problematisch ist die Identifizierung von frühkindlichen Traumen mit dem ethologischen Begriff der Prägung. Auch die Interpretation psychotischen Verhaltens, z. B. sexueller Triebhandlungen und motorischer Stereotypien als Leerlaufaktivitäten bzw. Übersprungshandlungen (Ploog 1964), ist bestenfalls als Hypothese möglich, deren Prüfung die exakte Analyse biographischer und erlebnismäßiger Zusammenhänge erfordert. Bei der überwiegenden Mehrzahl dieser Phänomene handelt es sich ohne Zweifel um ontogenetisch erworbene Verhaltensweisen, die viel besser und für pädagogische, therapeutische und prognostische Belange nützlicher aus Lernen und Erfahrung, aus sozialpsychologischen oder sozialen Zusammenhängen abzuleiten sind.

Ebenso problematisch ist die Inbeziehungsetzung von Erscheinungsformen der Autoritätsbeziehungen in sozialen Gruppen, z. B. in der Psychotherapie, oder des Besitzanspruchs bei hospitalisierten psychisch Kranken zu entsprechenden Verhaltensweisen bei Tieren, der Hackreihe, der Markierung des Territoriums etc. Schmidt (1958) weist mit Recht darauf hin, daß Eigentum — das gleiche gilt für Autoritätsbeziehungen und räumliche Besitzansprüche etc. — historische Phänomene, d. h. Ausdruck ganz bestimmter Produktionsverhältnisse sind, die mit keinem tierischen Phänomen streng vergleichbar sind. Es handelt sich mehr um äußerliche Ähnlichkeiten, Verhaltensanalogien, auf die die Kriterien der Homologie nicht zutreffen. BALESTRIERI (1975) fordert deshalb zu Recht, daß der Ethologie als Wissenschaft keine Phänomene zugeschrieben werden, die in der Hauptsache soziologischen und kulturellen Ursprungs sind. Er weist in diesem Zusammenhang darauf hin, daß andernfalls die Gefahr besteht, daß Aggressivität, territoriale Aneignung und Krieg — gleiches gilt auch für Herrschaftsbeziehungen — als spontan und unvermeidlich dargestellt werden können und damit dem Sozial-Darwinismus ein Alibi geliefert wird. Hinzu kommt, daß, selbst wenn man eine biologische Grundlage für das Dominanz-Submissionsproblem annimmt, oder bei solchen Phänomenen, wo ein solches vorhanden ist, bei Geschlechtsunterschieden, solche Begriffe wie Geschlechtsrolle oder — bezogen auf das erste Beispiel — Hackreihe völlig abstrakt und undifferenziert bleiben. Beim Menschen sind diese Phänomene psychologisch und sozial-psychologisch in hohem Maße differenziert und in ihrer inhaltlichen Differenzierung Produkt individueller Erfahrung, gruppendynamischer und historischer Prozesse, die nur mit diffizilen psychologischen und soziologischen Methoden erfaßt werden können.

Ebenso fragwürdig erscheint es, die Verhaltensweisen von psychisch Kranken auf geschlossenen Abteilungen auf arteigene Territorialansprüche oder Individual- und Fluchtdistanzen zurückzuführen (STÄHELIN 1954).

Wir sind der Meinung, daß auch diese Merkmale kommunikativen Verhaltens in ihrer spezifischen Ausprägung beim Menschen ganz überwiegend sozial determiniert sein dürften. Der individuelle und soziale Raumanspruch (PLOOG 1964) ist wohl kaum aus der Stammesgeschichte der Menschheit, sondern ganz überwiegend aus den gesellschaftlichen Bedingungen abzuleiten. Eine solche vereinfachende Betrachtungsweise kann nur zur Unterstützung reaktionärer Ideologien und zur Verdeckung gesellschaftlicher Probleme und Widersprüche, zur Negierung der Verantwortung des Einzelnen in der sozialen Gruppe, z. B. des therapeutischen Kollektivs und der Gesellschaft für die Entwicklung des psychisch Kranken führen.

Für die Aufklärung normalen und pathologischen Verhaltens ergeben sich beim Menschen im Vergleich zum Tier wesentliche qualitative Unterschiede. Das Leben des Menschen ist „im Wesenhaften unvergleichbar mit dem anderer Organismen" (STRASS 1979, S. 9). Da in dieser Problematik bedeutsame methodologische Aspekte liegen, möchte ich etwas näher darauf eingehen. SCHMIDT (1977, S. 218) fordert für die psychobiologische Forschung: „Theorien und methodologische Elemente der psychobiologischen Erklärung und Interpretation entsprechender Fakten und Daten müssen die biologischen und verhaltensmäßigen Unterschiede zwischen Tier und Mensch, die neue Qualität der Dialektik biologischer und sozialer Bedingungswirkungen im menschlichen Verhalten zur Kenntnis nehmen." Wenn man von der frühesten Kindheit absieht, wird es beim Menschen kaum eine Situation, eine Verhaltensform geben, in die nicht Erfahrungen und Lernprozesse eingeflochten sind, so daß in den späteren Lebensjahren die angeborenen Elemente kaum oder gar nicht isolierbar sein dürften.

Trotz der Variationsbreite und Differenziertheit der Verhaltensregulation im Tierreich ist für die Entwicklung und Determination des menschlichen Verhaltens also eine neue Qualität anzunehmen. Potenzen und Möglichkeiten der menschlichen Entwicklungsprogression sind primär in den sozialen und kulturellen Bedingungen der Umwelt verborgen. Sie entstehen durch die Entwicklung der gesellschaftlichen Beziehungen und der Persönlichkeit. Die höchste Determinationsebene, die das Verhalten des Menschen bestimmt, ist die Persönlichkeits-Gesellschafts-Relation, für die HIEBSCH und VORWEG (1976, S. 73) folgendes formulieren: „Die biologische Apriorität der darin funktionierenden Transformationsgesetze oder Regulationseigenschaften geht gegen Null, d. h., dieses

System ist sowohl in Bezug auf seinen Inhalt als auch auf seine formalen Ablaufgesetze ein für Informationen offenes System. Die nachweisbaren und in der Hirnstruktur fundierten Aprioritäten sind vermutlich solche der „niederen" Regulationsebenen, die selbstverständlich auch die jeweils „höheren" beeinflussen können." Das heißt, mit dem Übergang von der phylogenetischen zur gesellschaftlich-historischen Entwicklung entstehen neue Möglichkeiten der individuellen Daseinsbewältigung auf der Ebene der gesellschaftlichen Lebensprozesse, die natürlich auch auf einer phylogenetisch erworbenen artspezifischen Lernfähigkeit basieren (siehe hierzu die Kritik von Holzkamp-Osterkamp (1976) an der Gegenüberstellung angeboren — gelernt und ihr Ersatz durch das Verhältnis Festgelegtheit und Modifikabilität). Der Mensch hat im Vergleich zum Tier eine fundamental andere Beziehungen zur Natur, zur Umwelt. Während bei den Tierarten, die noch kein Lernvermögen besitzen, die Naturgesetze in blinder Faktizität zur Geltung kommen, liegen die Gesetze der Natur beim Menschen sozusagen vor seinen Augen, er muß sie selbst erkennen und berücksichtigen, um durch vorausschauende Veränderungen der Natur sein gesellschaftliches Leben zu erhalten (Holzkamp-Osterkamp 1976). Wesentlich ist für den Menschen — und das ist für die Analyse der Verhaltensdetermination wesentlich — auch hierauf weist Holzkamp-Osterkamp (1976, S. 210) hin — daß die spezifisch menschliche Qualität der Bedürfnisse nicht in einer neuen, dem einzelnen Individuum zukommenden Bedürfnisart besteht, sondern in der Durchbrechung der unmittelbaren Beziehungen zwischen Bedürfnisspannung und Handeln, durch die Vermitteltheit der individuellen Bedürfnisbefriedigung über die Teilhabe an der gesellschaftlichen Produktion. Es besteht keine direkte Beziehung mehr zwischen der aktuellen Bedürfnislage und dem vom Menschen erwarteten Verhalten. An Stelle der einseitigen Optimierung des Organismus auf die Umwelt tritt die „aktive Optimierung der Welt auf den Menschen". Mit der Verselbständigung der gesellschaftlich-historischen gegenüber der phylogenetischen Entwicklung unterliegt der gesellschaftliche Entwicklungsprozeß, der das Verhalten des Menschen determiniert, einer nicht auf die Evolutionsgesetze reduzierbaren Eigengesetzlichkeit.

Zusammenfassend kann gesagt werden, daß die biologischen Charakteristika der menschlichen Lebenstätigkeit in seiner gesellschaftlichen Daseinsweise dialektisch aufgehoben sind und als deren Voraussetzung weiterhin existieren. Hieraus ist abzuleiten, daß im manifesten Erleben und Verhalten des Menschen die biologischen Möglichkeiten in gesellschaftlicher Überformung in Erscheinung treten, von vornherein gesellschaftlich mitbestimmt sind. Es wird deshalb außerordentlich schwierig sein, die Differenzierung biologischer Anlagen und ihrer gesellschaftlichen Ausprägungsform durchzuführen. K. Holzkamp (1977) befaßt sich mit dem Problem der analytischen Unterscheidung von unspezifisch biologischen Grundlagen und spezifischer gesellschaftlicher Entwickeltheit individueller Erkenntnisweisen, Fähigkeiten, Bedürfnisse der Menschen. Er sieht den einzigen wissenschaftlichen Weg zur Lösung des Problems in der Analyse der naturgeschichtlichen Entwicklung, durch die sich im Rahmen der evolutionären Gesetzlichkeiten die biologischen Möglichkeiten zur menschlichen Vergesellschaftung entwickelt haben. Der Schwerpunkt solcher Forschungen liegt auf dem Tier-Mensch-Übergangsfeld, in dem historischen Abschnitt, in dem die bloß phylogenetische zur neuen Qualität der gesellschaftlich-historischen Entwicklung umgeschlagen ist. Aus diesen Überlegungen ergeben sich auch Hinweise auf Dimensionen, die für Verhaltensdetermination und Entwicklung psychopathologischer Prozesse relevant sind. Als funktional wesentliche Zusammenhänge werden von K. Holzkamp (1977) solche Erkenntnisse, Fähigkeiten, Haltungen und Bedürfnisse des Menschen charakterisiert, durch die er mit gesellschaftlichen Aktivitäten sein Leben sichert und seine Persönlichkeit entfaltet, indem er durch

Beteiligung an bewußter gesellschaftlicher Beherrschung der Wirklichkeit Kontrolle über sich und seine Lebensbedingungen erreicht.

Unter Berücksichtigung dieser Einschränkungen erscheint ethologische Forschung in der Psychiatrie aus zwei Gründen bedeutsam:

1. Die zunehmende Kenntnis der Bedeutung biographischer Bedingungen (z. B. die Ergebnisse der Familienpsychiatrie), des Anteils von Lernprozessen bei der Entwicklung von psychopathologischen Prozessen führt notwendig zu der Frage nach formkonstanten, angeborenen Verhaltensweisen, da diese ja notwendig die Grundlage der Ausformung des Sozialverhaltens bilden. Die Untersuchung der sozialen Determinanten, des Umweltanteils menschlichen Verhaltens kann nur in enger Wechselbeziehung mit der Erforschung angeborener Elemente bzw. Faktoren erfolgen. Die Ergebnisse der genetischen Forschung vor allem auf dem Gebiet der Zwillingsuntersuchungen erlauben die Hypothese, daß bestimmte Verhaltensformen, Charakteristika der Affektivität und Emotionalität, bestimmte Merkmale kognitiver Funktionen und produktive Verhaltensweisen genetische Anteile enthalten. Ähnliches gilt für die Ätiopathogenese psychischer Erkrankungen. Die Bestimmung des Anteils von Umwelt- und Anlagefaktoren bei der Entwicklung psychopathologischer Prozesse ist ohne eine Berücksichtigung ethologischer Forschungsergebnisse kaum möglich. Auch ist sicher die Hypothese gerechtfertigt, daß Besonderheiten in der Ausstattung des Individuums mit angeborenen Verhaltensweisen pathogenetisch wesentlich sind. Das bedeutet keinesfalls, daß psychopathologische Prozesse auf biologische Gesetzmäßigkeiten reduziert werden könnten. Die gesellschaftliche Daseinsform des Menschen, deren spezifischer Ausdruck die psychischen und auch die psychopathologischen Prozesse sind, macht grundsätzlich die gesellschaftlichen und psychologischen Aspekte zu übergreifenden und bestimmenden Zusammenhängen. Von ihrer relativ eigengesetzlichen Entwicklung wird auch die konkrete Existenzform psychischen Krankseins notwendig geprägt und determiniert.

   Trotzdem behalten die Gesetzmäßigkeiten der biologischen Dimensionen und damit auch die Ergebnisse ethologischer Forschung ihre Bedeutung als Elemente, als Voraussetzung der Realisierung der psychischen und sozialen Existenz, auch im Falle pathologischer Abweichungen. Die ethologische Forschung ist damit eng mit der seit jeher zentralen Fragestellung in der Psychiatrie, nämlich nach dem Verhältnis von ererbten und erworbenen, erlernten Erlebens- und Verhaltensformen, d. h. nach der Relation von Anlage- und Umweltfaktoren verbunden. Die Geschichte der Psychiatrie, vor allem die Auseinandersetzung der „Psychiker" und „Somatiker", die sich bis in die Gegenwart hineinzieht, hat gezeigt, daß Alternativentscheidungen in dieser Frage, ein Entweder-Oder äußerst schädlich ist, zu einer Verzerrung und Einseitigkeit des Konzepts vom psychisch Kranken und damit zur Beeinträchtigung einer der Vielschichtigkeit und Komplexität psychischen Krankseins gerecht werdenden Entwicklung diagnostischer und therapeutischer Maßnahmen führt. So wurden in der vorwiegend somatisch orientierten klinischen Psychiatrie bis heute psychotherapeutische und sozialpsychiatrische Aspekte weitgehend vernachlässigt, sehr zum Schaden des Kranken, ebenso wie in einseitig sozialpsychiatrischen Konzeptionen somatogenetische Zusammenhänge und damit die Möglichkeiten der somatischen Therapie vernachlässigt und unterschätzt werden. Auch psychopathologische Prozesse entfalten sich grundsätzlich in der dialektischen Wechselwirkung von ererbter und erworbener Programmierung. Die Bestimung des einen Elements, des psychosozialen Anteils in seiner ätiopathogenetischen und therapeutischen Relevanz ist nur unter Berücksichtigung des anderen, des biologischen bzw. vererbten möglich. Generell gilt natürlich, daß die relativen Anteile von Erb- und Umweltdetermination tierischen Verhaltens — und im Prinzip gilt das auch für menschliche Verhaltens- und Erlebnisformen — unterschiedlich sind. Eine dichotomische Trennung in erb- bzw. umweltbedingtes Verhalten wird der Vielschichtigkeit der Wirklichkeit nicht gerecht. Eine Einteilung dieses Kontinuums, auf dessen einem Pol vorwiegend erbbedingtes und auf dessen anderen Pol vorwiegend umweltdeterminiertes Verhalten steht, in drei Klassen

— angeborene Verhaltensformen
— obligatorische Lernprozesse
— fakultatives Lernen,

wie sie Johst (1978) vorschlägt, ist sicher wertvoll. Es schient uns jedoch noch offen, ob es für das Leben des Menschen bedeutsame Formen des Erlebens und Verhaltens gibt, die den obligatorischen Lernprozessen zuzuordnen sind. Dies ergibt sich m. E. vor allem aus den oben ausführlich dargestellten qualitativen Besonderheiten der menschlichen Verhaltensdetermination. Selbst bei eindeutig von Erbinformationen abhängigen Verhaltensformen, wie z. B. der Geschlechterrolle, sind es lediglich ganz elementare Grundzüge, die als biologisch determiniert angesehen werden können. Die für den Menschen charakteristische Ausprägung der hierher gehörigen inhaltlichen und formalen Gestaltung des Sexualverhaltens — emotionale Differenzierung, Wertorientierungen, Interaktionsmuster etc. — hingegen sind von soziokulturellen und sozialpsychologischen Bedingungen abhängig. Müller-Suur (1959) bringt für ähnliche Zusammenhänge ein ganz treffendes Beispiel, wenn er ausführt, daß die Mineralogie sicher nicht geeignet ist, zur Aufklärung des Wesens eines Bauwerkes, wie z. B. des Kölner Doms beizutragen.

2. Da es sich bei der Ethologie um eine objektive naturwissenschaftliche Disziplin handelt, die das Verhalten von Lebewesen empirisch untersucht mit dem Ziel, zu einer Kausalanalyse des Verhaltens zu kommen, ist die Übernahme ethologischer Forschungsstrategien und objektiver Methoden zur Gewinnung von Daten möglich. Damit können — ebenso wie mit der Anwendung von Methoden der modernen Psychologie und Soziologie — spekulative Deutungen, wie sie sich aus der Dominanz des subjektiven Aspekts bei der inhaltlichen Analyse psychischer Krankheitsprozesse im Rahmen psychodynamischer und anthropologischer Vorgehensweisen ergeben, überwunden werden. Dabei erscheint es uns notwendig, Wertung und theoretische Interpretation ethologischer Forschungsergebnisse im Kontext der Entwicklungspsychologie des Menschen, d. h. unter Bezug auf die Begrifflichkeit und den Interpretationsrahmen der Psychologie vorzunehmen. Erst damit dürften die für die Psychiatrie relevanten Zusammenhänge faßbar werden. Methodik und Methodologie ethologischer Untersuchungen der Verhaltensanalyse können in einer dem Untersuchungsgegenstand angemessenen Variation wertvoll sein: die Methodik ethologischer Untersuchungen, z. B. der Prozeßbeschreibung, der Formalisierung von Verhaltenssequenzen. Solche Methoden können für die psychopathologische Forschung ohne Zweifel eine wesentliche Grundlage bilden und zu einer größeren Exaktheit, Quantifizierbarkeit und Objektivität der Beschreibung psychopathologischer Phänomene im personalen und sozialen Kontext führen, d. h. zur genauen Erfassung von Verhaltensereignissen, ihrer zeitlichen und räumlichen Erscheinung, ihrer Beziehung zu inneren Zustandsformen (Motivation etc.), ihrer Randbedingungen führen.

So wäre es sehr wichtig, etwa im Rahmen familienpsychiatrischer Untersuchungen, eine Katalogisierung typischer Verhaltenseinheiten des psychisch kranken Individuums nicht im Krankenhaus, sondern in seiner ursprünglichen Umgebung, in der Familie vorzunehmen. Ein solches Inventar charakteristischer Verhaltensweisen, etwa in relevanten Situationen des familiären Lebens, in Analogie zu einem Ethogramm unter Verwendung quantitativer Verfahren ist als Ergänzung subjektiver Erlebnisbeschreibungen notwendig, auch um Vergleiche zwischen Familien verschiedener Krankheitsgruppen, zwischen Kranken und Gesunden zu ermöglichen. Ebenso bedeutsam wäre die Analyse der ontogenetischen und phylogenetischen Entwicklung bestimmter Verhaltenseinheiten, etwa in der Eltern-Kind-Beziehung, der Realisierung bestimmter Bedürfnisse, natürlich unter Berücksichtigung der historischen Dimension der menschlichen Entwicklung. Hierher gehört auch die Untersuchung der Entwicklungsphasen des Menschen, in denen die Realisierung bestimmter Verhaltensmuster und Persönlichkeitseigenschaften bzw. deren Veränderung vorgesehen ist, etwa die Pubertät und Adoleszenz, die Involution etc. Ohne Zweifel gibt es gerade hier genetische Anteile des Reifungsprozesses, deren Kenntnis sowohl für eine gezielte Steuerung, d. h. psychohygienische Ausrichtung dieser Prozesse als auch für die den Möglichkeiten des Patienten gerecht werdende Planung und Durchführung psycho- und soziotherapeutischer Maßnahmen von Interesse ist. Bedeutsam für eine psychiatrische Hypothesenbildung könnten die in der Ethologie entwickelten Auffassungen über bestimmte innere Bedingungen des Verhaltens sein, Fragen der Autonomie zentralnervöser Elemente. Hier könnten sich Beziehungen zum Begriff des Endogenen und auch zu bestimmten psychotischen Verhaltensweisen abzeichnen.

Die oben erwähnten Beispiele zeigen, daß eine Dominanz ethologischer Gesichtspunkte bei der Untersuchung und Interpretation psychopathologischer Prozesse die Gefahr einer einseitigen Sicht psychischen Krankseins, vor allem auch eine Unterschätzung psychologisch-sozialer Bedingungszusammenhänge mit sich bringt. Wie jede andere Spezialdisziplin benötigt auch die Humanethologie für ihre Entwicklung und Nutzung die enge interdisziplinäre Zusammenarbeit mit klinischer Psychiatrie, Sozialpsychiatrie und den entsprechenden Grundlagendisziplinen. Nur damit ist eine empirische Untersuchung menschlichen Verhaltens möglich. Isolierte verhaltensbiologische Interpretationen können hier meist nur zu einer vereinfachenden Beschreibung bekannter und von Psychologie und Soziologie viel differenzierter dargestellter Zusammenhänge führen.

Schließlich sind auch tierexperimentelle Ergebnisse sehr kritisch und vorsichtig zur Klärung menschlichen Verhaltens heranzuziehen, eben da die relevanten Dimensionen auf der psychologischen und gesellschaftlichen Bezugsebene zu suchen sind. Auch für psychopathologische Entwicklungen, unabhängig, ob es sich um psychotische oder neurotische Erscheinungsformen handelt, sind deshalb zunächst differenzierte empirische Analysen auf der Ebene psychologisch-gesellschaftlicher Forschungen notwendig, da andernfalls die Gefahr der Vereinfachung und Analogiebildung besteht. Bei Berücksichtigung der methodologischen Konsequenzen einer dialektisch-materialistischen Auffassung vom Menschen, der spezifischen Bedingungen menschlichen Krankseins, ist die Ethologie jedoch als notwendiges und wichtiges Element bei der Untersuchung der Gesetzmäßigkeiten psychopathologischer Prozesse zu sehen.

Zusammenfassung

Psychische Erkrankungen, auch Psychosen, werden unter Zugrundelegung des Konzepts der mehrdimensionalen Ätiopathogenese als Resultante biologischer, psychologischer und sozialer Bedingungen und Mechanismen verstanden. Die Aufklärung ihrer Entstehung erfordert deshalb in besonderem Maße ein interdisziplinäres Herangehen biologischer, psychologischer und gesellschaftswissenschaftlicher Disziplinen. Hierzu ist auch die Ethologie als Wissenschaft von der Erforschung phylogenetisch determinierter Anteile des Verhaltens zu rechnen. Von Bedeutung für die Psychiatrie sind neben möglichen Aussagen über die biosoziale Interpedendenz bei der Entwicklung von psychischen Störungen methodische Vorgehensweisen der Verhaltensforschung. Die Übertragung ethologischer Forschungsergebnisse auf den Menschen und ihre theoretische Interpretation muß jedoch die neue Qualität der Verhaltensdetermination, die durch die gesellschaftliche Daseinsform des Menschen bedingt ist, in Rechnung ziehen.

Literatur

Balestrieri, A.: Ethologie und Psychiatrie. Nervenarzt **46** (1975), S. 368–377.

Helm, J.: Zur Problematik der konditional-genetischen Verwandtschaft einiger konflikttypischer Verhaltensweisen bei Mensch und Tier. Z. Psychol. **163** (1959), S. 109–125.

Hiebsch, H., und Vorwerg, M.: Einführung in die marxistische Sozialpsychologie. 10. Aufl. Berlin 1976.

Holzkamp, K.: Die historische Methode in der Psychologie. Frankfurt/Main 1977.

Holzkampf-Osterkamp, U.: Grundlagen der psychologischen Motivationsforschung. 2. Frankfurt/Main 1976.

Jaspers, K.: Allgemeine Psychopathologie. 5. Aufl. Berlin (W) 1959.

Johst, V.: Modelle und Methoden der Verhaltensbiologie am Beispiel „Erfahrungsentzug". In: Philosophische und ethische Probleme der modernen Verhaltensforschung. 6. Kühlungsborner Kolloquium. Hrsg. v. G. Tembrock u. a. Berlin 1978, S. 18–34.

Lincke, H.: Einige ergänzende Bemerkungen zu den Übersprungbewegungen des Menschen. Schweizer Arch. Neurol. **75** (1955), S. 119–131.

Müller-Suur, H.: Abgrenzung neurotischer Erkrankungen gegenüber der Norm. In: Handbuch der Neurosenlehre und Psychotherapie. Bd. 1. München 1959, S. 250–262.

Ploog, D.: Verhaltensforschung und Psychiatrie. In: Psychiatrie der Gegenwart. Bd. 1, T. 1 B. Berlin (W), S. 291–443.

Schmidt, H.-D.: Verhaltenshomologie und Verhaltensanalogie. Z. Psychol. **162** (1958), S. 279–300.

Schmidt, H.-D.: Einige Bemerkungen zum Problem der biologischen Grundlagen der Persönlichkeit. Z. Psychol. **185** (1977), S. 215–224.

Schneider, K.: Klinische Psychopathologie. 5. Aufl. Stuttgart 1959.

Stähelin, B.: Soziale Gesetzmäßigkeiten im Gemeinschaftsleben Geisteskranker, verglichen mit tierpsychologischen Ergebnissen. Homo **5** (1954), S. 113–116.

Straass, G.: Die Verselbständigung der Gene. Humanitas **22** (1979) 9.

Tellenbach, H.: Melancholie. Berlin (W) 1961.

Weitbrecht, H.-J.: Zur Frage der Spezifität psychopathologischer Symptome. Fortschr. Neurol. Psychiat. **25** (1957), S. 41–56.

Verhaltensforschung und Kinderneuropsychiatrie

Heinz Gebelt

Seit Anfang der sechziger Jahre spielen Termini wie Verhaltens- und Anpassungsstörungen oder Verhaltensauffälligkeit in der Kinderneuropsychiatrie und der kinderneuropsychiatrischen Literatur eine zunehmende Rolle. Dabei haben diese Begriffe wahrscheinlich weniger unmittelbar über die Verhaltensforschung als vielmehr über den im angloamerikanischen Schrifttum gebräuchlichen Terminus „Behavior Disorder“ für alle psychischen Störungen im Kindesalter und über die Pädagogik Eingang gefunden. Verhaltensstörungen stellen auch keine nosologische Entität dar, ja nicht einmal eine Diagnose. Der Begriff ist so allgemein wie der Begriff „Krankheit“. Es handelt sich eben nur um Störungen. Gestört ist dabei aber auch nicht so sehr das Wohlbefinden des Kindes, vielmehr die Erwartungen der Erwachsenen-Umwelt an dessen Wohlverhalten. Verhalten und Anpassung werden also in erster Linie als soziale, weniger als biologische Leistungen verstanden. Andererseits werden aber eine Reihe psychischer, psychosomatischer oder auch neuropsychiatrischer Störungen nach den derzeit noch vorherrschenden, meist aus der Pädiatrie und/oder der Erwachsenenpsychiatrie übernommenen Krankheitsmodellen vorwiegend als biologische Prozesse angesehen. Am deutlichsten wird die historische Entwicklung dieser Auffassungen am Beispiel der kindlichen Psychosen, besonders der Schizophrenie und dem kindlichen Autismus einerseits und einigen psychosoziogenen, besonders durch Fehl- und Mangelerziehung bedingten Störsyndromen andererseits.

Unter dem Einfluß neurobiologischer, neurophysiologischer, psychophysiologischer und verhaltensbiologischer Forschungen und der differenzierteren Betrachtung sozialer und biologischer Umwelteinwirkungen zeichnen sich in den letzten Jahren neue Auffassungen ab. Dabei wird das noch junge Wissenschaftsgebiet Kinderneuropsychiatrie selbstbewußter und eigenständiger und beginnt sich von den aus der Erwachsenenpsychiatrie und -neurologie übernommenen nosologischen Vorstellungen zu lösen und eigene, neue Konzeptionen zu entwerfen und zu diskutieren. Diese Neuorientierung vollzieht sich in einer Zeit, in der aber auch in den Nachbardisziplinen und in den natur- und gesellschaftswissenschaftlichen Grundlagenfächern, wohl unter dem Einfluß der wissenschaftlich-technischen Revolution und der ökonomischen, gesellschaftspolitischen und sozialen Umstrukturierungen, ebenfalls deutliche Wandlungen vor sich gehen.

Wenn in diesem Beitrag von den Beziehungen zwischen Verhaltensforschung und Kinderneuropsychiatrie die Rede ist, so ist das nur unter diesem Gesamtaspekt zu verstehen. Wir wollen dabei aber auch der Tatsache Rechnung tragen, daß sich etwa zwei Drittel der Inanspruchnahmepopulation kinder- und jugendneuropsychiatrischer Einrichtungen aus „Verhaltensgestörten“ rekrutieren.

Bevor wir uns Einzelfragen zuwenden, seien aber einige allgemeine Bemerkungen gestattet. Der Bedeutung der Ethologie für die Erforschung der Verhaltensentwicklung des Kindes wurde in den Beiträgen von V. Johst und von H. D. Schmidt schon weitgehend Rechnung getragen, so daß hier nicht näher darauf eingegangen werden muß. Erwähnt wurden dort auch die Einflüsse der Verhaltensforschung auf die modernen Auffassungen der frühkindlichen Sozialisation, die auf den Untersuchungen von SPITZ (1957) und BOWLBY (1951) fußend, aber von deren psychoanalytischer Interpretation weitgehend entkleidet, durch Forscher wie M. D. AINSWORTH (1962) und HELLBRÜGGE u. Mitarb. (1975) weitergeführt wurden. Besondere Aufmerksamkeit fanden dabei die Fragen der sensorischen und der sozialen Deprivation, die als Störfaktoren der normalen Sozialisation des Kindes wirken und verschiedene Verhaltensabweichungen hervorrufen können. Diese Zusammenhänge sind in eindrucksvollen Modellexperimenten auch an Rhesusaffen und Schimpansen festgestellt worden. Natürlich kann man die im Tierexperiment gewonnenen Befunde nicht einfach auf den Menschen übertragen; sie liefern aber wertvolle Hypothesen für vergleichbare Vorgänge beim Menschen (vgl. den Beitrag von K. MEISSNER). Ferner muß man berücksichtigen, daß das menschliche Verhalten ja mit der Reifung des ZNS, der Entwicklung der Lernfähigkeit und der rasch zunehmenden Umwelteinwirkungen immer stärker durch kognitive Funktionen gesteuert wird. „Menschliche Verhaltensweisen sind dem Experiment nur sehr begrenzt zugänglich und bieten auch sonst beträchtliche Schwierigkeiten. Sie sind außerordentlich komplex, vielgestaltig, umweltlabil und genfern" (E. ZERBIN-RUDIN 1976, S. 247).

Für unsere klinischen und therapeutischen Überlegungen erscheint das von K. J. ERHARDT (1975) angebotene hypothetische „Modell der Antriebsfunktion" als neurophysiologische Grundlage akzeptabel, zumal es die Auffassungen von Ethologen und Neurophysiologen, wie B. HASSENSTEIN (1973) und N. BIRBAUMER (1973) mit einbezieht. Von den wesentlichen Merkmalen dieses Modells sollen hier nur einige, die für das Verständnis der weiteren Ausführungen nützlich sind, dargestellt werden.

Es gibt in subkortikalen Gebieten des Zentralnervensystems, besonders im Hypothalamus, eine begrenzte Zahl von Antriebsstrukturen (Antriebszonen), die bestimmte motorische, vegetative und emotionale Reaktionen aktivieren und damit offenbar in Beziehung zur Befriedigung von Grundbedürfnissen des Organismus stehen. Die Funktion dieser Antriebsstrukturen wird als „Antrieb" bezeichnet. Als nachgewiesen gelten bei höheren Säugetieren und beim Menschen der Nahrungsantrieb, Trinkantrieb, Atemantrieb, Temperaturantrieb, Schlafantrieb, sexueller Antrieb, Aggressionsbereitschaft, Angstbereitschaft. Darüber hinaus werden hypothetisch noch Antriebe für Erkundungsbereitschaft und Kontaktbereitschaft angenommen. Von ihrer spezifischen Funktion und von der morphologischen Struktur her lassen sich die Antriebszonen gegenüber der Formatio reticularis abgrenzen, die die *allgemeine* Aktivierung steuert.

Tierische oder menschliche Verhaltensweisen, die auf Antriebe zurückzuführen sind, werden als antriebsbezogenes Verhalten bezeichnet. Sie sind eine Funktion von Antriebsspannung, das ist die Stärke der aktivierenden Funktion eines Antriebes zu einem bestimmten Zeitpunkt, und antriebsbezogenen Außenreizen sowie kognitiven Funktionen der Verhaltenssteuerung. Je schwächer eine Antriebsspannung ist, desto stärker müssen die antriebsbezogenen Außenreize sein, um ein entsprechendes Verhalten auszulösen.[1])

Als „kognitive Faktoren der Verhaltenssteuerung" werden komplexe Funktionen angesehen, die auf Grund individueller Erfahrungen und Lernprozesse unter Berücksichtigung der subjektiven Wahrnehmung von Bedürfnissen ablaufen („Handlungspläne"). Jede Antriebsaktivierung führt zu bestimmten motorischen vegetativen und emotio-

[1]) Es handelt sich hierbei um ein elementares Funktionsprinzip tierischen und menschlichen Verhaltens, das von K. LORENZ entdeckt wurde und in der Verhaltensbiologie seither als „Regel von der doppelten Quantifizierung des Verhaltens" bezeichnet wird.

nalen Reaktionen. Die einzelnen Reaktionen werden aber nicht von der Antriebsstruktur direkt, sondern von verschiedenen Effektorsystemen angesteuert. Diesen Effektorsystemen wird die Antriebsspannung über nervöse Verbindungen mitgeteilt. An ihnen werden auch die Kognitivfunktionen der Verhaltenssteuerung wirksam. Jede Antriebsspannung hat einen Ruhewert und einen Schwellenwert. Erst wenn die Antriebsaktivierung zu einem Überschreiten des Schwellenwertes geführt hat, kommt es zur Auslösung eines antriebsbezogenen Verhaltens. Dieses Verhalten wird durch kognitive Prozesse gesteuert. Dabei ist der Grad der kognitiven Steuerungsmöglichkeit abhängig von der Höhe der Antriebsspannung. Je höher die Antriebsspannung ist, um so geringer sind die Steuerungsmöglichkeiten (vgl. den Beitrag von V. Johst). Ist ein Antrieb ständig vermehrt aktiv, so kommt es zu einer Störung der Antriebsdynamik, woraus dann Verhaltensstörungen und psychosomatische Erkrankungen entstehen können.

Der Wert eines solchen Antriebsmodells, wie es hier nur skizzenhaft angedeutet werden konnte, für die klinische Praxis und die Erkennung und Behandlung psychopathologischer Auffälligkeiten und gestörten Verhaltens ist m. E. darin zu sehen, daß der Kliniker daran erinnert wird, daß derartige Störungen nicht allein auf Umweltreize und damit in Zusammenhang stehende kognitive Prozesse zurückzuführen sind, sondern daß sie auch ein biologisches Substrat haben.

An den Beispielen des Syndroms „hyperaggressives Verhalten“ und des kindlichen Autismus soll nun versucht werden, zwei psychopathologische Geschehen unter diesen Aspekt zu betrachten und zu analysieren.

1. Bei einer Reihe psychischer Störsyndrome oder Krankheitsbildern des Kindes- und Jugendalters, mit sehr unterschiedlicher Ätiologie, stehen im Vordergrund der als störend empfundenen Symptomatik verstärkte aggressive oder auch autoaggressive Verhaltensweisen. Nun wird der Begriff Aggressivität bei der Beschreibung bestimmter Verhaltensstörungen zwar oft gebraucht, ist aber als psychopathologischer Terminus noch nicht eindeutig definiert und determiniert. Das mag mit dem lange währenden Streit über die vermeintlichen Ursachen bzw. Entstehungsweisen menschlicher Aggressionen und ihren theoretischen Interpretationen zusammenhängen. Selg u. Mitarb. (1974 u. 1975) haben sich mit den in den letzten 10 bis 20 Jahren diskutierten und zitierten Aggressionstheorien scharf und teilweise „aggressiv“ auseinandergesetzt. Sie sehen in den psychoanalytischen (Freud, Adler) und ethologischen (Lorenz) Triebtheorien, aber auch in der Frustrations-Aggressions-Theorie Dollard's nur Entschuldigungen für unsere Aggressivität und plädieren für lerntheoretische Auffassungen. Die Bedeutung kognitiver Einflüsse sei allenthalben in der Aggressionsforschung nachweisbar und wenn man Aggressionen als Problemlösungsverhalten ansehe, würden die kognitiven Anteile noch aufdringlicher. Weitere Auffassungen sind im Beitrag von R. Löther dargelegt. Tatsache ist, daß sich schwer abgrenzen läßt, wann Aggressionen noch normales, u. U. sogar wünschenswertes Verhalten darstellen und wann sie als abnorm, oder gar pathologisch (als sogen. excessive oder Hyperaggressivität) anzusehen sind. Im Glossar zur multiaxialen Diagnosenklassifikation psychischer Erkrankungen im Kindes- und Jugendalter heißt es zur ICD-Nr. 301.3 Erregbare Persönlichkeit: „Eine Persönlichkeitsstörung, die durch Unbeständigkeit der Stimmung und durch Neigung zu Temperamentsausbrüchen oder zu zügellosen Ausbrüchen von Ärger, Haß oder Gewalttätigkeit charakterisiert ist. Aggression kann verbal ausgedrückt werden oder in körperlicher Gewalttätigkeit bestehen. Personen mit diesen Störungen, die sonst nicht zu antisozialem Verhalten neigen, können ihre Ausbrüche nicht genügend kontrollieren“ Zu dieser Kategorie gehören: Aggressive Persönlichkeit, aggressive Reaktion, excessive emotionale Unausgeglichenheit, Aggressivität, pathologische Erregbarkeit, Streitsucht

(H. Remschmidt u. a. 1977). Selg (1974) meint, daß es eine endgültige (wahre, richtige) Definition von Aggressivität noch gar nicht gäbe, sondern nur nützliche, vorläufige Umschreibungen, bzw. Akzentuierungen, die den Weg für verschiedene operationale Definitionen offenhalten (Selg 1974, S. 18). Eine solche Definition, die für die praktischen Belange der Kinderneuropsychiatrie einleuchtend ist, bietet Erhardt (1976) an: „Alle Verhaltensweisen des Drohens, Angreifens, Kämpfens und Zerstörens sind dann als „aggressiv" zu klassifizieren, wenn sie von den emotionalen Reaktionen „Ärger", „Wut", „Zorn" oder „Haß" begleitet werden" (S. 87 f.). Das Problem liegt nur darin, die emotionalen Begleitreaktionen zu erkennen. Bisher sind diese in der Regel erfragt worden. Damit sind sie aber abhängig von der Fähigkeit und der Bereitschaft des jeweiligen Individuums zur Auskunft über introspektive Vorgänge. Allerdings werden die meisten eher bereit sein, über ihre Emotionen zu berichten, die ihr aggressives Verhalten begleiten, als über die Absichten, die diesen zugrunde lagen. Das dürfte besonders für Kinder und auch für Jugendliche zutreffen. Berücksichtigt werden muß aber, daß aggressive Emotionen oft durch Angst überlagert werden und dann vom Betroffenen nicht unmittelbar wahrgenommen werden. Allerdings treten sie dann meist nach Beendigung der angstauslösenden Situation deutlich zutage.[2]) Die tierexperimentellen Untersuchungen von Hess (1949 u. 1968), die durch zahlreiche Nachuntersucher bestätigt wurden, ergaben, daß neuronale Strukturen notwendige Substrate für aggressives Verhalten sind. Sie liegen z. B. bei der Katze im ventrolateralen Hypothalamus und in einigen anderen subkortikalen Hirngebieten. Erfahrungen und Beobachtungen bei stereotaktischen Operationen (Narabayashi u. a. 1963, Siegfried u. Ben-Shmuel 1970) lassen vermuten, daß beim Menschen diese Antriebsstrukturen ähnlich lokalisiert sind (limbisches System). Aber auch andere physiologische Variablen, wie z. B. Androgene und Catecholamin, scheinen sich auf die Aggressionsbereitschaft auszuwirken. Diese Zusammenhänge im einzelnen darzustellen, würde hier aber zu weit führen (vgl. den Beitrag von R. Tönjes u. G. Dörner). Wir wollen uns jetzt der kognitiven Steuerung der Aggressionsbereitschaft zuwenden. Ausgehend von dem eingangs dargestellten Antriebsmodell gilt: Aggressionsbereitschaft (Antrieb) aktiviert, kognitive Prozesse steuern das aggressive Verhalten. Es muß also ein schwellenwertiges Niveau der Antriebsbereitschaft vorliegen, damit Umweltreize aggressives Verhalten auslösen. Je größer die Aggressionsbereitschaft (Antriebsspannung) ist, um so wahrscheinlicher ist die Auslösung und um so heftiger die Intensität aggressiven Verhaltens.

Allerdings führen erhöhte Aggressionsbereitschaft und auslösende Umweltreize nicht automatisch zum aggressiven Handeln. Auftreten und Form des Verhaltens werden von kognitiven Funktionen der Verhaltenssteuerung kontrolliert und beeinflußt. Diese kognitive Verhaltenssteuerung umfaßt eine Reihe komplexer Prozesse, wie Wahrnehmung

---

[2]) Noch wenig entwickelt ist in der Psychopathologie die Methode, das nichtverbale Verhalten von Kindern und Jugendlichen (Mimik, Blickkontakt, Gestik, Körperhaltung, Sprechweise, Stimmqualität) mittels objektiver Methoden zu registrieren und als Indikator für den emotionalen Status und für bestimmte psychische Störungen zu benutzen. Dabei bietet sich dieses Verfahren besonders deshalb an, weil die averbalen Signalformen des Menschen noch sehr eng an die im Stammhirn zu lokalisierenden primären Antriebssysteme gekoppelt sind und namentlich bei Kindern noch kaum voluntativer Kontrolle unterliegen (vgl. den Beitrag von J. Oehler). Eine Zusammenarbeit zwischen Kinderneuropsychiatrie und Verhaltensbiologie erscheint mir auf diesem Gebiete besonders erstrebenswert, da die Beobachtung und Registrierung nonverbaler Verhaltensweisen besonders für die Psychotherapie im Kindes- und Jugendalter von großem Interesse ist und die Verhaltensbiologie vielfältige Verfahren objektiver Verhaltensregistrierung und -analyse entwickelt hat, deren Anwendbarkeit auf das menschliche Verhalten überprüft werden sollte.

und Interpretation einer Situation unter Berücksichtigung individueller Vorerfahrungen; Abschätzung der Handlungsmöglichkeiten in der konkreten Situation und unter Einbezug der sich ergebenden Konsequenzen; die Auswahl eines bestimmten Verhaltens (Handlungsmuster) und die Kontrolle seines Effektes und nicht zuletzt die introspektive Wahrnehmung der Antriebslage (Emotionen).

Wie wir gesehen haben, lassen sich die Antriebsstrukturen im Subcortex relativ gut lokalisieren. Für die im Großhirn sich abspielenden kognitiven Funktionen dürfte das kaum möglich sein. Vorstellbar ist das nur über die Annahme funktioneller Systeme (s. unten). Diese funktionellen Systeme müssen aber im Verlaufe der Entwicklung erst aufgebaut werden. Das sind Lernprozesse, die ihrerseits wieder mannigfaltigen inneren und äußeren Bedingungen unterworfen sind. Am schwierigsten zu erlernen ist wahrscheinlich die Unterscheidung der verschiedenen Antriebszustände in der introspektiven Wahrnehmung. Ähnliches gilt aber auch für die Unterscheidung zwischen sozial erwünschtem und unerwünschtem Verhalten, Einschätzung der jeweiligen Situation und Entscheidungsfähigkeit bei der Unterdrückung oder zeitlichen Verschiebung einer Antriebsäußerung. Gerade diese Lernvorgänge spielen aber im Prozeß der Sozialisation eine große Rolle. Wenn entsprechende Innen- und Außenreize den Antrieb weiterhin aktivieren und aus Mangel an Befriedigung sich die Antriebsstärke erhöht, dann kommt es entweder zu einem Durchbruch, der sich als Affekthandlung äußert oder zu einer „Ersatzhandlung". Letztere kann versteckt ablaufen oder von der Umwelt toleriert werden und ganz oder teilweise antriebsvermindernd wirken. Affekthandlungen und Ersatzhandlungen sind Verhaltensstörungen, die meist auf eine ungenügende Antriebsbefriedigung hinweisen. Derartige Störungen lassen sich aber nur abbauen durch eine Verminderung der aggressionsauslösenden Außenreize und, indem das Kind lernt, seine aggressiven Impulse rechtzeitig wahrzunehmen (Erkennen der auslösenden Objekte und Bewußtmachen der Emotionen), seine Aggressionen früher zu äußern, d. h., wenn die Antriebsspannung noch nicht so groß ist, so daß es sich kognitiv besser kontrollieren kann und, wenn es in der Lage ist, seine Aggressionen so zu äußern, daß sie sozial toleriert werden können. Das setzt aber voraus, daß die Lernfähigkeit des Kindes nicht gestört oder beeinträchtigt ist und daß die Lerninhalte in der dem Entwicklungsstand des Kindes entsprechenden Art und Weise vermittelt werden. Zu beachten ist dabei, daß Störungen der Lernfähigkeit nicht nur biologisch im Sinne von Hirnschädigungen unterschiedlicher Ausprägungen, sondern auch psychosoziogen hervorgerufen sein können. Nur in den seltensten Fällen dürfte aggressives und insbesondere autoaggressives Verhalten unmittelbar durch Alterationen der Antriebsstrukturen bedingt sein. Überwiegend wird es sich also um sehr komplexe Störungen der kognitiven Verhaltenssteuerung handeln.

2. Eine ganz andere und weit seltener vorkommende Störung kindlichen Verhaltens, um deren weitere Aufklärung sich aber die Verhaltensforschung in den vergangenen 10 bis 15 Jahren sehr bemüht hat, ist der kindliche Autismus.

Von Kanner in Amerika als „early infantil autism" und Asperger in Österreich als „autistische Psychopathie" 1943/44 fast gleichzeitig beschrieben, war und ist dieses Syndrom mannigfaltigen ätiopathogenetischen Theorien und Hypothesen unterworfen. Während Kanner seinen frühkindlichen Autismus als den kindlichen Schizophrenien nahestehend ansieht, ordnete Asperger das erst im späteren Kindesalter auftretende Syndrom ursprünglich den abnormen Persönlichkeitsentwicklungen zu. Später (1968) sieht er im autistischen Verhalten eine „Möglichkeit menschlichen Seins" und meint, daß es Verhaltensstörungen sehr verschiedener Genese seien, die aber sehr wohl unterschieden werden können und auch müssen. So stellt es sich auch dar, wenn man die

Publikationen namhafter Autoren der sechziger und siebziger Jahre verfolgt. Dabei scheint die Auffassung, daß es sich, pathogenetisch betrachtet, um Störungen der Informationsaufnahme und -verarbeitung handelt, mehr und mehr an Bedeutung zu gewinnen. Auf ethologischen Deutungen beruhen die Untersuchungen von L. u. C. Hutt (1964), dem Ehepaar Tinbergen (1972) und H. E. Kehrer (1977).

Lempp fand bei dreiviertel der von ihm beobachteten autistischen Kinder Störungen der frühkindlichen Entwicklung, die auf nachweisbare oder auch wegen unserer noch relativ groben neurologischen und neurophysiologischen Untersuchungsmethoden nur vermutbare organische Schädigungen zurückzuführen sind. Als Brückenglieder der angenommenen frühkindlichen Hirnschädigung zum klinisch erfaßten autistischen Syndrom sieht er optische oder akustische Teilagnosien an.

Auf die Störungen der Lernfähigkeit frühkindlich hirngeschädigter Kinder infolge optischer Differenzierungsstörungen hatte schon Wewetzer (1959) aufmerksam gemacht. Mit ähnlichen Störungen im akustischen Bereich beschäftigte sich Lempp's Mitarbeiter J. Graichen (1973). Aufbauend auf die neurophysiologischen Untersuchungen von L. S. Výgotský (1964) und A. R. Luria (1970) entwickelte er den Begriff der „Teilleistungsstörungen".

Zum weiteren Verständnis muß hier kurz auf diesen Begriff eingegangen werden. J. Graichen (1973, 1979) definiert ihn als „*Leistungsminderung einzelner Faktoren oder Glieder innerhalb eines größeren funktionellen Systems, das zur Bewältigung einer bestimmten komplexen Anpassungsaufgabe erforderlich ist*", wobei er sich ausdrücklich auf das neuropsychologische Konzept der „funktionellen Systeme mit einer dynamischen Lokalisation", wie es von A. R. Luria in umfassender Weise ausgebaut wurde, bezieht. Dieser Hinweis erscheint *notwendig*, weil der Begriff der „Teilleistungsstörungen" noch häufig falsch verstanden und mit „Werkzeugstörungen", „Lernstörungen" oder anderen Leistungsbeeinträchtigungen gleichgesetzt wird. Nach Graichen (1979, S. 49) handelt es sich dabei aber niemals um die Gesamtleistung in irgendeinem Bereich des beobachtbaren Verhaltens. Diese seien nur Anpassungsleistungen oder beobachtbare Oberflächenstrukturen, zu deren Realisierung sich das ZNS zu einem komplexen, funktionellen System im Sinne einer Tiefenstruktur konstellieren muß. Diese komplexe Leistung könne beeinträchtigt werden durch Störungen in jedem einzelnen Teilglied, das sich an der Konstellierung des jeweiligen funktionellen Systems beteiligt. Dadurch sei zwar jedesmal die Gesamtleistung erniedrigt, aber doch in einer unterschiedlichen Charakteristik der Störung, nämlich abhängig von dem spezifischen Beitrag, den jedes funktionelle Teilglied zum Gelingen der gesamten Anpassungsaufgabe leistet. Leistung im Sinne der Teilleistungsstörungen beziehen sich also von vornherein nur auf die Wirksamkeit dieser Teilglieder. Deren Störungen äußern sich dann — gemäß ihrer polyvalenten Integrationsstellung — in verschiedenen Formen des beobachtbaren Verhaltens. Es handelt sich also auch nicht um Leistungsschwächen der peripheren Sinnesorgane, sondern — um es noch einmal mit anderen Worten auszudrücken — um Störungen der zentralen Reizverarbeitung. Es muß hier darauf verzichtet werden, alle Einzelheiten der außerordentlich komplizierten neurophysiologischen, neurochemischen oder psychophysiologischen Vorgänge darzustellen. Sie lassen sich bei den schon angeführten Autoren (z. B. A. R. Luria, K. J. Erhardt, J. Graichen) oder in neuropsychologischen Lehrbüchern (z. B. N. Birbaumer, 1975, oder G. Guttmann, 1972) nachlesen.

Angewandt auf den kindlichen Autismus lassen sich die klinischen Symptome des autistischen Syndroms, den Gedanken Lempps folgend, auch als eine Summationsstörung verschiedener optischer, akustischer und auch taktiler Teilleistungsstörungen ansehen.

Wir wissen, darauf wurde an anderer Stelle schon hingewiesen (JOHST, 1978), daß durch sensorische und soziale Deprivationen die frühkindliche Sozialisation und damit auch das Finden des eigenen Ichs und seiner Abgrenzung von der Umwelt erheblich beeinträchtigt werden können. Gerade diese mangelhafte Differenzierungsmöglichkeit gehört aber auch zu den frühesten und eindruckvollsten Symptomen bei autistischen Kindern. Sie gehen mit den Personen ihrer Umwelt oft um wie mit Gegenständen, die sie benutzen, um sie nach einiger Zeit wieder beiseite zu schieben, ohne mit ihnen Kontakt aufgenommen zu haben. Sie beachten sie nicht als Personen, sondern höchstens als Teile der Umwelt, von denen man nur Funktionen, aber keine Reaktionen erwartet.

Wenn ein Kind auf Grund der von Geburt an bestehenden Leistungseinschränkungen auf taktilem, optischem oder akustischem Gebiete nicht oder nur mangelhaft in der Lage war, die Qualitäten, die den anderen Menschen von den ihn umgebenden Gegenständen unterscheidet, nicht oder ungenügend erfassen kann, so muß es zu Kontaktstörungen kommen. Auch der Aufbau eines Körperschemas und die Differenzierung vom Ich und Nicht-Ich kann dadurch erschwert sein. Das könnte dazu führen, daß das Kind allmählich das Interesse an allem, was um es herum vorgeht, verliert und sich eine eigene Welt baut, in deren Mittelpunkt es steht. Wir erleben das dann als introvertierte Haltung, ein typisches Syndrom des kindlichen Autismus. Sicher ist das nicht allein durch die Teilleistungsstörungen erklärbar, sondern es kommen die Rückwirkungen aus dem Verhalten der Umwelt hinzu, besonders dann, wenn die Umwelt gerade mit den sensorischen Qualitäten an das Kind herantritt, in deren Verarbeitung es behindert ist. Hier besteht sicher eine Wechselwirkung, die summierend oder potenzierend wirken kann.

Ein weiteres Charakteristikum des kindlichen Autismus ist die fehlende oder verzögerte Sprachentwicklung. Wenn wir davon ausgehen, daß eine akustische Teilleistungsschwäche vorliegt, dann kann das bedeuten, daß das Kind die Sprachsignale zwar hören, aber nicht oder nur erschwert oder verzögert differenzieren kann. Je nach Schweregrad dieser Störung wird es gar nicht oder nur teilweise die Muttersprache erlernen oder die vorgesprochenen Worte echolalisch wiederholen, ohne deren Sinn zu verstehen. Manche dieser Kinder entwickeln dann eine Eigensprache, die von der Umwelt nicht verstanden wird. Die fehlenden oder behinderten sprachlichen Kontaktmöglichkeiten führen aber auch zu einer Verstärkung der sozialen Kontaktstörungen, besonders wenn die eigentliche Ursache von der Umwelt nicht erkannt wird und die Kontaktaufnahme mit dem Kind immer wieder auf dieser untauglichen Ebene versucht wird. Gleichzeitig sind die Kinder durch die gnostische Störung aber auch in ihrer intellektuellen Entwicklung erheblich beeinträchtigt, so daß in schweren Fällen das Bild einer ausgeprägten Oligophrenie entstehen kann. Nicht selten finden wir ja unter den oligophrenen nachweisbar hirnorganisch geschädigten Kindern eine mehr oder weniger ausgeprägte autistische Symptomatik. Neben den schon genannten organisch bedingten Störungen tragen aber auch die Umwelteinflüsse erheblich zur Ausgestaltung und zum Verlauf der Erkrankung bei.

Das Ehepaar E. A. und N. TINBERGEN (1972) kommt auf Grund vergleichender Beobachtungen an gesunden und autistischen Kindern sowie an bestimmten sozial lebenden Tieren zu der Auffassung, daß es bei einem Teil dieser Kinder auch allein durch Einflüsse der Umwelt zu autistischem Verhalten kommen kann. Sie gehen dabei von der Beobachtung aus, daß direktes Anblicken eine beunruhigende, aggressive Seite haben kann. Bei Begegnungen mit Erwachsenen seien Kinder in Konflikt zwischen der Tendenz zum sozial freundlichen Kontakt einerseits und Ängstlichkeit oder Furcht andererseits. Während Kinder, die eine normale Elternbindung aufbauen konnten und deshalb innerlich angstfrei sind, diesen Konflikt rasch überwinden, sei dieser Widerspruch bei bindungsunsicheren und überstark verängstigten Kindern so ausgeprägt, daß sie dem Blickkontakt zunehmend auswichen; auch der akustische und der taktile Kontakt werde gelegentlich vermieden. Die Tendenz zum Abwenden des Blickes[3]) kann sodann, weil sie das für die Verhaltensentwicklung des Kindes so wichtige Nachahmen beeinträchtigt, ganze Ketten weiterer Behinderungen nach sich ziehen (Störungen im Sozialverhalten, Rückstände im Spracherwerb usw.).

Mit der Untersuchung stereotyper Verhaltensmuster bei autistischen Kindern haben sich HUTT und HUTT (1978) beschäftigt. Sie beobachteten solche Kinder beim Einzelspiel in einem Spielraum, in dem die Komplexität der Umgebung systematisch geändert wurde. Dabei verstärkten sich die Stereotypien mit zunehmender Umweltkomplexität und sobald neues Spielzeug angeboten wurde. Nur das Eingreifen Erwachsener führte dazu, daß die Kinder sich anhaltend neuen Spielgegenständen widmeten. Die Untersucher betrachten die Stereotypien als Extremformen einer Kategorie von rituellen, irrelevanten Verhaltensweisen, die alle eine gemeinsame Funktion haben und sowohl beim Menschen als auch bei vielen Tierarten vorkommen. Vom Tierethologen wurden sie als „Übersprungshandlung“ bezeichnet, die durch Reizsteigerung hervorgerufen zu sein scheint und eine homeostatische Funktion hat, nämlich die Erregung zu verringern, wenn sie eine bestimmte Grenze überschritten hat.

H. E. KEHRER (1974) berichtet über seine Beobachtungen an etwa 100 autistischen Kindern, bei denen die Symptome Kontaktstörungen, Stereotypien, Sprachstörungen und Zwangsmechanismen (sog. Veränderungsangst u. ä.) sich in den ersten zwei Lebensjahren entwickelt hatten. Zur Erklärung der Bewegungsstereotypien, Grußzeremonien, zwanghaften Fortbewegungen im Raum und Selbstbeschädigungen zieht er zahlreiche Beispiele von Verhaltensweisen aus der Tierwelt heran und meint, daß es sich bei den Verhaltensschablonen um phylogenetische Atavismen handeln könne. Ein Teil davon sei besonders bei Primaten zu beobachten, die deprivierenden Bedingungen, Stress oder Frustrationen unterworfen wurden. Auch das Starren ins Leere wurde bei den Tieren in Konfliktsituationen als Übersprungsphänomen oder als Drohgeste zur Vermeidung von Kontakt beschrieben.

Die Feststellung, daß es sich bei den autistischen Symptomen offenbar um Reaktionsformen handelt, die phylogenetisch bei jedem Menschen bereitliegen, bezeichnet KEHRER als wichtigstes Ergebnis seiner Untersuchungen. Die Frage, warum gerade beim autistischen Kind so viele atavistische Verhaltensmuster auftreten, wird mit dem Hinweis auf die Isolierung von der Außenwelt beantwortet. Trotz der hypothetischen Annahme, daß die Mehrzahl autistischer Symptome phylogenetisch erklärbare Atavismen seien, dürfen aber Lern- und Konditionierungseffekte nicht außer acht gelassen werden.

Mit der Annahme, das Wahrnehmungsstörungen eine wichtige Auslöserkomponente für die Entstehung der typischen Symptomatik darstellen, nähert sich KEHRER wieder der LEMPP'schen Konzeption vom Autismus als Form der Realitätsbezugsstörungen.

Auch EGGERS (1978) weist darauf hin, daß es eine Reihe von Hypothesen gibt, die sich auf neuropsychologische Untersuchungen stützen, deren Grundannahme darauf hinausläuft, daß es zu einer Aktivierung subkortikaler Strukturen kommt. Dadurch werde die Durchlässigkeit des ZNS sowohl für afferente sensorische Reize, wie auch für

---

[3]) Auch bei Rhesusaffen vermindern Frustrationen des frühkindlichen Kontakt- und Bindungsbedürfnisses die Häufigkeit des Blickkontaktes. Es handelt sich hierbei offenbar um den gleichen elementaren Funktionszusammenhang. Auch bei den Primaten hat das Anblicken eine doppelte Funktion (Kontaktaufnahme bzw. Drohen). Bei gesteigerter innerer Angst wird das Angeblicktwerden aber nur noch als Drohsignal interpretiert; der Blickkontakt wird deshalb vermieden.

afferente motorische Impulse im Sinne einer Filter- und Bremsfunktion beeinflußt. Sicher spielen dabei auch neurochemische Vorgänge eine Rolle, besonders im Sinne einer abnormen Freisetzung des als inhibitorischer Transmitter wirkenden Dopamins.

Ähnlich wie beim kindlichen Autismus, so folgert EGGERS, scheint auch bei den Schizophrenien aller Altersstufen ganz allein die Informationsaufnahme und -verarbeitung gestört zu sein. Was die bisherigen Untersuchungen aber nicht erkennen lassen sei, ob es sich dabei um primäre, d. h. die psychotische Desintegration verursachende oder sekundäre, also Folgeerscheinungen der Erkrankung handle. Ätiologische Rückschlüsse könnten deshalb nicht gezogen werden, bzw. seien höchst spekulativ. LEMPP (1973) mißt bei der kindlichen Schizophrenie und beim Autismus den Umwelteinflüssen und den Lern- und Konditionierungsmöglichkeiten eine größere Bedeutung zu. Wenn die Teilleistungsstörungen in den verschiedenen sensorischen bzw. genetischen Bereichen zu keinen groben Störungen führen, sondern nur ständig durch Nuancen in der Verarbeitung der aufgenommenen optischen, akustischen und taktilen Reize aus der Umwelt verändert sei, so ergäbe sich hierdurch auch eine veränderte Realitätserfassung. Im allgemeinen werde mit größerer oder geringerer Verzögerung zwar schließlich, unter Umständen auch auf Umwegen, die „gemeinsame Realität" richtig erlernt, der Bezug zu ihr sei aber von vornherein durch diese geringfügige Änderung des Erfassungsvermögens labiler und weniger fest verankert. Dazu komme, daß die Umwelt, die Eltern, Lehrer, Erzieher, in aller Regel von einer solchen organischen Erfassungs- und Differenzierungsschwäche nichts wissen, Fehlreaktionen deswegen verständnislos und vorwurfsvoll gegenüber stehen und den zwischenmenschlichen Bezug auf diese Weise belasten.

An den Beispielen „aggressives Verhalten" und „autistisches Verhalten" sollte gezeigt werden, wie eng und wie vielfältig verflochten biologische und soziologische Einflüsse bei der Entstehung psychischer Störungen im Kindes- und Jugendalter sind. Am deutlichsten lassen sich die Zusammenhänge noch im ersten Lebensjahr erkennen. Mit zunehmender zeitlicher Distanz von der Geburt wird es immer schwieriger, das biosoziale Geflecht zu entwirren. Für das therapeutische Vorgehen, die Erwartungen die man daran knüpft und für die prognostische Einschätzung bei psychischen Störungen und Fehlentwicklungen ist es notwendig, daß sich der Kinder- und Jugendpsychiater immer wieder der dialektischen Einheit biologischer und soziologischer Gegebenheiten bei der Entwicklung der Menschen bewußt wird. Die biologische Verhaltensforschung kann ihn in diesem Bemühen wirkungsvoll unterstützen; es wäre deshalb wünschenswert, wenn auch in der DDR Kinderneuropsychiater und Verhaltensbiologen stärker als bisher zusammenarbeiten könnten.

Literatur

AINSWORTH, M. D.: The effects of maternal deprivation. In: Deprivation of maternal care. Geneva 1962, S. 97–165.

ASPERGER, H.: Die „autistischen Psychopathien" im Kindesalter. Arch. Psychiat. Nervenkr. **117** (1944), S. 76–136.

ASPERGER, H.: Zur Differentialdiagnose des kindlichen Autismus. Acta paedopsychiat. **35** (1968), S. 136–145.

BIRBAUMER, N.: Physiologische Psychologie. Berlin (W) 1975.

EGGERS, Ch.: Zur nosologischen Abgrenzung zwischen frühkindlichem Autismus und kindlicher Schizophrenie. In: KEHRER, H.: Kindlicher Autismus. Basel 1978.

ERHARDT, K.-J.: Neuropsychologie „motivierten" Verhaltens. Stuttgart 1975.

ERHARDT, K.-J. u. a.: Interdisziplinäre Sozialisationsforschung. Stuttgart 1976.

GRAICHEN, J.: Teilleistungsschwächen, dargestellt an Beispielen aus dem Bereich der Sprachbenutzung. Z. Kinder u. Jugendpsychiat. **1** (1973), S. 113–143.

GRAICHEN, J.: Zum Begriff der Teilleistungsstörungen. In: LEMPP, R.: Teilleistungsstörungen im Kindesalter. Bern 1979.

GUTTMANN, G.: Einführung in die Neuropsychologie. Bern 1972.

HASSENSTEIN, B.: Verhaltensbiologie des Kindes. München 1973.

HELLBRÜGGE, Th. (Hrsg.): Kindliche Sozialisation und Sozialentwicklung. München 1975.

HESS, W. R.: Das Zwischenhirn. Basel 1949.

HESS, W. R.: Hypothalamus und Thalamus. Stuttgart 2. Aufl. 1968.

HUTT, C.: Beiträge der Ethologie zur Erforschung des kindlichen Autismus. In: KEHRER, H.: Kindlicher Autismus, Basel 1978.

JOHST, V.: Modelle und Methoden der Verhaltensbiologie am Beispiel „Erfahrungsentzug" In: G. TEMBROCK (Hrsg.): Philosophische und ethische Probleme der modernen Verhaltensforschung. Berlin 1978, S. 18—34.

KANNER, L.: Autistic disturbances of affective contact. Nerv. Child. **2** (1943) S. 217—250.

KEHRER, H.: Das System des kindlichen Autismus aus ethologischer Sicht. Arch. Psychiat. Nervenkr. **219** (1974), S. 377—386.

KEHRER, H.: Kindlicher Autismus. Basel 1978.

LEMPP, R.: Psychosen im Kindes- und Jugendalter — eine Realitätsbezugsstörung. Bern 1973.

LURIA, A. R.: Die höheren kortikalen Funktionen des Menschen und ihre Störungen bei örtlichen Hirnschädigungen. Berlin 1970.

NARABAYASHI, H. et al.: Stereotaxic amygdalotomy for behavior disorders. Arch. Neurol. **9** (1963), S. 1—16.

REMSCHMIDT, H., und M. SCHMIDT: Multiaxiales Klassifikationsschema für psychiatrische Erkrankungen im Kindes- und Jugendalter. Stuttgart 1977.

SELG, H.: Menschliche Aggressivität. Göttingen 1974.

SELG, H.: Zur Aggression verdammt? 4. Aufl. Tübingen 1975.

SIEGFRIED, J., und A. BEN-SHMUEL: Neurosurgical treatment of aggressivity: Stereotaxic amygdalotomy vs. leucotomy. Springfield 1971.

TINBERGEN, E. A., und N. TINBERGEN: Early Childhood autism- an ethological approach. Berlin 1972.

VYGOTSKY, L. S.: Denken und Sprechen. Berlin 1964.

WEWETZER, K. H.: Das hirngeschädigte Kind. Stuttgart 1959.

ZERBIN-RÜDIN, E.: Psychiatrie, Morphologie und Verhaltensgenetik. Arch. Psychiat. Nervenkr. **221** (1976), S. 245—257.

Verhaltensforschung und Urgeschichtsforschung

— Die Urgeschichtsforschung als Nutznießer der Verhaltensforschung —

Hermann BEHRENS

Die Bedeutung der Verhaltensforschung (Ethologie) hat im Laufe der letzten Jahre nicht nur im allgemeinen zugenommen, sondern auch speziell, was ihr Verhältnis zur Urgeschichtsforschung betrifft. Vor einigen Jahren stellten wir noch mit H. BRACHMANN (1972, S. 1043) vorsichtig die Frage: „Sind wir ... berechtigt, Forschungsergebnisse der Ethologie zur Klärung frühester sozialer Entwicklungsprozesse auszuwerten?" Heute behaupten wir mit F. SCHLETTE (1979, S. 157) mit großer Sicherheit: „Das menschliche Bewußtsein hat in der Tierpsyche seine Vorformen ... Deshalb kommen wir ohne die Erkenntnisse der Tierpsychologie und der Ethologie nicht aus, ohne dabei die fundamentalen Unterschiede zwischen Mensch und Tier übersehen oder gar verwischen zu wollen."

Um sich ein abgerundetes Bild über die sozialökonomische Entwicklung des ältesten Menschen machen zu können, ist die Quellenlage ganz allgemein unzureichend. Die Anthropologie vermag etwas über die körperliche Entwicklung und das Gehirnvolumen auszusagen sowie Hypothesen über die Leistungsfähigkeit des Gehirns zu unterbreiten. Die Pleistozängeologie bzw. Paläontologie kann uns über die Umweltverhältnisse (Bodenverhältnisse, Klima, Vegetation, Tierwelt) unterrichten. Die Archäologie wertet die Kulturhinterlassenschaften aus[1]) und gelangt dadurch zu Feststellungen über die wirtschaftlichen Grundlagen. Nur über die sozialen Verhältnisse des ältesten Menschen lassen sich mangels geeigneten Quellenmaterials keine direkten Erkenntnisse gewinnen. Um wenigstens zu Denkmodellen zu gelangen, hat man ganz allgemein für die Urgesellschaft auf Analogien aus dem Bereich der sog. Naturvölker zurückgegriffen, die von der Ethnologie (=Völkerkunde) erforscht werden. Da jedoch die hinsichtlich ihres allgemeinen

---

[1]) Unter Bezugnahme auf eine Rezension der 1. Auflage des Sammelbandes „Biologische Verhaltensforschung am Menschen" durch P. SPINDLER in den Mittn. der Anthropol. Gesellsch. Wien 108, 1978, in welcher unserer Ausführungen als „geisteswissenschaftlicher Beitrag" klassifiziert wurden (neben sechs naturwissenschaftlichen Beiträgen), soll kurz der Standort der Urgeschichtswissenschaft im gesamtwissenschaftlichen System charakterisiert werden. Es ist natürlich richtig, daß die Urgeschichtswissenschaft als historische Wissenschaft eine Geisteswissenschaft oder — nach heutiger Nomenklaturgewohnheit — eine Gesellschaftswissenschaft ist. Sie ist es aber nicht nur! Da ein Teil der prähistorischen Quellen (etwa Menschenknochen, Tierknochen, Kulturpflanzenreste u. a.) primär Gegenstand der Naturwissenschaften ist, pflegt der Urgeschichtsforscher engste Zusammenarbeit mit den entsprechenden Naturwissenschaftlern, z. T. betätigt er sich sogar unter Erlernung der entsprechenden Untersuchungsmethoden selbst als Naturwissenschaftler. Der heutige Prähistoriker ist also bei Anwendung der alten Differenzierung nicht mehr nur Geistes- bzw. Gesellschaftswissenschaftler, sondern auch Naturwissenschaftler. Daher erklärt sich auch der Standort unseres vorliegenden Beitrages über „Verhaltensforschung und Urgeschichtsforschung". Er ist nicht, wie P. SPINDLER meint, ein geisteswissenschaftlicher Beitrag, in dem die prähistorischen Fakten biologisch betrachtet werden, sondern ein prähistorischer Beitrag, in dem biologische und prähistorische Fakten auf ihren möglichen Konnex (Kausalzusammenhang) untersucht und dann historisch (also gesellschaftswissenschaftlich) gedeutet werden.

Kulturniveaus auf der untersten Sprosse der Entwicklungsleiter stehenden Jäger- und Sammler-Gruppen der Jetztzeit bereits den Status von „Höheren Jägern" (ausgerüstet mit Fernwaffen = jüngere Altsteinzeit) zugebilligt bekommen haben, vermag die Ethnologie somit hinsichtlich der Sozialverhältnisse des ältesten Menschen zu Beginn seiner Entwicklungszeit (= früheste Altsteinzeit) nur ein Denkmodell zu liefern, das eine Art Maximalaspekt des Möglichen (im Sinne einer Überbewertung) vermittelt. Es besteht also die Gefahr, daß man bei der Verwendung von ethnologischen Analogien den Fehler begeht, das Sozialleben des ältesten Menschen in der Altsteinzeit entwickelter und nuancierter einzuschätzen, als es tatsächlich strukturiert war. Diese unbefriedigende methodische Situation bietet nun Anlaß zu prüfen, was die Ethologie, die Verhaltensforschung, auf Grund ihrer Feststellungen zum Verhalten des nächsten Verwandten des Menschen im Tierreich, der Primaten, speziell der Menschenaffen, als Denkmodelle zur Rekonstruktion des ältesten menschlichen Soziallebens in der älteren Altsteinzeit und überhaupt in der Phase des Tier-Mensch-Übergangsbereiches zu bieten hat, möglicherweise eine Art Minimalaspekt (im Sinne einer Unterbewertung gegenüber einer Überbewertung durch die Ethnologie). Zusammenfassend stellen wir mit R. FEUSTEL (1971, S. 11) fest: „Die Erforschung der Stammesgeschichte der Organismen hat zur Erkenntnis geführt, daß sich die Menschen psychisch und physisch aus dem Tierreich entwickelt haben und am engsten mit den Affen verwandt sind. Darum geben auch für die frühesten Zeiten der menschlichen Gesellschaft die Verhaltensformen heute lebender Affen eher Aufschluß als diejenigen rezenter Völker."

Natürlich ist der methodische Einwand gerechtfertigt, daß es sich bei den Verhaltensweisen der Primaten um Phänomene handelt, die an heute lebendem Forschungsmaterial ermittelt wurden und darum nur bedingt und mit gewissen Einschränkungen auf die ältesten Menschen bzw. den Tier-Mensch-Übergangsbereich vor etwa 1—3 Millionen Jahren angewandt werden sollten. Auf der anderen Seite muß jedoch eine Berücksichtigung der Ergebnisse der Verhaltensforschung gefordert werden, da in der Übergangsphase vom Tier zum Menschen der Gen-Bestand in den einzelnen Populationen trotz der mit dem Hominisationsprozeß zusammenhängenden Gen-Mutationen bis zu einem gewissen Grade noch derjenige der tierischen Vorfahren des Menschen war.

Was jedoch an der Verwendung ethologischer Befunde problematisch ist, ist der Umfang, in welchem diese auf den Menschen bezogen werden können. Um hier zu einem klaren Standpunkt zu kommen, ist kurz die allgemeine Situation zu skizzieren, in welcher sich der Mensch als Subjekt und Objekt der Geschichte befindet. Als Lebewesen unterliegt der Mensch, wie jedes andere Glied der belebten Welt, den Naturgesetzen (biotischen Gesetzmäßigkeiten). Als gesellschaftliches Wesen, das sich von den übrigen Lebewesen durch das kollektive Produzieren und damit zusammenhängend durch den Besitz der Sprache und der reflektierenden Vernunft absetzt, unterliegt der Mensch dann noch besonderen Gesetzen, den aus der Arbeit und dem Zusammenleben der menschlichen Gemeinschaften resultierenden sozialen Gesetzmäßigkeiten. Naturgesetze und soziale Gesetzmäßigkeiten bilden in bezug auf den Menschen ein komplexes Wirkungsgefüge mit der Tendenz der übergreifenden Wirksamkeit der letzteren gegenüber den ersteren[2]).

---

[2]) Eine Arbeit, in der die Vielschichtigkeit des menschlichen Wesens nomenklatorisch-terminologisch ebenso klar wie inhaltlich sachlich zutreffend behandelt wird, ist die Schrift des Naturwissenschaftlers B. STEPHAN über „Die Evolution der Sozialstrukturen" (Berlin 1977). Diese Schrift, die als ein Musterbeispiel populärwissenschaftlicher Didaktik bezeichnet werden darf, sollte auch von Gesellschaftswissenschaftlern studiert werden, und zwar besonders von solchen, welche die gesellschaftliche Komponente im Wesen des Menschen in ihrem Stellenwert überbewerten. (wenn R. FEUSTEL 1975, S. 5 schreibt: „Der Mensch ist ein gesellschaftliches Wesen',

Es ist nun in aller Sachlichkeit festzustellen, daß das Verhältnis von biotischen und sozialen Faktoren im menschlichen Dasein nur annähernd quantitativ bestimmt werden kann, weil der Mensch in seiner heutigen Form ein komplexes Wesen, eine biosoziale Einheit ist. Das sollte auch beim Vergleich von modernen Verhaltensweisen, also beim Vergleich von Verhaltensweisen des modernen Menschen mit solchen der jetzt lebenden Tiere, beachtet werden. Nun geht es uns aber nicht um den modernen Menschen, sondern um den historischen Aspekt — und nur darum! Ähnlich dem Anatomen, der an der biosozialen Einheit „Mensch" Einzelheiten zu eliminieren bemüht ist, gehen wir mit unseren archäologischen Fragestellungen von quantitativ umschriebenen Phänomenen, nämlich Elementen der Sozialsphäre des Menschen, aus, deren (mögliche) Wurzeln im Tierischen wir mit Hilfe von Beobachtungen der Verhaltensforschung an den nächsten Verwandten des Menschen im Tierreich, den Affen, besonders den Menschenaffen, ergründen möchten. Daß wir Archäologen bei der Arbeit mit ethologischen Befunden höchstens zu Denkmodellen zu gelangen vermögen, also nur bedingt und mit den notwendigen Einschränkungen zu historischen Erkenntnissen, bezeichnet zugleich die Grenzen solchen Tun und Handelns. — Mehr im Augenblick nicht an allgemeinen und zugleich methodischen Gedanken und Überlegungen. Zum Schluß unserer Ausführungen soll dann noch einiges zur methodischen Vertiefung gesagt werden.

Wenn nun im folgenden einige Beispiele gebracht werden, dann geschieht das zunächst nicht mit dem Anspruch, unmittelbare historische Wurzeln nachzuweisen, aber doch wenigstens entwicklungsgeschichtliche Voraussetzungen aufzuzeigen. Mit „entwicklungsgeschichtlichen Voraussetzungen" meinen wir das biologische Ausgangsmaterial, das dem Prozeß der Soziogenese zwar eine bestimmte Richtung wies, ihn jedoch nicht einfach kausal auslöste, bzw. determinierte. Wir gehen bei unseren Bemühungen so vor, daß wir jeweils zunächst eine These formulieren und ihr dann die Begründung folgen lassen[3]).

1. Die menschliche Gruppenbildung hat ihre biologischen Voraussetzungen in der Gruppenbildung der Affen. Deren Studium kann uns zu allgemeinen Modellvorstellungen über die sozialen Phänomene des ältesten Menschen verhelfen.

Die Affengruppe, die eine mehr oder weniger große Anzahl von verschiedengeschlechtlichen Individuen, Alten und Jungen, umfassen kann — sie ist quantitativ und qualitativ mehr als die Gesellungseinheit der Elternfamilie, die sich aus einem männlichen Individuum, einem weiblichen Individuum und Jungen zusammensetzt —, hat sowohl eine biologische Bedeutung als Population wie auch eine soziale Funktion als Schutzverband. Das Prinzip der Gruppenorganisation kann als eine Grundvoraussetzung der Anthropogenese und besonders der Soziogenese bewertet werden, welches diesen Prozeß nachhaltig förderte (ohne ihn jedoch ursächlich zu bedingen). Die wichtigsten Vorteile des Gruppenlebens der bodenbewohnenden menschenäffischen Vorfahren des Menschen waren die gemeinsame Verteidigung gegen Gruppenfeinde und damit die Sicherung des Reviers sowie eine durch vielseitige Kommunikation geförderte Steigerung des Lerneffektes. Das innerhalb der Gruppe bestehende Ordnungssystem der Rangordnung gewährleistete den sozialen Zusammenhang und war dadurch von besonderer Bedeutung für

---

dann ist das hoffentlich ein Schreibfehler und kein Denkfehler; denn der Mensch ist ein gesellschaftliches Lebewesen.)

[3]) Für wertvolle Hinweise zum Manuskript und dessen Ausarbeitung habe ich zu danken: V. Johst, Berlin; G. Knepler, Berlin; R. Löther, Berlin; W. Padberg, Berlin. Für Hilfe bei der Erschließung russisch-sprachlicher Literatur bin ich A. Häusler, Halle (Saale), dankbar.

sich anbahnen deIntegrationsprozesse. Die allgemeine Formulierung B. G. CAMPBELLS (1972, S. 331), daß die Funktionseinheit der Evolution nicht das Individuum, sondern die Population sei, kann in bezug auf unsere Thematik dahingehend abgewandelt werden, daß die Funktionseinheit der Soziogenese des Menschen die Gruppe und nicht das Individuum war.

Damit wir uns mit den vorstehenden Formulierungen nicht der Kritik aussetzen, uns mit allzu groben Verallgemeinerungen zu begnügen, wollen wir noch auf einige uns wesentlich erscheinende Einzelheiten der äffischen Sozialorganisation eingehen, die durch eine starke Variabilität gekennzeichnet ist. Die Mitglieder einer Affengruppe kennen sich gegenseitig — daher die Bezeichnung „individualisierter Sozialverband" —, sie halten zusammen und können zwischen Gruppenmitgliedern und fremden Artgenossen unterscheiden; hier tritt also zu einem ursprünglich vom Instinkt beeinflußten Gruppenverhalten die Bewußtseinsleistung. Bezüglich der Gruppengröße bringt I. EIBL-EIBESFELDT (1967, S. 358) folgende allgemeine Angaben: Tiere in offenen Räumen (z. B. Steppengebieten) neigen im allgemeinen dazu, sich zu großen Verbänden zusammenzuschließen, während Bewohner deckungsreicher Biotope (z. B. im Urwald) in kleineren Gruppen leben. Doch gibt es überall Ausnahmen, von Art zu Art und unter bestimmten Umweltbedingungen, wobei z. B. das Futterangebot eine wichtige Rolle spielt. Ein ebenso differenziertes wie buntes Bild vom Sozialleben einer Schimpansengruppe erhalten wir durch die Publikation von J. LAWICK-GOODALL (1971). (Verallgemeinerungen und weitere Einzelheiten über „soziale Organisationsformen bei catarrhinen Primaten" finden sich bei VOGEL 1975b, S. 159ff.).

Wenn man von der Wahrscheinlichkeit ausgeht, daß sich die Menschwerdung an hochentwickelten, bodenbewohnenden Menschenaffen vollzog, sollte man auch noch die Paviane mit ihren verschiedenen Arten als besonders markante Steppenbewohner bei der Erarbeitung von Modellvorstellungen mit heranziehen (ANGST und KUMMER 1975, S. 56f.). Die nächtlichen Schlafgemeinschaften, die bis zu mehreren Hundert Individuen umfassen können, spalten sich frühmorgens zur Futtersuche auf (Bezüglich Einzelheiten zur Sozialorganisation der Paviane vgl. etwa KUMMER 1972, S. 481ff.). Dabei werden Gruppierungen von einem Männchen und mehreren Weibchen mit ihren Jungen evident (sog. Harem-Familie). Diese Klein-Gruppen stellen Anpassungen an karge Futterverhältnisse dar. Wo die Futterbedingungen befriedigend sind, bilden etwa die Anubis-Paviane beständige Gruppen von 30 bis 80 Tieren. Auf weitere Phänomene der Sozialorganisation der Paviane möchte ich an dieser Stelle nicht eingehen (s. dazu KUMMER 1972). Bei den Pavianen unterstreicht die relative Körpergröße der Männchen deren wichtige Rolle in den einzelnen Gruppen.

Im Hinblick auf das Phänomen der archäologischen Kulturen alias Formenkomplexe ist für den Archäologen die Frage wichtig, bis zu welchem Grade eine Affengruppe eine innere Geschlossenheit aufweist. Die archäologische Kultur ist in ihrer materiellen Manifestation ein Komplex verwandter Formen in Zeit und Raum, wobei die räumliche Erstreckung der archäologischen Kultur den Aktionsraum einer Affengruppe um das Vielfache übertrifft. Es ist damit zu rechnen, daß die räumliche Ausdehnung der paläolithischen Kulturen durch Kontakte zwischen den Urmenschengruppen begünstigt wurde (Zur urmenschlichen Lokalgruppe vgl. BEHRENS 1976, S. 47ff.).

Was sagen nun die Ethologen über den Grad der Geschlossenheit einer Affengruppe? Für mich als Archäologen ist folgende Formulierung von Ch. VOGEL (in: MÜHLFELD, SCHWIDETZKY, VOGEL 1972, S. 368) besonders bemerkenswert: „Allgemein läßt sich feststellen, daß je strenger die Ranghierarchie, desto stärker zentriert die Gruppe und desto deutlicher ihr Auftreten als geschlossene Einheit gegen nicht-gruppenzugehörige

Artgenossen (Gruppe als grenzerhaltendes System)." Das bedeutet also eine gewisse Flexibilität in der Geschlossenheit einer Affengruppe. Man liest, daß sich einzelne Individuen von ihrer Gruppe trennen bzw. verlieren; sie können nach einiger Zeit wieder zu ihrer Gruppe stoßen oder sich auch einer anderen Gruppe der gleichen Art anschließen. Die Auflockerung der Geschlossenheit einer Affengruppe kann offensichtlich bis zu dem gehen, was V. Reynolds (1966, S. 444 ff.) als „offene Gruppen" charakterisiert hat. die er bei Menschenaffen beobachtet hat. Mit diesem Begriff will V. Reynolds zum Ausdruck bringen, daß zwischen den Menschenaffengruppen eines Territoriums keine strenge Abgeschlossenheit besteht; die Menschenaffen leben nicht immer in Dauergruppen, sie trennen sich gelegentlich voneinander und vereinigen sich dann wieder. Es mag sein, daß die von V. Reynolds geschilderte Sozialstruktur bei Menschenaffen im Urwald möglich ist. Bei den in offenen Landschaften lebenden Affen ist jedoch ein viel stärkeres Sicherheitsverhalten notwendig, wobei als Regel gelten kann: Je stärker die Geschlossenheit einer Gruppe, desto größer ihre Sicherheit. In Ergänzung zu dieser Feststellung möchte ich noch auf Ausführungen von N. Tinbergen (1973, S. 26f.) zum Phänomen der Gruppenterritorialität hinweisen, die in einem natürlichen Zusammenhang mit der Geschlossenheit einer Gruppe steht. Tinbergens Überlegungen gipfeln in der Schlußfolgerung: „Als geselliges, jagendes Herdentier muß der Mensch in seinen frühen Gesellschaften nach dem Bild der Gruppenterritorien gelebt haben." Wenn ich die mir bisher bekannt gewordenen Beobachtungen über das Gruppenverhalten von Affen verallgemeinere, dann kann man sagen, daß eine Affengruppe eine relative Geschlossenheit aufweist, eine Geschlossenheit, die durch gelegentliches Abspringen oder Hinzutreten von Artgenossen relativiert wird. Was das Verhalten von Affengruppen gleicher Art zueinander betrifft, ist dieses vielfach neutral, gelegentlich gibt es Auseinandersetzungen. Der Gruppenwechsel einzelner Individuen wurde schon erwähnt; allgemeine „Verbrüderungsszenen" wurden noch nicht beobachtet. Damit haben wir eine Modellvorstellung für das Verhalten der Vormenschen- (sensu stricto) und Urmenschengruppen gewonnen.

2. Die menschliche Ehe, die Verbindung zwischen zwei verschiedengeschlechtlichen Individuen, ist eine biosoziale Institution (etwas akzentuierter formuliert: sie ist nicht nur eine soziale, sondern auch eine biotische Institution). Der Mensch wird zwar weithin durch soziale Gebote zu monogamem Verhalten verpflichtet, ist aber als Naturwesen jederzeit zu promiskem Verhalten befähigt. Die älteste Form des menschlichen Paarungsverhaltens ist die Polygamie.

Es scheint so, daß die Paarungsformen bei den Affen unterschiedlich sind, je nachdem, ob es sich um größere oder kleinere Gruppen handelt. Die Affen (einschl. Menschenaffen) in offenen Landschaften (Parklandschaften, Savannen, Steppen) pflegen (aus Schutzgründen) in größeren Gruppen zusammenzuleben, während die im Urwald lebenden Menschenaffen in der Regel nur kleinste Gruppen bilden. Dementsprechend können sich bei Menschenaffen im Urwald monogame Paarbeziehungen von längerer Dauer ergeben. Die Paarungsform bei in größeren Gruppen zusammenlebenden Affen wird immer wieder als polygam charakterisiert; es herrscht Promiskuität. (Wir verweisen hierzu auf die vergleichenden Schemata zu einigen Grundphänomenen verschiedener Affenarten, wie sie von S. L. Washburn/ I. De Vore 1961, S. 102 und W. Ullrich 1968, S. 216f. veröffentlicht wurden.) Es ist zu beachten, daß die Polygamie eine erhebliche biologische Bedeutung hat, weil vielfache Fremdbefruchtung innerhalb einer Gruppe bzw. Population die genetische Variabilität und damit die Anpassungschancen erhöht. Monogamie ist meist eine unter Verzicht auf den Vorteil genetischer Mannigfaltigkeit erkaufte spezielle ökologische Anpassung (Wickler 1970, S. 297). Wenn bei einzelnen Affenarten (z. B. Pavianen) „Haremsfamilien“ (1 Männchen und mehrere Weibchen) beobachtet werden, ist das lediglich als eine besondere Variante polygamen Verhaltens zu betrachten, die einen bestimmten Hintergrund hat. H. Kummer (1972, S. 481) weist auf den wichtigen Umstand hin, daß es sich bei den Haremsfamilien alias „Einmanngruppen“ bestimmter Pavianarten um primär ökonomisch strukturierte Kleingruppen handelt, die mit einem Männchen als Führer und Verteidiger sowie mehreren Weibchen und Jungen die an karge Futterverhältnisse (Halbwüsten) am besten angepaßte Gesellungseinheit darstellen. Wenn wir in Rechnung stellen, daß auf Grund der Fossilfunde zu vermuten ist, daß die tierischen Vorfahren des Menschen Bodenbewohner waren, die in nicht zu kleinen Gruppen in offenen Landschaften lebten, dann ist für die ältesten Menschen eher an polygame Paarung als an monogame Paarbeziehungen zu denken. Da beim Affenweibchen eine periodisch begrenzte Sexualität gegeben und beim (modernen) Menschen eine Dauersexualität entwickelt ist, dürfte der biotische Entwicklungstrend von der Polygamie zur Monogamie gerichtet sein. Die Monogamie beim Menschen kann als eine biosozial begründete Neuerwerbung bewertet werden.

3. Die menschliche Sprache (im weitesten Sinne des Begriffes: nicht nur Sprache mittels Lautäußerungen, sondern auch Gebärdensprache) hat ihre entwicklungsgeschichtlichen Voraussetzungen in den reich differenzierten und vielfältig abgestuften Signalen höherer Affen.

In der Tierwelt gibt es verschiedene Arten von Signalen (hierzu und zum folgenden vgl. H. Hediger 1961, S. 55 u. J. Oehler 1969, S. 21f.): Optische Signale (durch Zurschaustellung auffallender Farben, morphologischer Strukturen und Bewegungsweisen), akustische (sprachlich-logisch besser: sonantische) Signale (durch Lautäußerungen), olfaktorische Signale (durch Abgabe von Duftstoffen) und taktile Signale (durch Berührung). Die Signale haben die Bedeutung von Informationen (auch wenn sie von dem signalgebenden Tier nicht unbedingt zu einem solchen Zweck erzeugt werden.) Sie können sich auf soziale Kontakte unter Tieren der gleichen Gruppe beziehen, auf Mutter-Kind-Kontakte, auf Paarung und territorialen Besitz; sie können auch Hinweise auf Futter bedeuten oder Warnsignale bei Annäherung von Feinden. Was nun speziell die Affen betrifft, geben etwa nach W. A. Tich (1970, S. 198ff.) die Mantelpaviane 18 verschiedene Laute von sich, von denen jeder einzelne eine bestimmte Bedeutung hat. Bei Schimpansen konnten sogar 32 Laute mit unterschiedlicher Bedeutung festgestellt werden. „Schimpansen kennen eine breite Skala von Rufen, die mit Sicherheit der Vermittlung bestimmter Informationen dienen ... Man darf annehmen, daß einem Schimpansen die Rufe der meisten ihm bekannten Artgenossen vertraut sind.“ (Van Lawick-Goodall 1971, S. 205f.). Die besonders differenzierte Lautgebung bei Menschenaffen steht im Zusammenhang mit ihrem hochorganisierten Gemeinschaftsleben (Hackethal 1971, S. 335). Dementsprechend kann angenommen werden, daß die menschenäffischen Vorfahren des Menschen (neben anderen Formen von Signalen) über eine relativ differenzierte sonantische Signalsprache verfügten. Im Zuge der Menschwerdung begann in einem komplexen Prozeß die Umbildung der sonantischen Signalsprache in eine verbale Sprache mit Symbolcharakter, welche hauptsächlich der Kommunikation dient. Eine wichtige Voraussetzung hierfür waren die Fähigkeit zur Bildung „nichtsprachlicher“ Begriffe und ein ausgeprägtes Symbolverständnis; beides konnte in neueren Untersuchungen speziell für den Schimpansen nachgewiesen werden, was wir auch für unsere menschenäffischen Vorfahren voraussetzen dürfen (vgl. hierzu Vogel 1977, S. 246ff.).

4. Das Werkzeugverhalten des Menschen (d. h. das planmäßige Anfertigen und Verwenden von Geräten) hat eine entwicklungsgeschichtliche Voraussetzung in der Tendenz höherer Affen, Gegenstände für verschiedene Manipulationen zu verwenden bzw. herzustellen.

Auch zur Verwendung technischer Hilfsmittel als eines besonderen Charakteristikums des Menschseins liegen vergleichende Feststellungen an Menschenaffen vor (man vgl. die allgemeine Übersicht bei NARR 1974, S. 304ff.). Besonders interessant sind die neuesten, mehrjährigen Beobachtungen an freilebenden Menschenaffen in Ostafrika von J. VAN LAWICK-GOODALL (1971, S. 234f.). Danach verwenden die Schimpansen folgende Gegenstände: Stöcke als Hebel und Waffen, Stöcke und Zweigteile zum Fangen von Insekten, Blätter als Schwämme zum Aufsaugen von Flüssigkeit, Blätter zum Wischen. Diese Gegenstände sollte man jedoch nicht als „Werkzeuge" bezeichnen, sondern die Bezeichnung „Werkzeug" nur als Begriff für einen intentionell durch Menschenhand veränderten und ständig benutzten Gegenstand gebrauchen, um damit auch vom Begriff her einen qualitativen Unterschied zwischen Tier und Mensch zu machen. Während der Rohstoff solcher Gegenstände, die von den vorwiegend im Urwald lebenden Schimpansen verwendet werden, Holz ist, heißt es von in Felsengebieten lebenden Affen, etwa Pavianen, daß diese auch Steine verwenden, und zwar als Wurfgeschosse oder zum Aufschlagen von Schalentieren und Schalenfrüchten. Wenn man dann noch die Hypothese berücksichtigt, daß die am Ende des Tertiärs und im Frühpleistozän lebenden menschenähnlichen Australopithecinen Südafrikas Knochen erlegter Tiere als Hilfsmittel verwendeten (DART 1960, S. 143ff.), hätten wir damit eine relativ breite Palette von Möglichkeiten erfaßt, wie wir uns die entwicklungsgeschichtlichen Vorläufer der frühmenschlichen Werkzeuge vorzustellen haben. (Man vgl. im übrigen die differenzierte Zusammenstellung von G. TEMBROCK 1979 über die Benutzung von gegenständlichen Hilfsmitteln durch Vertreter der verschiedensten Tierarten.) In diesem Zusammenhang verdient eine allgemeine Überlegung von Ch. VOGEL (1975a, S. 23) Erwähnung, was die erkenntnismäßigen bzw. sozialen Voraussetzungen (Praedispositionen) der Werkzeug-Entstehung betrifft: „Vorausschauendes Handeln, Planen nach abgewogenen Wahrscheinlichkeiten unter antizipierender Einbeziehung komplexer Situationen bzw. Konstellation bei gleichzeitiger beherrschter, oft restriktiver Kontrolle über das eigene Verhalten, all das müssen nichtmenschliche höhere Primaten bereits im sozialen Feld leisten, und genau das sind auch die entscheidenden Voraussetzungen für die technologische „Werkzeug"-Entwicklung der Hominiden."

5. Die Verwandschaftsbindung nach der Mutterseite, welche ein wesensbestimmendes Merkmal des Matriarchats[4]) ist, hat ihre entwicklungsgeschichtliche Wurzel in der Bindung der Jungtiere an die Muttertiere während des Säuglingsstadiums und des ersten Kindheitsstadiums.

Auf Grund der Beobachtungen zum Sozialverhalten der Primaten ergibt sich, daß die Fürsorge für die Jungen in ihrem ersten Entwicklungsstadium nur von den Müttern ausgeht. Das schließt einen Schutz der Jungtiere durch männliche Individuen im Falle von feindlichen Angriffen nicht aus. Die Bindung der Jungtiere an die Muttertiere bleibt bei

---

[4]) Wir gebrauchen den Begriff Matriarchat im Sinne der Ethnologen, wobei zu beachten ist, daß es eine „Frauenherrschaft" im wörtlichen Sinne des Begriffs in der Geschichte der Menschheit nicht nachweislich gegeben hat. Das hat selbst der „Erfinder" des Mutterrechts, J. J. BACHOFEN (1927, S. 171), zugeben müssen: „Amazonischer Staaten Existenz zu beweisen, ist unmöglich."

einigen Affen (Rhesusaffen, Schimpansen) auch nach der Verselbständigung der Jungen bestehen, denn diese unterhalten vielfach noch im Erwachsenenalter besondere Beziehungen zu ihrer Mutter. Entsprechend der Konzeption von J. J. Bachofen (1861) stellt das Matriarchat ein Element des menschlichen Lebens in seiner frühen Entwicklung dar. Der Meinungsstreit geht darum, wann das Matriarchat in der Frühentwicklung der Menschheit in seiner Entstehung anzusetzen ist. Die Verwandtschaftsbindung nach der Mutterseite stellt ein wesensbestimmendes Merkmal des Matriarchats dar, das noch durch weitere Sozialelemente gekennzeichnet ist. Wir halten es für begründet, für die Verwandtschaftsbindung nach der Mutterseite eine entwicklungsgeschichtliche Wurzel in der Bindung der Jungtiere an die Muttertiere während des Säuglingsstadiums und des ersten Kindheitsstadiums zu sehen (vgl. noch Behrens 1971, S. 7 ff. und 1978, S. 65ff.).

6. Die Dominanz der männlichen Individuen in den urmenschlichen Gemeinschaften, welche ein wesensbestimmendes Merkmal des Patriarchats ist, hat eine entwicklungsgeschichtliche Wurzel in der physischen Überlegenheit und Führungsrolle der Männchen in den Primatengruppen.

Nach den Beobachtungen der Ethologen (Carpenter 1942; Sparks 1967, S. 162) sind in den meisten Primatengruppen die Männchen den Weibchen überlegen. Sie üben in entscheidendem Maße eine soziale Kontrolle über die Gruppe aus. Dementsprechend gebrauchen die Ethologen für diese Sozialordnung in den Primatengruppen den Begriff „patriarchalisch“[5]). Auch in diesem Falle scheinen Ausnahmen die Regel zu bestätigen. So gibt es Ethologen (Kawamuru 1958; zitiert nach Morris 1967), die bei einzelnen Affenarten eine matriarchale Sozialordnung beobachtet haben wollen. Die Dominanz der männlichen Individuen in den Primatengruppen beruht primär auf dem Geschlechtsdimorphismus, der in der Form besteht, daß die männlichen Individuen den weiblichen Individuen körperlich überlegen sind. Es dürfte nützlich sein, an dieser Stelle darauf hinzuweisen, daß mit der Dominanz nicht nur „Vorrechte“ (etwa bei der Nahrungsaufnahme oder bei der Platzwahl), sondern auch „Pflichten“ verbunden sind (insbesondere die Schutzfunktion für Weibchen und Junge). Nach I. de Vore (1964, S. 28) ist der Sexualdimorphismus besonders kennzeichnend für bodenbewohnende Affen und Menschenaffen und am wenigsten deutlich bei den baumbewohnenden Affen. Die Anthropologen halten es für möglich, daß ein solcher Geschlechtsdimorphismus, der selbst für das heutige Entwicklungsstadium der Menschheit noch charakteristisch ist, auch bei den Urmenschen bestanden hat, obwohl noch keine überzeugenden Kriterien für sichere Geschlechtsdiagnosen bei den Urmenschenskeletten erarbeitet werden konnten. Zu dem Merkmalskomplex, mit dem das Sozialphänomen des Patriarchats umschrieben wird, gehört die Dominanz der männlichen Individuen als ein wesensbestimmendes Merkmal. Die Dominanz der männlichen Individuen in der frühen Menschheit gründet sich entsprechend den Verhältnissen bei den Primaten auf ihrer körperlichen Überlegenheit. Auch für die Dominanz der männlichen Individuen erscheint es logisch, eine entwicklungsgeschichtliche Wurzel zu suchen, die wir in der physischen Überlegenheit und Führungsrolle der Männchen in den Primatengruppen sehen. Entsprechend dieser Auffassung halten wir es für möglich, daß Matriarchat und Patriarchat nicht in einem solchen histo-

---

[5]) Die Verwendung des Begriffes „patriarchalisch“ für die Umschreibung der Organisationsstruktur von Affengruppen ist eigentlich unpassend, da der Begriff Patriarchat (= Vaterherrschaft) oder Paternität primär auf die menschlichen Rechtsverhältnisse (Familienrecht) bezogen wurde (vgl. Bachofen 1927, S. 145).

rischen Folgeverhältnis zueinander gestanden haben, wie es J. J. BACHOFEN (1861) vermutete, sondern in einem allgemeinen sozialen Konnex, in welchem das eine Phänomen das andere nicht bedingt hat, aber auch nicht ausgeschlossen hat (vgl. dazu BEHRENS 1971, S. 7ff. und 1978, S. 65ff.).

7. Das persönliche Eigentum hat eine entwicklungsgeschichtliche Vorausetzung in der individuellen Nahrungsaneignung der Angehörigen einer Primatengruppe und der Verteidigung der individuell erworbenen Nahrung gegen Freßfeinde. Daneben kommt noch die Inbesitznahme und Verteidigung eines individuellen Reviers als entwicklungsgeschichtliche Voraussetzung für die Bildung persönlichen Eigentums in Betracht.

Wenn auch die Nahrungsbeschaffung ein sehr allgemeines, weil grundlegendes Phänomen ist, halten wir es dennoch für möglich, daß die individuelle Nahrungsaneignung eine besondere Bedeutung für die Entstehung des persönlichen Eigentums gehabt haben könnte. Dabei erscheint es uns wesentlich hervorzuheben, daß wir in der Verteidigung der individuell erworbenen Nahrung eine wichtige Voraussetzung für die Herausbildung einer bewußten Vorstellung vom persönlichen Eigentum sehen. Es ist in diesem Zusammenhang nicht uninterressant zu vermerken, daß die individuelle Nahrungsaneignung bei in größeren Gruppen zusammenlebenden Affen über die Rangordnung läuft, d. h., daß Vorrechte, um nicht zu sagen, Besitzrechte, der in der Rangordnung Höherstehenden respektiert bzw. demonstriert werden. Bezüglich des individuellen Revierverhaltens ist zu beachten, daß dieses offensichtlich bei baumbewohnenden Affen weniger entwickelt ist als bei bodenbewohnenden Affen und auch bei letzteren nicht so ausgeprägt.

8. Das Gemeineigentum hat eine entwicklungsgeschichtliche Voraussetzung in dem Territorialverhalten einer Primatengruppe, welche ihr Territorium (Revier) gegen eine andere Gruppe (oder Individuen) gleicher Art oder auch fremder Art verteidigt.

Die Abgrenzung und Verteidigung von Revieren ist ein allgemeines Wirbeltier-Verhalten (SCHWIDETZKY-ROESING 1961, S. 101f.). Die sozialen Funktionen des Revierverhaltens sind unter anderem Sicherheit für die Jungen, gleichmäßige Verteilung der Individuen, Verminderung der sexuellen Auseinandersetzungen und der Rangkämpfe sowie Förderung der Integration der Gruppen (SCHWIDETZKY-ROESING 1961, S. 101f.). Reviere, deren Funktion zum Teil unterschiedlich motiviert ist (Nahrungsreviere, Winterreviere, Wohnreviere, Schlafreviere usw.), gibt es auch bei den Primaten. Von den Anthropologen ist schon darauf hingewiesen worden, daß das Revierverhalten auch noch bei den Menschen eine Rolle in der sozialen Organisation spielt (SCHWIDETZKY-ROESING 1961, S. 101f.). Wichtig an der Definition des Begriffes „Revierverhalten“ ist, daß das Revier nicht nur Besitz eines einzelnen Tieres sein kann, sondern vornehmlich Besitz einer ganzen Tiergruppe ist. So betont etwa I. EIBL-EIBESFELDT (1967, S. 307), daß Gruppenterritorialität ein sehr verbreitetes Merkmal bei freilebenden (gemeint ist: auf dem Boden lebenden) Affen ist. Wenn auf der einen Seite beobachtet wird, daß sich bei der Verteidigung eines Reviers regelrechte Gruppenkämpfe entwickeln können, so wird andererseits von einem Aktionsraum gesprochen, in dem sich ein Tier oder eine Gruppe regelmäßig bewegt, ohne ihn zu verteidigen. Auf Grund der vielfältigen Formen des Revierverhaltens bei den Primaten dürfen wir ein solches auch für den Tier-Mensch-Übergangsbereich postulieren. Da von den menschenäffischen Vorfahren des Menschen angenommen wird, daß diese Bodenbewohner waren und sich hauptsächlich in offenem Gelände bewegten, ist bei ihnen ein ausgeprägteres Verteidigungsverhalten vorauszusetzen als bei Urwaldaffen, die geneigt sind, sich einer gefährlichen Situation durch Flucht in das Urwalddickicht zu entziehen (auf diesen wichtigen Verhaltensunterschied zwischen Freilandaffen und Urwaldaffen wiesen u. a. KORTLANDT und Mitarbeiter 1963 und 1968, sowie HENNIG 1970, S. 62, hin). Der moderne Begriff „Gemeineigentum" ist natürlich nicht auf das Eigentum an Grund und Boden beschränkt, sondern umfaßt noch weitere Komponenten aus dem Bereich der Produktionsmittel. In dem von uns diskutierten Tier-Mensch-Übergangsbereich spielt jedoch für die Frage der Herausbildung des Gemeineigentums der Grund und Boden die wichtigste Rolle, und insofern sind wir der Meinung, daß in der Verteidigung eines Territoriums eine wichtige entwicklungsgeschichtliche Voraussetzung für eine in späterer Zeit erfolgende Herausbildung einer bewußten Vorstellung vom Gemeineigentum zu sehen ist.

9. Die soziale Differenzierung in den einzelnen Menschengemeinschaften hat eine entwicklungsgeschichtliche Wurzel in der Rangordnung innerhalb einer Primatengruppe.

Wie schon von den Zoologen seit langem erkannt ist, stellt die sog. Rangordnung ein soziales Ordnungsprinzip dar, ohne das sich ein organisiertes Gemeinschaftsleben höherer Tiere offenbar nicht entwickeln kann. Die Rangordnung besteht nun nicht einfach darin, daß von den in einer Gemeinschaft lebenden Individuen jedes einzelne weiß, welches stärker und welches schwächer ist als es selbst, so daß sich jedes Tier vor dem anderen kampflos zurückziehen und seinerseits von dem schwächeren erwarten kann, daß dieses kampflos weicht, wann immer eins dem anderen in den Weg kommt (LORENZ 1965, S. 66f.). Das Problem der Rangordnung stellt sich wesentlich komplizierter dar. So erfahren wir von D. PLOOG (1972, S. 150): „Die oft mit dem Begriff Rangordnung verbundene Vorstellung einer linearen Dominanz, wobei jeweils ein übergeordneter Affe den nächtsuntergeordneten beherrscht, ist falsch und kommt allenfalls unter extremen Gefangenschaftsbedingungen vor. Vielmehr ist die Gesellschaftstruktur reich gegliedert und am besten in Form multilateraler Soziogramme darstellbar. Jedes Tier nimmt jedem anderen Tier gegenüber eine bestimmte Rolle ein. Alter, Geschlecht, der Zeitraum des gegenseitigen Sichkennens, die individuelle Vorgeschichte jedes Tieres, körperliche Stärke und bestimmte individuelle „Charakter"-Eigenschaften sind dabei mitbestimmend. Hinzu kommen andere Modifikatoren, vor allem der Menstruationszyklus der Weibchen und die bei vielen Genera jahreszeitlich festgelegten Hauptpaarungszeiten." An der Spitze einer solchen Rangordnung, die arterhaltenden Charakter aufweist, steht bei den Primaten in der Regel das stärkste Männchen. Auch I. EIBL-EIBESFELDT (1967, S. 348) betont, daß die Rangordnung in einem individualisierten Verband, wie er bei den Primaten gegeben ist, recht kompliziert sein kann. Die Bedeutung eines Leitmännchens in einer Affengruppe wird uns durch N. A. TICH (1970, S. 61ff.) wie folgt erläutert: Es übt komplizierte Funktionen aus, so Wächtertätigkeit, Sicherung des Zusammenhalts, Schutz einzelner Individuen vor Aggression durch andere Individuen, Schutz gegen äußere Feinde. Folglich besteht die biologische Bedeutung der Führerposition nicht in der Unterdrückung der Mitglieder des betreffenden Verbandes, sondern im Schutz der Gruppe vor Gefahr, vor Zerstreuung, ferner in der Regulierung der Beziehungen innerhalb der Gruppe. Demnach sind mit einem hohen Rang nicht nur Vorteile, sondern auch „Pflichten" verbunden. Aus der Rangordnung erhellt dann noch eine andere Erkenntnis, nämlich daß die Mitglieder einer Affengruppe über ein unterschiedliches Freiheitsmaß verfügen, wonach für das eine Individuum etwas möglich ist, was für ein anderes unmöglich ist. — Es liegt kein Grund vor anzunehmen, daß es eine solche Rangordnung, die ihre ganz bestimmte biologische Bedeutung hat, bei den Urmenschen nicht gegeben hätte.

10. Die kämpferischen Auseinandersetzungen, die der frühe Mensch auch mit seinesgleichen hatte, haben ihre entwicklungsgeschichtliche Grundlage im Kampfverhalten seiner äffischen Vorfahren[6]).

Kämpferische Auseinandersetzungen sind im Tierreich weit verbreitet und eine Form der Selbstbehauptung und des Schutzes vor lebensbedrohlichen Störungen durch Artgenossen, wie sie besonders dann gegeben sind, wenn diese z. B. als Konkurrenten um Nahrung oder Wohn- und Brutreviere auftreten (vgl. Johst 1969, S. 23). Das Kampfverhalten hat somit arterhaltenden Wert, weil es den Individuen einer Art den zur Erhaltung ihrer Existenz notwendigen Handlungsspielraum sichert und die Verbreitung der Art fördert. Was nun den innerartlichen (intraspezifischen) Kampf des frühen Menschen betrifft, verfügen wir neuerdings über differenzierte Analogien aus der Ethologie. N. A. Tich hat in seiner Abhandlung über die „Urgeschichte der menschlichen Gesellschaft“ ein Kapitel „der Einheit und dem Kampf der inneren Gegensätze in der Gemeinschaft der Primaten“ (1970, S. 45ff.) gewidmet und darin die Konkurrenz und den Kampf um den biologischen Vorrang als eine der Bewegungskräfte der Entwicklung der inneren Herdenverhältnisse herausgestellt. Im einzelnen unterschied Tich den Konkurrenzkampf um die Nahrung, den Konkurrenzkampf um das Revier, den Konkurrenzkampf um freundschaftliche Beziehungen zu anderen Herdenmitgliedern und den Kampf um den biologischen Vorrang[7]). Diese Phänomene dürften auch beim frühen Menschen eine Rolle gespielt haben; die Frage ist nur, in welchem Ausmaß und in welcher Form. Nach N. A. Tich (1970, S. 57ff.) gehen die Konflikte innerhalb einer Affenherde meist nicht über den Rahmen gegenseitiger Bedrohungen mittels Gesten, Lauten und Mimik hinaus, selten arten sie in eine Schlägerei aus. In Einzelfällen können Kämpfe jedoch auch erbittert ausgetragen werden. Neuere Untersuchungen an Säugetieren in ihrer natürlichen Umgebung deuten an, daß es bei dieser Tierklasse in der Regel keine intraspezifische Tötung gibt. Eine Ausnahme bilden einige sozial lebende Formen wie z. B. Ratten und Löwen, die offenbar keine Tötungshemmung gegenüber Artgenossen besitzen, die nicht dem eigenen Sozialverband angehören. Löwen töten rudelfremde Eindringlinge, wenn diese nicht rechtzeitig fliehen können (vgl. Hassenstein 1972, S. 83). Beim frühen Menschen ist es noch nicht klar, ob dieser eine biotische Grundlage für eine Tötungshemmung gegenüber ihm unbekannten Menschen besaß. Jedenfalls scheinen Kämpfe in der frühen Menschheit gelegentlich mit dem Tode eines der beteiligten Individuen geendet zu haben (Roper 1969, S. 447f.), was an Knochenverletzungen bzw. Schädelfraktur ersichtlich wird (Ausführliche Erörterung der Problematik durch H. Behrens 1978, S. 1ff.).

11. Die gegenseitige Hilfe, welche ein wichtiges Element der sozialen Integration der urmenschlichen Gemeinschaft war, hat eine Wurzel in der Hilfe, die Affen den Angehörigen der gleichen Gruppe gewähren[8]).

---

[6]) Wir sehen hier bewußt davon ab, den in der wissenschaftlichen Diskussion stark umstrittenen Begriff der Aggression zu gebrauchen. Wir sehen das Phänomen des Kampfes umfassender, als es in dem stark eingeengten Begriff Aggression (wörtlich übersetzt: Angriff = tätlicher Angriff) zum Ausdruck kommt.

[7]) E. O. Wilson (1976, S. 242f.) unterscheidet folgende allgemeine Formen des Kampfes (Aggression) im Tierreich: 1. Kampf um das Territorium, 2. Kampf um die Dominanz, 3. Kampf aus sexuellen Beweggründen, 4. Kampf von Elterntieren mit Jungtieren aus disziplinären Gründen, 5. Kampf von Elterntieren zum Zweck der Entwöhnung von Jungtieren, 6. Kampf aus moralischen Gründen, 7. Kampf aus räuberischen Beweggründen, 8. Kampf gegen den Räuber.

[8]) In seiner allgemeinen Studie über Altruismus im Tierreich, seine Wesenzüge und seine Evolution, definiert P. J. Darlington (1978, S. 385ff.) den Altruismus als ein Gruppenphänomen, wobei ein Tier dem anderen auf Gegenseitigkeit Nutzen erweist.

Viele Handlungen der hier herangezogenen Tiere sind individuell begründet. Altruistische Züge im Mutter-Kind-Verhältnis sind naturbedingt. Eine besondere Hilfeleistung, die in diesem Zusammenhang erwähnt werden muß, ist die bei manchen Primaten beobachtete Betreuung der Jungtiere außer durch die Mutter noch durch andere Weibchen der Gruppe, gelegentlich sogar durch Männchen (KUMMER 1971, S. 80). Kollektives Handeln scheint im Tierreich aus Notwendigkeiten bzw. Notzuständen zu resultieren. Ein kollektives Bewußtsein kann für den behandelten Zeitraum, das Frühpleistozän, noch nicht vorausgesetzt werden. Was gegenseitige Hilfe betrifft, ist an erster Stelle die wechselseitige Körperpflege (Lecken und Kämmen) zu nennen, welche eine weitverbreitete Erscheinung bei den Primaten ist (SPARKS 1967, S. 148ff.). Wir meinen speziell die nichtsexuelle bzw. nichtelterliche gegenseitige Körperpflege. Daß die Fellpflege nicht nur von praktischer Bedeutung ist (Beseitigung von Fremdkörpern), sondern sich zu einer außerordentlichen „sozialen" Funktion entwickelt hat, wird ausdrücklich hervorgehoben (VOGEL, in: LAWICK-GOODALL 1971, S. 240f.). Abgabe von Nahrung ist nicht die Regel, kommt aber unter besonderen Umständen vor, sie stellt also kein wesentliches Element der gegenseitigen Hilfe im Tierreich dar. Wenn wir die Verteidigung des Territoriums durch eine Tiergruppe bereits bei der Erörterung der Eigentumsfrage angeführt hatten, dann umfaßt die Verteidigung darüber hinaus noch die kollektive Abwehr von Angriffen anderer Tiere. Schließlich wäre zur gegenseitigen Hilfe auch noch die gemeinsame Jagd zu rechnen, wie sie etwa von einer Affengruppe betrieben wird (zum Jadgverhalten von Schimpansen vgl. LAWICK-GOODALL 1971, S. 166ff.). Insofern hat der soziale Integrationsprozeß in den urmenschlichen Gemeinschaften eine Wurzel im „sozialen" Verhalten der Tiere (u. a. TEMBROCK 1973, S. 151). Grundbedingung für den sozialen Integrationsprozeß war, daß sich die Urmenschen gegenseitig als Individuen der gleichen Gruppe erkannten bzw. wiedererkannten. Das Merkmal des individuellen Wiedererkennens stellte ein entscheidendes Element für die Geschlossenheit einer Tiergruppe dar.

12. Die Gemeinschaftsarbeit des Menschen hat ihre entwicklungsgeschichtliche Grundlage in Gemeinschaftsaktionen der Affengruppen verschiedener Arten.

Gemeinschaftsaktionen sind bei Tieren gewiß selten, sie kommen aber vor. Am bekanntesten sind sie bisher von den Wölfen und den Hyänen, was etwa deren „Treibjagden" betrifft. In dem Maße, wie die Affen quantitativ stärker beobachtet werden, liegen jetzt auch Feststellungen über diese vor. Ich möchte hier etwa den gegliederten Marschblock einer Paviangruppe anführen (ANGST und KUMMER 1975, S. 59). (Bildliches Beispiel bei FEUSTEL 1975, Abb. 4 auf S. 19.) Die kollektive Abwehr von Angriffen anderer Tiere war schon genannt worden (vgl. u. a. LAWICK-GOODALL 1971, S. 167). Auch hatten wir bereits auf Beobachtungen bei Schimpansen hingewiesen, die gemeinschaftlich Jagd betreiben (LAWICK-GOODALL 1971, S. 166ff.).

13. Die menschliche Arbeitsteilung nach dem Geschlecht, die urwüchsigste Arbeitsteilung beim Menschen, hat ihre entwicklungsgeschichtliche Wurzel in der für die meisten Primaten kennzeichnenden Rollenverteilung zwischen den Geschlechtern.

Es ist bereits erwähnt worden, daß bei den meisten Affenarten die Weibchen vorrangig die Jungtiere pflegen und betreuen, während die Männchen vor allem Schutzfunktionen ausüben und z. T. auch für die Nahrungsbeschaffung sorgen und einzeln bzw. gemeinsam auf Jagd gehen. Diese „Rollenverteilung" ist ganz entscheidend durch den Umstand gefördert worden, daß die Jungtiere der Primaten ihrem biologischen Typus nach weder Nesthocker noch Nestflüchter, sondern „Traglinge" sind, die während ihrer gesamten

Kindheit von ihren Müttern getragen werden und deshalb ihrerseits ein spezifisches Kontaktverhalten entwickelt haben, um den lebensnotwendigen engen körperlichen Kontakt zur Mutter aufrechterhalten zu können. Ein Affenweibchen, das ihr Jungtier ständig mit sich herumträgt, ist aber völlig ungeeignet, sich etwa an der Jagd zu beteiligen. Dagegen können weibliche Großkatzen (z. B. Löwinnen), die ihre Jungtiere in einem Versteck ablegen und diese nur in größeren zeitlichen Abständen aufsuchen und säugen, durchaus an der Jagd teilnehmen. Fraglos hat die besondere Mutter-Kind-Beziehung bei den Primaten die primäre Arbeitsteilung zwischen den Geschlechtern beim ältesten Menschen begünstigt (vgl. hierzu VOGEL 1975, S. 20).

So weit eine Reihe von Beispielen, wie man ethologische Beobachtungen an Affen, besonders an Menschenaffen, nutzen kann, um Denkmodelle für charakteristische soziale Phänomene des frühen Menschen und ihre Verwurzelung im vormenschlichen, nochtierischen Bereich zu gewinnen. Dazu soll noch einmal betont werden, daß aus verschiedenerlei Gründen, wie wir schon eingangs aufgezeigt haben, der historische Wert der von uns verwendeten Befunde beschränkt ist. Jedoch bilden sie z. Z. die wesentlichste methodische Möglichkeit, um zu plausiblen Vorstellungen über die sozialen Verhältnisse des ältesten Menschen zu gelangen.

Wir haben unsere Gedanken im Rahmen dieses Beitrages nur sehr summarisch formuliert. Wir besitzen genügend Selbstkritik, um zu wissen, daß über manche der von uns angeschnittenen Problemstellungen schon umfassende Buchveröffentlichungen vorliegen, in denen viel differenzierter argumentiert und viel mehr Beobachtungs- und Beweismaterial vorgelegt wird, als wir es getan haben (Ich verweise insbesondere auf das umfassende Handbuch von E. O. WILSON, Sociobiology 1976). Es gibt bzw. gab jedoch bisher noch keine Veröffentlichung, in welcher das vormenschlich-frühmenschliche Sozialverhalten in der von uns gehandhabten Weise anatomisch in seine Elemente zerlegt wurde. Im Ergebnis unserer Bemühungen stellen wir fest, daß es möglich erscheint, daß nicht nur einzelne menschliche Sozialelemente, sondern sogar eine Vielfalt von menschlichen Sozialelementen (wir haben 13 angeführt) in der vormenschlichen tierischen Entwicklung verwurzelt sind[9]). Bei unserem methodischen Vorgehen sind wir uns jederzeit bewußt gewesen, daß das menschliche Sozialgefüge eine Ganzheit ist, die sich ständig dynamisch verhält. Wenn wir bisher nur mit dem Begriff „Element“ gearbeitet haben, können wir durchaus auch von Komponenten sprechen, von Komponenten eines ganzheitlichen Systems, in dem die Komponenten in einer Vielfalt der Beziehungen miteinander verbunden sind. Zum Schluß soll die Frage gestellt werden, ob das menschliche Sozialverhalten nicht nur in vielen Elementen alias Komponenten, sondern überhaupt als Ganzes seine entwicklungsgeschichtliche Voraussetzung im Tierischen besitzt.

---

[9]) An dieser Stelle sind die Bemühungen von K.-J. LORENZEN-SCHMIDT in seiner Studie über das „Sozialverhalten früher Menschengruppen nach den Befunden und in ethnologischer und philosophischer Sicht“ (Bern-Frankfurt/M. 1975) besonders anzuerkennen.

Zusammenfassung

Modellvorstellungen für die Entwicklung einiger menschlicher Sozialelemente

Tier-Mensch-Übergangsfeld (Modellvorstellungen nach ethologischen Befunden)	Alt-Paläolithikum
Affengruppe	Lokalgruppe
Polygame Paarung	Polygame Paarung → Monog. Paarung
Signale verschiedenster Art	Sprache in Wort und Geste
Gelegentliche Benutzung von Gegenständen	Kontinuierliche Benutzung von Werkzeugen
Bindung der Jungtiere an die Muttertiere	Matrilineare Verwandtschaftsbindung
Dominanz der Männchen	Dominanz der männlichen Individuen
Individuelle Nahrungsaneignung/ Individ. Revier	Persönliches Eigentum
Territorialverhalten einer Tiergruppe	Gemeineigentum
Rangordnung	Soziale Differenzierung
Kampfverhalten	Kämpferische Auseinandersetzungen
Gelegentliche Hilfe innerhalb der Tiergruppe	Gegenseitige Hilfe innerhalb der Lokalgruppe
Gemeinschaftsaktionen	Gemeinschaftsarbeit
Rollenverteilung zwischen den Geschlechtern	Arbeitsteilung nach dem Geschlecht

Literatur

ANGST, W., und H. KUMMER: Soziale Organisation von Pavian-Gruppen. In: Hominisation und Verhalten. Hrsg. v. G. KURTH u. I. EIBL-EIBESFELDT. Stuttgart 1975.

BACHOFEN, J. J.: Mutterrecht und Urreligion. Leipzig 1927. (Erstausg. 1861).

BEHRENS, H.: Vergleichende Überlegungen zur sozialen Stellung von Mann und Frau in der Steinzeit. Jahresschr. mitteldt. Vorgesch. **55** (1971), S. 7–9.

BEHRENS, H., und W. PADBERG: Thesen zur Entstehung einiger sozial-ökonomischer Grundphänomene der frühen Menschheit. Archeologické rozhledy **23** (1971), S. 618–723.

BEHRENS, H.: Questions for the ethologist on the social life of early man. Current Anthropology **17** (1976), S. 483–484.

BEHRENS, H.: Die Lokalgruppe – die sozialökonomische Grundeinheit in der Steinzeit. Archaeol. Austriaca, Beiheft **13** (1976), S. 47–55.

BEHRENS, H.: Der Kampf in der Steinzeit. Mittn. Anthrop. Ges. Wien **108** (1978), S. 1–7.

BEHRENS, H.: Das Verhältnis von Frau und Mann in der Steinzeit – ein biosoziales Problem. Prace i Materialy Muz. Archeol. i Egnogr. Łódź, Seria Archeol. **25** (1978), S. 41–44.

BEHRENS, H.: Matriarchat und Patriarchat in der Steinzeit? Acta Praehistorica et Archaeologica 7/8 (1978), S. 65–71.

BEHRENS, H., und W. PADBERG: Urgeschichtsforschung und Ethologie. Jahresschr. mitteldt. Vorgesch. **62** (1978), S. 37–49.

BRACHMANN, H.: Annotation von R. Feustel, Entstehung und Entwicklung sozialer Verhältnisse in der Urgesellschaft. Z. Geschichtswiss. 20 (1972), S. 1043.
CAMPBELL, B. G.: Entwicklung zum Menschen. Voraussetzungen und Grundlagen seiner Verhaltensanpassungen. Stuttgart 1972.
CARPENTER, J.: Societies of monkeys and apes (1942). In: Primate social behavior. Hrsg. v. C. H. SOUTHWICK. Princeton 1963.
DARLINGTON, P. J.: Altruism: Its characteristics and evolution. Proceedings of the National Academy of Sciences of the USA 75 (1978), S. 385—389.
DART, R. A.: The bone tool-manufacturing ability of Australopithecus prometheus. Amer. Anthropol. 62 (1960), S. 134—143.
DE VORE, I.: The evolution of social life. In: Horizons of anthropology. Hrsg. v. S. TAX. Chicago 1964, S. 25—36.
EIBL-EIBESFELDT, I.: Grundriß der vergleichenden Verhaltensforschung/Ethologie. München 1967.
EIBL-EIBESFELDT, I.: Stammesgeschichtliche Anpassungen im Verhalten des Menschen. Neue Anthropologie, Bd. 2, 2. Teil. Hrsg. v. H.-G. GADAMER. Stuttgart 1973, S. 3—59.
EIBL-EIBESFELDT, I.: Stammesgeschichtliche und kulturelle Anpassungen im menschlichen Verhalten. Hominisation und Verhalten. Hrsg. v. G. KURTH u. I. EIBL-EIBESFELDT. Stuttgart 1975.
EIBL-EIBESFELDT, I., und K. LORENZ: Die stammesgeschichtlichen Grundlagen menschlichen Verhaltens. Die Evolution der Organismen, 3. Aufl., Bd. III. Hrsg. v. G. HEBERER. Stuttgart 1974.
ENGELS, F.: Anteil der Arbeit an der Menschwerdung des Affen. Berlin 1946. (Erstausg. 1896).
ESCHLER, E.: Beitrag der Verhaltensforschung zur Theorie der Anthropogenese. Dt. Z. Philos. 18 (1970), S. 190—200.
FEUSTEL, R.: Menschen, Affenmenschen, Affen. Ein Abriß der Hominisation. Weimar 1969.
FEUSTEL, R.: Entstehung und Entwicklung sozialer Verhältnisse in der Urgesellschaft. 2. Aufl. Weimar 1975.
FEUSTEL, R.: Abstammungsgeschichte des Menschen. Jena 1976.
FOERSTER, I.: Zu einigen philosophischen Problemen der Theorie der Anthroposoziogenese. Ethnogr.-Archäol. Z. 19 (1978), S. 263—272.
HACKETHAL, H.: Tier. In: Kleine Enzyklopädie Natur. Leipzig 1971, S. 683—763.
HASSENSTEIN, B.: Das spezifisch Menschliche nach den Resultaten der Verhaltensforschung. In: Neue Anthropologie. Hrsg. v. H.-G. GADAMER. Bd. 2. Stuttgart 1972, S. 60—97.
HEDIGER, H. P.: The evolution of territorial behavior. In: Social life of early man. Hrsg. v. S. L. Washburn. Chicago 1961, S. 34—55.
HENNIG, E.: Überlegungen zur Fallgrubenjagd und zur aktiven und passiven Jagd im Altpaläolithikum. Ethnog.-Archäol. Z. 11 (1970), S. 61—65.
JOHST, V.: Schutzverhalten als biologischer Regelvorgang. Urania 32 (1969) 8, S. 21—23.
JOHST, V.: Ethologisches zur Hominisation. Ethnogr.- Archäol. Z. 11 (1970), S. 51—53.
JOHST, V.: Erkundungsverhalten — grundlegendes Verfahren organismischen Informationsgewinns. Biologische Rundschau 13 (1975), S. 161—173.
JOHST, V.: Evolution und Verhalten. In: Beiträge zur Genetik und Abstammungslehre. Hrsg. v. H. BÖHME u. a. Berlin 1976, S. 429—450.
JOLLY, A.: Die Entwicklung des Primatenverhaltens. Stuttgart 1975.
KAWAI, M.: Precultural behavior of the japanese monkey. In: Hominisation und Verhalten. Hrsg. v. G. KURTH u. I. EIBL-EIBESFELDT. Stuttgart 1975.
KORTLANDT, A.: Handgebrauch bei freilebenden Schimpansen. In: Handgebrauch und Verständigung bei Affen und Frühmenschen. Hrsg. v. B. Rensch. Bern 1968.
KUMMER, H.: Primate societies. Chicago 1971.
KUMMER, H.: Ursachen von Gesellschaftsformen bei Primaten. Umschau in Wiss. u. Technik 72 (1972), S. 481—484.
KURTH, G.: Zur Stammesgeschichte des menschlichen Verhaltens. In: Verhaltensforschung im Rahmen der Wissenschaften vom Menschen. Hrsg. v. F. Keiter. Göttingen 1969, S. 90—103.
KURTH, G.: Zur Stammesgeschichte menschlichen Verhaltens. Umschau in Wiss. u. Technik 71 (1971), S. 7—10.
KURTH, G.: Bevölkerungsbiologie und menschliches Verhalten. In: Hominisation und Verhalten. Hrsg. v. G. KURTH u. I. EIBL-EIBESFELDT. Stuttgart 1975.
KURTH, G.: Aussagewert und Aussagegrenzen unserer — humanen — Fossilbelege. Mittn. Anthropol. Gesellsch. Wien 107 (1977), S. 94—108.

KURTH, G., u. I. EIBL-EIBESFELDT (Hrsg.): Hominisation und Verhalten. Stuttgart 1975.

LAWICK-GOODALL, J. van: Wilde Schimpansen. Hamburg 1971.

LAWICK-GOODALL, J. van: The Behaviour of the chimpanzee. In: Hominisation und Verhalten. Hrsg. v. G. KURTH u. I. EIBL-EIBESFELDT. Stuttgart 1975.

LORENZ, K.: Das sogenannte Böse. Zur Naturgeschichte der Aggression. Wien 1965.

LORENZEN-SCHMIDT, K.-J.: Sozialverhalten früher Menschengruppen nach den Befunden und in ethologischer und philosophischer Sicht. In: Arbeiten zur Urgeschichte des Menschen. Hrsg. v. H. ZIEGERT. Bern 1975.

LÖTHER, R.: Grundfragen der biologischen Erforschung des Menschen. Wiss. Z. Humboldt-Univ. Berlin/Math.-naturwiss. R. **13** (1964), S. 445–451.

LÖTHER, R.: Verhaltensforschung am Menschen und sozial-biologisches Problem. In: Biologische Verhaltensforschung am Menschen. Hrsg. v. V. JOHST. Berlin 1976.

MEYER-HOLZAPFEL, M.: Die Bedeutung des Besitzes bei Tier und Mensch. Biel 1952.

MORRIS, D. (Hrsg.): Primate ethology. Chicago 1967.

MÜHLFELD, C., I. SCHWIDETZKY u. Ch. VOGEL: Sozialstrukturen in tierischen und menschlichen Gesellschaften (Bericht über ein Kolloquium). Homo **23** (1972), S. 365–371.

NARR, K. J.: Der Urmensch als Natur- und Geisteswesen. Saeculum **7** (1956), S. 243–288.

NARR, K. J.: Vom Wesen des Frühmenschen: Halbtier oder Mensch? Saeculum **25** (1974), S. 293 bis 324.

NETTLESHIP, M. A., DALEGIVENS, R., and A. NETTLESHIP (Hrsg.): War, its causes and correlates. Part 3: The Biological and cultural evolution of war. The Hague 1975.

OEHLER, J.: Verständigung im Tierreich. Urania **32** (1969) 9, S. 21–23.

OEHLER, J.: Menschliche Kommunikation aus der Sicht der Verhaltensforschung. In: Biologische Verhaltensforschung am Menschen. Hrsg. v. V. JOHST. Berlin 1976.

PLOOG, D.: Kommunikation in Affengesellschaften und deren Bedeutung für die Verständigungsweisen des Menschen. In: Neue Anthropologie. Hrsg. v. H.-G. GADAMER. Bd. 2 Stuttgart 1972, S. 98–178.

PREUSCHOFT, H.: Neuere Beiträge der Verhaltensforschung zur Kenntnis des Hominisationsprozesses. Z. Morph. Anthrop. **66** (1975), S. 241–267.

REYNOLDS, V.: Open groups in hominid evolution. Man. N. S. **1** (1966), S. 441–452.

REYNOLDS, V.: Kinship and the family in monkeys, apes and man. Man. N. S. **3** (1968), S. 209–223.

ROPER, M. K.: A survey of the evidence for intrahuman killing in the Pleistocene. Current Anthropol. **10** (1969), S. 427–450.

SCHARF, J.-H.: Gedanken zum Problem der Sprachevolution. Gegenbaurs morph. Jahrb. **119** (1973) S. 944–953.

SCHLETTE, F.: Archäologische Quellen zu den Bewußtseinsformen des urgeschichtlichen Menschen. In: Von der archäologischen Quelle zur historischen Aussage. (Wiss. Beiträge Univ. Halle 1978/3.) Hrsg. v. J. PREUSS. Berlin 1979, S. 157–182.

SCHOLICH, B.: Wurzeln und Besonderheiten der menschlichen Sprache. In: Hominisation und Verhalten. Hrsg. v. G. KURTH u. I. EIBL-EIBESFELDT. Stuttgart 1975.

SCHWIDETZKY-ROESING, I.: Kulturanthropologie. In: Das Fischer Lexikon: Anthropologie. Frankfurt/Main 1961, S. 96–114.

SEMENOW, Ju. L.: Voznikovenie obščestvennych otnosenii. In: V istokov čelovečestva. Moskva 1964.

SOUTHWICK, CH. H. (Hrsg.): Primate social behavior. Princeton. 1963.

SPARKS, J.: In: Primate ethology. Hrsg. v. D. MORRIS. Chicago 1967.

STEPHAN, B.: Die Evolution der Sozialstrukturen. Berlin 1977.

TEMBROCK, G.: Verhaltensforschung. Eine Einführung in die Tier-Ethologie. Jena 1961.

TEMBROCK, G.: Grundlagen der Tierpsychologie. 3. Aufl. Berlin 1971.

TEMBROCK, G.: Werkzeuggebrauch bei Tieren? Das neue Universum. Leipzig 1979.

TER-GRIGORJAN, G. G.: O dialektike biologičeskogo i istoričeskogo faktorov v processe antropogeneza (Über die Dialektik des biologischen und des historischen Faktors im Prozeß der Anthropogenese). Voprosy antropologii **33** (1969), S. 80–89.

TICH, N. A.: Predystorija obščestva (Urgeschichte der Gesellschaft). Leningrad 1970.

TINBERGEN, N.: Über Krieg und Frieden bei Tieren und Menschen. Das Tier Nr. 2 (1973), S. 19 bis 27.

ULLRICH, W.: Tiere — recht verstanden. Leipzig 1968.

VOGEL, Chr.: Praedispositionen bzw. Praeadaptationen der Primaten-Evolution im Hinblick auf die Hominisation. In: Hominisation und Verhalten. Hrsg. v. G. KURTH u. I. EIBL-EIBESFELDT. Stuttgart 1975a.

VOGEL, Chr.: Soziale Organisationsformen bei catarrhinen Primaten. In: Hominisation und Verhalten. Hrsg. v. G. KURTH u. I. EIBL-EIBESFELDT. Stuttgart 1975b.
VOGEL, Chr.: Zum biologischen Selbstverständnis des Menschen. Naturwiss. Rundschau 30 (1977), S. 241–250.
WASHBURN, Sh. L. (Hrsg.): Social life of early man. Chicago 1961.
WICKLER, W.: Soziales Verhalten als ökologische Anpassung. Verh. Dt. Zool. Ges. 1970, S. 291 bis 304.
WILSON, E. O.: Sociobiology. The new synthesis. Cambridge and London 1976.

Anschriften der Autoren

Dr. phil. habil. H. Behrens,
ehemals Landesmuseum für Vorgeschichte, 4020 Halle (Saale), Richard-Wagner-Str. 9—10

Prof. Dr. sc. med. G. Dörner,
Institut für Experimentelle Endokrinologie des Bereiches Medizin (Charité) der Humboldt-Universität, 1040 Berlin, Schumannstr. 20—21

Prof. Dr. sc. med. H. Gebelt,
Klinik für Kinderneuropsychiatrie des Bereiches Medizin der Karl-Marx-Universität, 7010 Leipzig, Riemannstr. 34

Dr. rer. nat V. Johst,
Institut für Wissenschaftsinformation in der Medizin (IWIM), 1040 Berlin, Schumannstr. 20—21

Prof. Dr. sc. phil. R. Löther,
Zentralinstitut für Philosophie der AdW, 1080 Berlin, Otto-Nuschke-Str. 10/11

Dr. sc. nat. K. Meissner,
Pädagogische Hochschule, Wissenschaftsbereich Zoologie, 2600 Güstrow, Goldberger Str. 12

Dr. rer. nat. J. Oehler,
Institut für Pharmakologie und Toxikologie der Medizinischen Akademie „C. G. Carus", 8010 Dresden, Lignerplatz 1

Prof. Dr. rer. nat. habil. H.-D. Schmidt,
Sektion Psychologie der Humboldt-Universität, 1040 Berlin, Oranienburger Str. 18

Prof. Dr. rer. nat. habil. G. Tembrock,
Sektion Biologie der Humboldt-Universität, 1040 Berlin, Invalidenstr. 43

Dr. med. R. Tönjes,
Institut für Experimentelle Endokrinologie des Bereiches Medizin (Charité) der Humboldt-Universität, 1040 Berlin, Schumannstr. 20—21

Prof. Dr. sc. med. K. Weise,
Psychiatrische Klinik der Karl-Marx-Universität, 7039 Leipzig, Karl-Marx-Städter Str. 50, Haus A 1

Prof. Dr. sc. nat. G. Wolf,
Institut für Anatomie und Biologie der Medizinischen Akademie, 3010 Magdeburg, Leipziger Str. 44

FSC
www.fsc.org
MIX
Papier | Fördert gute Waldnutzung
FSC® C083411

Zeitfracht Medien GmbH
Ferdinand-Jühlke-Straße 7
99095 Erfurt, Deutschland
produktsicherheit@kolibri360.de